国家科技支撑计划课题（2015BAK11B03）资助出版

城镇排水管道非开挖修复工程
技 术 指 南

（第二版）

Technical Guide for Trenchless Rehabilitation
Engineering of Urban Sewer Pipeline
（The Second Edition）

安关峰　主编

中国建筑工业出版社

图书在版编目（CIP）数据

城镇排水管道非开挖修复工程技术指南 ＝ Technical
Guide for Trenchless Rehabilitation Engineering of
Urban Sewer Pipeline（The Second Edition）/ 安关峰
主编. — 2 版. — 北京：中国建筑工业出版社，2021.4
ISBN 978-7-112-25969-4

Ⅰ. ①城… Ⅱ. ①安… Ⅲ. ①市政工程－排水管道－
维修－指南 Ⅳ. ①TU992.4-62

中国版本图书馆 CIP 数据核字(2021)第 045568 号

责任编辑：李玲洁
责任校对：张　颖

城镇排水管道非开挖修复工程技术指南（第二版）
**Technical Guide for Trenchless Rehabilitation
Engineering of Urban Sewer Pipeline
(The Second Edition)**
安关峰　主编

*

中国建筑工业出版社出版、发行(北京海淀三里河路 9 号)
各地新华书店、建筑书店经销
北京红光制版公司制版
北京京华铭诚工贸有限公司印刷

*

开本：787 毫米×1092 毫米　1/16　印张：25　字数：622 千字
2021 年 3 月第二版　　2021 年 3 月第二次印刷
定价：98.00 元
ISBN 978-7-112-25969-4
（36741）

编 委 会

主　　编：安关峰

编　　写：卢宝光　王和平　孔耀祖　吴再丽　黄文迎

　　　　　刘添俊　张万辉　马保松　方宏远　廖宝勇

　　　　　赵志宾　孙跃平　何　善　赵继成　谢　武

　　　　　张　蓉　陈秀娉　王福芝　陆学兴

主编单位：广州市市政集团有限公司

参编单位：广州市城市排水有限公司

　　　　　广东工业大学

　　　　　武汉中地大非开挖研究院有限公司

　　　　　深圳市巍特工程技术有限公司

　　　　　北京共价科技有限公司

　　　　　天津倚时科技发展有限公司

　　　　　杭州诺地克科技有限公司

　　　　　中山大学

　　　　　郑州大学

　　　　　管丽环境技术（上海）有限公司

　　　　　厦门安越非开挖工程技术股份有限公司

　　　　　北京北排建设有限公司

　　　　　新疆鼎立非开挖工程有限公司

　　　　　广东省建筑材料研究院

　　　　　武汉市中威科信材料检测有限公司

再 版 前 言

　　随着《国务院关于印发水污染防治行动计划的通知》（国发〔2015〕17号）的颁布，全国各省、自治区、直辖市按照"问题在水里，根源在岸上，核心在管网，关键在排口"黑臭水体整治技术路线，全面贯彻"控源为本，截污优先；远近兼顾，近期优先；点线统筹，排口优先；系统整治，诊断优先；建管并重，修复优先"五个优先原则，全力推动城镇既有排水管网的修复工程，城镇排水管道非开挖修复工程如火如荼，方兴未艾。

　　高瞻远瞩，为满足市场需求和新技术广泛应用，《城镇排水管道非开挖修复工程技术指南》（以下简称《指南》第一版）于2016年6月出版，同时《指南》（第一版）中优选的管道预处理技术、土体有机材料加固技术、翻转式原位固化修复技术、拉入式紫外光原位固化修复技术、水泥基材料喷筑修复技术、聚氨酯等高分子喷涂技术、机械制螺旋管内衬修复技术、管道垫衬法修复技术、不锈钢双胀环修复技术、不锈钢发泡筒修复技术、点状原位固化修复技术等一批先进适用的技术在城镇排水管道修复工程中得到了广泛应用，技术内容得到了广大技术人员的高度认可，极大推动了绿色环保的非开挖新技术在城镇排水管道修复工程中的应用，解决了一系列的工程技术难题和管理难题。

　　回首眺望，近几年来，在这批先进适用技术广泛应用的同时，业内瞩目的中国工程建设标准化协会标准《城镇排水管道非开挖修复工程施工及验收规程》T/CECS 717—2020（以下简称《规程》）已经颁布实施，《规程》中不仅涵盖了《指南》第一版中的技术，而且包括热塑成型修复技术、管片内衬修复技术、碎（裂）管修复技术、短管穿插修复技术等共计14项修复技术。为推动《规程》中14项修复技术广泛应用，《城镇排水管道非开挖修复工程技术指南》（以下简称《指南》第二版）按照技术特点、适用范围、工艺原理、施工工艺流程及操作要求、材料与设备、质量控制、安全措施、环保措施、效益分析、市场参考指导价、工程实例等格式编写的同时，相关材料的检测技术一直得到有关人员的关注和热盼，《指南》（第二版）中补齐了检测技术相关内容，以飨读者。

　　引颈前瞻，《指南》（第二版）将为广大技术人员掌握相关城镇排水管道非开挖修复工程技术提供全面的指导，排水管网的"肠梗阻""脑血栓""渗入漏出"等"疑难杂症"将迎刃而解，污水处理厂进厂水浓度大幅提升与河道悄然成为碧道的梦想就会实现，作为核心问题的管网——城市的"里子"将稳健地支撑我们城市的面子——宜居的城市环境。

前　　言

中国城镇排水管道里程达到约50万km，但是近几年，我国各地普降大雨，武汉、南京、杭州和南昌等城市争相竞逐"东方威尼斯"头衔，个个都有舍我其谁的气势。北京、上海、广州、深圳等一线城市同样遭遇水淹、内涝，造成的人民生命财产损失巨大，我们不得不扪心自问、深刻反思，现有城市的排水系统是否已经严重滞后，不能满足现有城市发展需要。

法国作家雨果讲过"下水道是一个城市的良心"。古圣说"慎独"，认为衡量一个人的良心，就看没人时你会不会干坏事。同样的，衡量一座城市的良心，不能依据看得见的光鲜：矗立的摩天大楼、街边的梧桐红绸飘舞等，只能依据看不见的质感：下水道的长、宽、高等。

一场大雨，检验出城市的脆弱一面，没有一流的下水道，就没有一流的城市。"重地上、轻地下"基础设施薄弱是城市建设的通病，国内大城市暴雨造成的危害再次为我们敲响警钟：在注重城市华丽外表的同时，更要关注一个城市的内在品质。

从一些城市已建排水管道的检测资料看，我国的排水管道质量是令人担忧的。除了受管道质量良莠不齐和施工招标的恶性竞争、施工单位包管材、施工不规范等行为和以减少交通影响为借口而赶工期，对排水管道质量产生直接影响外，日常养护不到位，检测、维修和维护等管理工作跟不上，又让排水管道"带病"运行。我国时常发生道路坍塌，不过是一些排水管道"病入膏肓"的直接表现而已。

针对目前50万km排水管道，查找问题、修复缺陷、消除隐患、恢复原有设计排水能力是当务之急。《城镇排水管道检测与评估技术规程》CJJ 181—2012对排水管道（包括检查井、雨水口）的检测方法、结构性缺陷、功能性缺陷的判定和缺陷等级评估做了规定。按照该规程分类，影响管体本身强度、刚度和寿命的结构性缺陷主要包括：破裂、变形、腐蚀、错口、起伏、脱节、接口材料脱落、支管暗接、异物穿入、渗漏等。影响排水管道功能发挥的功能性缺陷主要包括：沉积、结垢、障碍物、残墙、坝根、树根、浮渣等。功能性缺陷可以通过管道疏通与清洗解决，结构性缺陷必须通过修复解决。

对排水管道结构性缺陷修复有明开挖修复方法和非开挖修复方法。明开挖修复方法能修复管道结构性缺陷，但是它会影响地面交通、破坏环境及扰民，而且在地下管道纵横交错的城区内大范围采用明挖换管法进行管线的改造和管道更新已不现实，更主要的是，它是一种非绿色施工技术。非开挖技术是利用微开挖或不开挖对"地下生命线"系统进行设计、施工、探测、修复和更新、资产评估和管理的一门新技术，被联合国环境议程批准为地下设施的环境友好技术。

《城镇排水管道非开挖修复更新工程技术规程》CJJ/T 210—2014对城镇排水管道修复提出了原则和要求。

为了更加详细指导排水管道的检测、评估，特别是非开挖修复工作，编委会特编制了《城镇排水管道非开挖修复工程技术指南》（以下简称《指南》），促进排水管道非开挖修复事业发展。

《指南》共分为四大部分共 20 章。主要内容是：概述；管道检测与评估；排水管道非开挖修复工程设计；排水管道非开挖修复工程技术。第 4 部分排水管道非开挖修复工程技术重点优选管道预处理技术、土体有机材料加固技术、翻转式原位固化修复技术、拉入式紫外光原位固化修复技术、水泥基聚合物涂层修复技术、聚氨酯等高分子喷涂技术、机械制螺旋管内衬修复技术、管道 SCL 软衬法修复技术、不锈钢双胀环修复技术、不锈钢发泡筒修复技术、点状原位固化修复技术等一批先进适用的排水管道非开挖修复技术。每一项非开挖修复技术（包括管道预处理技术）按照技术特点、适用范围、工艺原理、施工工艺流程及操作要求、材料与设备、质量控制、安全措施、环保措施、效益分析、市场参考指导价、工程实例等格式编写，内容丰富、图文并茂，并提供了大量设计实例、修复工程实例、市场参考指导价，可以作为建设单位、管养单位、施工单位、质监单位实施非开挖修复工程的依据，同时方便工程技术人员、管理人员的理解与使用。

本书在编写整理过程中得到了广州市市政工程协会吴景辉的大力支持与帮助，在此表示衷心感谢！

本书可供排水管道检测单位、非开挖修复工程设计和施工单位、排水管道管理单位和建设单位的相关人员、质量监督人员使用，也可作为大专院校市政工程和给水排水工程专业的教学科研参考书。为便于读者阅读和使用，特将部分关键技术插图做成彩图附于正文之后，请注意查阅。

《指南》在使用过程中，敬请各单位总结和积累资料，随时将发现的问题和意见寄交广州市市政集团有限公司，以供今后修订时参考。通信地址：广州市环市东路 338 号银政大厦，邮编 510060。E-mail：anguanfeng@126.com。

目　　录

部分彩色插图

12

第1章 概　　述

1.1　排水管道非开挖修复意义

目前，我国 20 世纪 70 年代及以前修建排水管道达 21860km，80 年代修建的排水管道达 35927km，90 年代修建的排水管道达 83971km，2001～2010 年修建的排水管道达 227795km，2011～2013 年修建的排水管道达 95325km，截至 2019 年底合计排水管道 100 万 km。不可否认的是，2001 年以前修建的排水管道由于地表荷载变化、地下水土流失、管道腐蚀以及管道材质劣化，已经进入老化期，发生了很多结构性缺陷（图 1.1-1～图 1.1-4），已严重影响管道的运行，甚至因道路下的排水管道破坏又涉及相关道路以及路面的安全（图 1.1-5～图 1.1-8）。显然，亟须对这一类管道进行排查、修复，消除城市安全隐患，保障城市"静脉"运转正常。

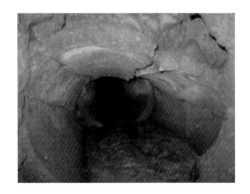

图 1.1-1　管道破裂

图 1.1-2　管道破裂堵塞

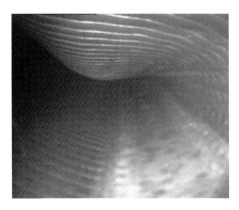

图 1.1-3　管道变形

图 1.1-4　管道严重变形

图 1.1-5　道路塌陷(一)

图 1.1-6　道路塌陷(二)

图 1.1-7　道路塌陷(三)

图 1.1-8　道路塌陷(四)

　　为推动城镇排水设施补短板、强弱项,《国务院办公厅关于做好城市排水防涝设施建设工作的通知》(国办发〔2013〕23 号)、《国务院关于加强城市基础设施建设的意见》(国发〔2013〕36 号)、《国务院办公厅关于加强城市地下管线建设管理的指导意见》(国办发〔2014〕27 号),为落实国办发〔2014〕27 号文件精神,《住房和城乡建设部等部门关于开展城市地下管线普查工作的通知》(建城〔2014〕179 号)要求全面查清城市范围内的地下管线现状,获取准确的管线数据,掌握地下管线的基础信息和存在的事故隐患,明确管线责任单位,限期消除事故隐患。各城市在普查的基础上,整合各行业和权属单位的管线信息数据,建立综合管理信息系统。各管线行业主管部门和权属单位建立完善专业管线信息系统。2016 年 2 月 21 日,中共中央、国务院印发的《中共中央国务院关于进一步加强城市规划建设管理工作的若干意见》要求:"加强市政基础设施建设,实施地下管网改造工程。提高城市排涝系统建设标准,加快实施改造。"上述文件均提出加强城市市政管道及城市基础设施建设。特别强调城市基础设施绿色优质建设。其中,《国务院关于加强城市基础设施建设的意见》(国发〔2013〕36 号)提出:"全面落实集约、智能、绿色、低碳等生态文明理念,提高城市基础设施建设工业化水平,优化节能建筑、绿色建筑发展环境,建立相关标准体系和规范,促进节能减排和污染防治,提升城市生态环境质量。"

　　依据《城镇排水管道检测与评估技术规程》CJJ 181—2012,排水管道缺陷分为功能性缺陷和结构性缺陷。排水管道的结构性缺陷将影响管体强度、刚度和使用寿命,并且存在导致地面变形、塌陷等次生灾害的隐患;排水管道的功能性缺陷将影响管道的过流能力，排水不畅可能导致地面积水、发生内涝的隐患。功能性缺陷可以通过管道疏通与清洗解决，结构性缺陷必须通过修复解决。对排水管道结构性缺陷修复有明开挖修复方法和非开挖修复方法。明开挖修复方法能修复管道结构性缺陷，但是它会影响地面交通、破坏环境及扰民，而且在地下管道纵横交错的城区内大范围采用明挖换管法进行管线改造和管道更新已不现实，更主要的是，它是一种非绿色施工技术。非开挖技术是利用微开挖或不开挖对"地下生命线"系统进行设计、施工、探测、修复和更新、资产评估和管理的一门新技术，被联合国环境议程批准为地下设施的环境友好技术。

　　管道非开挖修复分为半结构性修复和结构性修复。依据《城镇排水管道非开挖修复更新工程技术规程》CJJ/T 210—2014，半结构性修复是指新的内衬管依赖于原有管道的结构，在设计寿命之内仅需要承受外部的静水压力，而外部土压力和动荷载仍由原有管道支撑的修复方法；结构性修复是指新的内衬管具有不依赖于原有管道结构而独立承受外部静水压力、土压力和动荷载作用的修复方法。尽管如此，推动非开挖修复仍存在困难，主要原因在于：①政府部门或一些管道产权单位未认识到现有管道缺陷的严重性，未掌握城市排水管道资产状况；②政府部门、施工单位、设计单位仍习惯于采用明挖这种直接但综合经济成本高的方式；③施工单位、设计单位尚未真正掌握排水管道非开挖修复技术、尚未具备有关材料与设备。令人感到鼓舞的是，在目前国家大力倡导低碳、环保、绿色施工，减少或杜绝"拉链路"的政策下，排水管道非开挖修复技术具有重大市场推广应用价值。

　　非开挖管道修复技术首先兴起于石油、天然气行业，主要用于油、气管道的更新修复，以后逐步应用于给水排水管道的翻新改造中，并随着 HDPE 管等新型管材的应用而被迅速推广。随着科技的进步，国外的非开挖管道修复技术保持了迅猛的发展势头，但国内的非开挖管道修复技术还处于起步阶段，与国外专业化技术水平相比差距还很大，但此项技术市场前景非常广阔，需要进行深入细致的探讨和研究。

　　排水管道非开挖修复技术具有如下优势：

　　（1）针对老、旧管道设施的改造，能同时满足结构更新和扩容的需求。

　　（2）最大限度地避免了拆迁麻烦和对环境的破坏，减少了工程的额外投资。

　　（3）局部开挖工作坑，减少了掘路量及对公共交通环境的影响。

　　（4）采用液压设备，噪声低，符合环保要求，减少了扰民因素，社会效益明显提高。

　　（5）施工速度快、工期短，有效降低了工程成本。

　　（6）工程安全可靠，提高了服务性能，有益于设施的后期养护。

　　鉴于排水管道非开挖修复技术的优势，近年来我国在排水管道革新的投资经费有了很大的增长，虽然欧洲的许多国家经济有下降的趋势，但是管道修复行业越来越兴盛。

1.2　非开挖修复技术介绍

　　排水管道检测的目的是发现缺陷，而维修整治就是根据检测结果，有针对性地采取清通、修理、修缮和更新等措施，消除缺陷，恢复功能，延长使用寿命。检测发现缺陷后，应根据缺陷的类别，及时采取相应措施维修整治。解决功能性缺陷问题主要依靠排水管道养护来解决，及时清除淤泥、拆除坝头和树根等障碍物，打通管道，恢复过水断面。对于结构性缺陷，则应根据缺陷的严重程度，制定近、中、远期维修整治计划，"有病抓紧治"

是排水管道维修整治的根本原则。德国称有 17% 的排水管道需要在近、中期内进行整治就是根据检测结果确定的。结构性缺陷的整治，一般除地面塌陷或严重错口等情形必须要开挖更新外，应尽量选择非开挖的方式，以减少对城市交通等的影响。《城镇排水管道非开挖修复更新工程技术规程》CJJ/T 210—2014 为管道结构性修复提供了技术依据。

非开挖修理根据修理部位，分为局部修理和整体修理。局部修理主要技术措施包括嵌补法、注浆法、套环法和局部涂层法，适用于接口修理和管体局部修理。整体修理技术措施包括涂层法、翻转法（CIPP）、螺旋管法、短管内衬法等。

非开挖修复技术（trenchless pipeline rehabilitation and renewal）是指采用少开挖或不开挖地表的方法进行给水排水管道修复更新的技术。按照施工工艺，非开挖修复技术包括涂层法、穿插管法、原位固化法、现场制管法。

涂层法（internal coating of pipeline）是指在管道内以人工或机械喷涂方式，将砂浆类、环氧树脂类、聚脲脂类等防水或防腐材料置于管道整个内表面的修复方法。

穿插管法（slip lining）是指采用牵拉、顶推、牵拉结合顶推的方式将新管直接置入原有管道空间，并对新的内衬管和原有管道之间的间隙进行处理的管道修复方法。

原位固化法（cured-in-place pipe，CIPP）是指采用翻转或牵拉方式将浸渍树脂的内衬软管置入原有管道内，经常温、热水（汽）加热或紫外照射等方式固化后形成管道内衬的修复方法。

现场制管法（spliced-in-place lining）是指在管道内、工作井内或地表将片状或板条状材料制作成新管道置入原有管道空间，必要时对新的内衬管和原有管道之间的间隙进行适当处理的管道修复方法。现场制管法包括螺旋缠绕法、不锈钢薄板内衬修复法、粘板（管片）法。

1.3 非开挖修复技术发展前景

全世界每年新建约 50 万 km 的地下管线，包括供水、污水、燃气、通信电缆，总投资大于 350 亿美元。美国需要修复的污水管道为 150 万 km，我国每年新建管道 10 万 km，达到使用年限亟须修复的市政管道达 30 万 km。

住房城乡建设部、国家发展和改革委员会印发《全国城镇供水设施改造与建设"十二五"规划及 2020 年远景目标》（建城〔2012〕82 号）。"十二五"管网更新改造目标：对使用年限超过 50 年和灰口铸铁管、石棉水泥管等落后管材的供水管网进行更新改造，共计 9.23 万 km。其中，设市城市 4.20 万 km，县城 2.51 万 km，重点镇 2.52 万 km。管网改造投资总计 835 亿元。

2012 年 4 月 19 日，国务院办公厅印发《"十二五"全国城镇污水处理及再生利用设施建设规划》（国办发〔2012〕24 号）。"十二五"期间，全国规划范围内的城镇建设污水管网 15.9 万 km，约 1/3 为补充已建污水处理设施的管网。其中，设市城市 7.3 万 km，县城 5.3 万 km，建制镇 3.3 万 km；东部地区 6.1 万 km，中部地区 4.9 万 km，西部地区 4.9 万 km。全部建成后，全国城镇污水管网总长度达到 32.7 万 km，每万吨污水日处理能力配套污水管网达到 15.6km，设施建设（包括完善和新建管网）投资总计达 2443 亿元。

住房城乡建设部制定的《全国城镇燃气发展"十二五"规划》中明确了"十二五"期间，我国新建城镇燃气管道约 25 万 km，到"十二五"末期，城镇燃气管道总长度达到 60 万 km。

2014 年 1 月 15 日住房城乡建设部、国家发改委、财政部印发了《北方供暖地区城市集中供热老旧管网改造规划》，涉及北方供暖地区 15 个省、自治区、直辖市。规划提出 2013～2015 年老旧管网改造的目标、主要任务和保障措施：对于运行使用超过 15 年的供热管网（不含评估后可正常使用的管网）；使用年限不足 15 年，但存在事故隐患的供热管网进行改造。工程量：管网改造 79716km，其中更换管道 55406km，管道扩径 10278km，维修管道 14032km。改造要求：一、二级供热管网改造采用无补偿直埋技术。鼓励采用综合管廊方式建设改造地下管网。

非开挖管道修复技术整体优势在于修复的负面影响小，对地面、交通、环境以及周围地下管线等的影响弱。在不开挖或少开挖路面的情况下，利用原管位资源，采取相关非开挖修复技术使管道获得修复，可以重新获得不少于 20 年的使用寿命。伴随着非开挖修复技术的不断发展，一些原本需要进行开挖施工的管道可以采取非开挖修复技术解决，使得管道非开挖修复技术被运用得越来越多。因此推广非开挖修复技术在排水管道修复领域运用意义重大。

非开挖管道修复技术推广的难度在于修复费用较高，很多中小城市财政难以承受。其实，综合考虑交通、建（构）筑保护、周围管线开挖的危险、市民生活环境的影响等因素，开挖修复的综合造价以及对社会造成的影响越来越大，而非开挖修复的费用却可以控制，费用高的主要原因在于有些修复技术材料和设备完全依赖进口，修复规模小使得修复成本大大提高。目前这种情况也有了改善，国产化率提高，修复规模的增大，修复成本会有所下降。

尽管我国管道非开挖修复技术的发展还不能满足巨大的市场需求，但随着从事这项技术研究的工作人员及施工单位越来越多，非开挖修复技术在我国将不断成熟发展，修复材料和设备将逐步国产化，修复费用会相应降低，非开挖修复技术将成为排水和市政行业建设的重要组成部分，并且广泛应用于城市管网的修复。

第2章　管道检测与评估

2.1　管道检测技术

管道检测的目的就是为了及时发现排水管道存在的问题，为制定管道养护、修理计划和修理方案提供技术依据。但是调查的关键在于方法和手段，只有采用正确的方法和手段，才能够真正将埋在地下"看不见"的管道设施"看清楚、查清楚"。从2009年开始，德国54万km的排水管道中，近85%的排水管道已进行过电视摄像等检查。目前排水管道电视和声呐检测技术已在我国推广使用，为我国排水管道的有效检查提供了技术支撑。

排水管道的检测是进行修复和合理养护的前提，目的是了解管道内部状况。根据管道内部状况，可以确认管道是否需要修复和修复应采用何种工法，可以科学地制定养护方案。

2.1.1　我国排水管道检测技术的发展历史

排水管道发生事故的可能性随着服务时间的增长而急剧增加，到了事故高发期，必须尽快采取有效措施，以最大限度地减少事故的发生。实践证明，运用先进技术开展管道状况调查，准确掌握管道状况，并根据一定的优选原则对存在严重缺陷的管道进行及时维修，就可以避免事故的发生，同时也能大大延长管道寿命。

欧洲早在20世纪50年代，就开始研究和推广排水管道检测技术。20世纪80年代，英国水研究中心（WRC）发行了世界上第一部专业的排水管道CCTV检测评估专用的编码手册。从此以后，排水管道检测技术在欧洲得到迅猛发展。欧洲标准委员会（CEN）在2001年也出版发行了市政排水管网内窥检测专用的视频检查编码系统。

我国长期以来由于没有规范细致的评估依据，直接导致目前管道检测的大量数据无法进行精确分析。若干年后如果进行管道质量对比，主管单位不得不花大量精力重新翻看之前现场录像进行人工对比。

2009年上海市质量技术监督局发布了上海市地方标准《排水管道电视和声呐检测评估技术规程》DB 31/T444—2009，这是我国首个排水管道内窥检测评估技术规程。规程中对管道视频检测出现的各种图片进行分类和定级，根据录像和图片显示的管道画面，再参考该规程中制定的各缺陷图片进行对比分类，以此对管道缺陷进行定级。该规程的出台，为我国一线城市排水管道仪器检测技术的发展和应用做出了贡献。

目前全国各个城市正在大力开展排水管道检测，同时对参与检测的企业提出了作业能力要求，其中大部分城市要求从事管道检测的人员参加过国家、省级或市级协会组织的培训，单位获得协会发布的检测作业能力认证，而且要求检测企业拥有CMA认证和相关的检测设备。

2.1.2　排水管道仪器检测技术推广应用现状

排水管道仪器检测技术主要分为三种：管道闭路电视检测系统（CCTV）、声呐检测和潜望镜检测。图 2.1-1 为支管暗接、胶圈脱落、塑料管被石块挤穿并嵌入和塑料管破碎坍塌示例，表 2.1-1 为管材的主要缺陷和产生的原因。

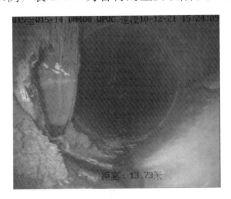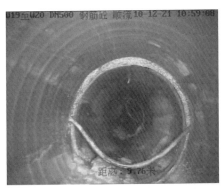
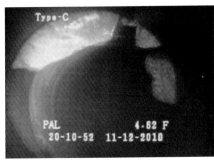

图 2.1-1　典型缺陷示意图

管材的典型缺陷和产生原因 表 2.1-1

管材类型	特点	主要缺陷	产生缺陷的原因
钢筋混凝土管	强度大、刚度大	破裂、渗漏、错位等	管段埋设过程中或路基、路面压实过程中受到外力的冲击；管段回填材料时未按规范要求而直接造成管道破坏
玻璃钢夹砂管、HDPE 管、PVC-u 管等	强度小、塑性大	破裂、渗漏、起伏、变形等	管材塑性大，容易出现变形；受冲击，易出现破裂、产生蛇形起伏

1. 管道闭路电视检测系统

电视检测是采用闭路电视系统进行管道检测的方法，简称 CCTV（Closed Circuit Television Inspection）检测。CCTV 电视检测系统是一套集机械化与智能化为一体的记录管道内部情况的设备。它对于管道内部的情况可以进行实时影像监视、记录、视频回放、图像抓拍及视频文件的存储等操作，无须人员进入管内即可了解管道内部状况。

（1）CCTV 电视检测系统的功能

1）管道淤积、排水不畅等原因的调查。

2）管道的腐蚀、破损、接口错位、淤积、结垢等运行状况的检测。

3）雨污水管道混接情况的调查。

4）管道不明渗入水或水量不足的检测。

5）排水系统改造或疏通的竣工验收。

6）查找因排水系统或基建施工而找不到的检修井或去向不明管段。

7）查找、确定非法排放污水的源头及接驳口。

8）污水泄漏点的定位检测。

9）分析、确定由于污水泄漏造成地基塌陷，建筑结构受到破坏原因等。

10）新建排水管道的交接验收检测。

（2）现场管道检测应包括下列基本内容

1）设立施工现场围栏和安全标志，必要时须按道路交通管理部门的指示封闭道路后再作业。

2）打开井盖后，首先保证被检测的管道通风，在井口或必须下井工作之前，要使用有毒、有害气体检测仪进行检测，在确认井内无有毒、害气体后方可开展检测工作。

3）管道预处理，如封堵、吸污、清洗、抽水等。

4）仪器设备自检。

5）管道实地检测与初步判读。对发现的重大缺陷问题应及时报知委托方或委托方指定的现场监理。

6）检测完成后应及时清理现场，并对仪器设备进行清洁保养。

管道闭路电视检测系统（CCTV）是使用最久的检测系统之一，也是目前应用最普遍的方法。生产制造 CCTV 电视检测系统的厂商很多，国际上一些知名品牌有 IBAK、Per Aarsleff A/S、Telespec、Pearpoint、TARIS 等，国内有雷迪公司。

CCTV 检测的基本设备包括摄像头、灯光、电线（线卷）及录像设备、监视器、电源控制设备、承载摄影机的支架、爬行器、长度测量仪等。检测时操作人员在地面远程控制 CCTV 检测车的行走并进行管道内的录像拍摄，由相关的技术人员根据这些录像进行管道内部状况的评价与分析。CCTV 检测在国外排水管道检测中已得到广泛应用，美国排水管道的检测主要采用该方法。CCTV 检测在我国应用的时间不长，但发展非常迅速，近几年国内一些主要城市（如上海、北京、广州等）已经普遍应用这种检测系统并取得了非常好的效果。图 2.1-2 为 CCTV 检测设备，图 2.1-3 为排水管道 CCTV 检测现场作业示意图。

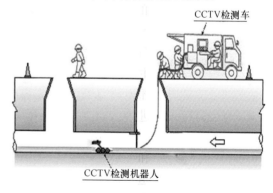

图 2.1-2　CCTV 检测设备　　　图 2.1-3　排水管道 CCTV 检测现场作业示意图

常见的 CCTV 检测设备主要由主控制器、线缆盘、爬行器和摄像头组成，参见图 2.1-4～图 2.1-7。

图 2.1-4 主控制器 图 2.1-5 线缆盘

图 2.1-6 爬行器

主控制器：控制整个设备的运行与操作，包括硬件控制和软件控制。主控制器面板上安装有操作按钮和旋钮，用于控制摄像头、灯光和爬行器。主控制器上的液晶显示器、鼠标和键盘还便于显示日期、时间、距离信息、标注字符，并进

图 2.1-7 摄像头

行的一些必要的操作。主控制器上应有 DVD 刻录光驱，供刻录光盘存储资料使用。

线缆盘：安装有手摇柄，用于手动盘绕电缆于线缆盘上；线缆盘上安装有距离计数器，用于记录爬行器行进的距离，便于检测人员确定管道缺陷的位置。电缆端部与爬行器相连。

爬行器：有轮胎式和履带式，连接在电缆尾部的爬行器内部装有电机，结构上为防水设计，可以在有水的管道内部行进，爬行器的头部安装了摄像头和灯光，根据管径的不同，可选配不同直径大小的轮胎与爬行器相连。

摄像头：摄像头应具有超高的感光能力、逼真的画质和广视角捕捉画面，能够进行变焦和数字变焦的操作。摄像头两侧安装有可以调节亮度的灯光，作为摄像头光源。旋转摄像头可以进行全方位观测。

CCTV 检测设备的主要技术指标应符合表 2.1-2 的规定。

CCTV 检测设备的主要技术指标 表 2.1-2

项　目	技术指标
图像传感器	≥1/4 英寸 CCD，彩色
灵敏度（最低感光度）	≤3lx
视角	≥45°
分辨率	≥640×480
照度	≥10×LED
图像变形	≤±5%
爬行器	电缆长度为 120m 时，爬坡能力应大于 5°
电缆抗拉力	≥2kN
存储	录像编码格式：MPEG4、AVI 照片格式：JPEG

2. 声呐检测

如采用 CCTV 检测需要排干管道中的水，而声呐管道检测仪可以将传感器头浸入水中进行检测。声呐系统对管道内侧进行声呐扫描，声呐探头快速旋转并向外发射声呐信号，然后接收被管壁或管中物体反射的信号，经计算机处理后形成管道的横断面图。一般来说，声呐检测可以提供管线断面的管径、沉积物形状及其变形范围，图 2.1-8 为声呐检测设备。

图 2.1-8　声呐检测设备

排水管道声呐检测的基本原理是利用声呐主动发射声波"照射"目标，而后接收水中目标反射的回波以测定目标的参数。大多数采用脉冲体制，也有采用连续波体制的。它由简单的回声探测仪器演变而来，它主动地发射超声波，然后收测回波进行计算，经过软件的分析，得到排水管道内部的轮廓图。

置于水中的声呐发生器令传感器产生响应，当扫描器在管道内移动时，可通过监视器来监视其位置与行进状态，测算管道的断面尺寸、形状，并测算破损、缺陷位置，对管道进行检测；与 CCTV 检测相比，声呐适用于水下检测。只要将声呐头置于水中，无论管内水位多高，声呐均可对管道进行全面检测；声呐处理器可在监视器上进行监测，并以数字和模拟形式显示传感器在检测方向上的行进，声呐传感器连续接收回波，对管内的情况进行实时记录，根据被扫描物体对声波的穿透性能、回波的反射性能，通过与原始管道尺寸的对比，计算管渠内的结垢厚度及淤积情况，根据检测结果对管渠的运行状况进行客观评价；根据采集存储的检测数据，还可以将管道的坡度情况形象地反映出来，为保证管道的正常运行并进行有针对性的维护提供科学的依据。图 2.1-9 为声呐检测设备示例，图 2.1-10 为声呐检测图像。

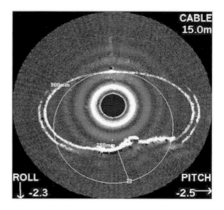

图 2.1-9　声呐检测设备示例　　　　　　　　图 2.1-10　声呐检测图像

声呐系统采用一个恰当的角度对管道侧面进行检测，声呐头快速旋转并显示一个管道的横断面图。检测仪向外发射声呐信号，被管壁返回。系统通过颜色区别声波信号的强弱，并标识出反射界面的类型（软或硬）。其水下扫描传感器可在 $0\sim40℃$ 的环境下正常工作。

用于工程检测的声呐其解析能力强，数据更新速度快；2MHz 频率的声音信号经放大并以对数形式压缩，压缩之后的数据通过 Flash A/D 转换器转换为数字信号；检测系统的角解析度为 $0.9°$，即该系统将一次检测的一个循环（圆周）分为 400 单元；而每单元又可分解成 250 个单位；因此，在 125mm 的管径上，解析度为 0.5mm，而在长达 3m 的极限范围上也可测得 12mm 的解析度，可以满足市政、企业排水管（渠）检测目的的要求，见图 2.1-11。

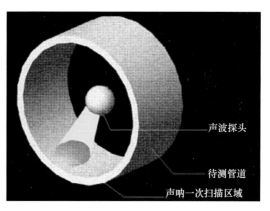

图 2.1-11　声呐检测原理示意图

声呐检测仪将管道分解成若干个断面进行检测，经过综合判断达到检测目的，参见图 2.1-12。

声呐头旋转 1 周仅需 1s 时间，正确的检测方法需要缓慢移动通过管道。根据要求检测的管道管径以及故障点的不同，如果检测仪在管道内的移动速度不同，检测仪扫描的螺旋间距也不同。

声呐检测的完整系统包括一个水下声呐检测仪、连接电缆、带显示器的声呐处理器。连接电缆给检测仪供电，通过声呐信息和串行通信对检测系统进行控制。

可旋转的圆柱形检测仪探头一端封装在塑料保护壳中，另一端与水下连接器连接。该系统可以安装在滑行器、牵引车或飘浮筏上，然后检测仪可以在管道内进行移动。探头发

声呐检测示意图

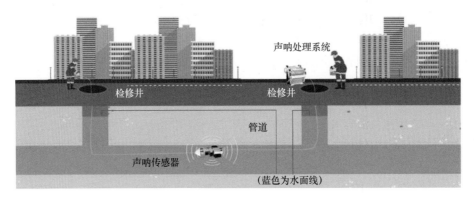

图 2.1-12 声呐检测方法示意图

射出一个窄波段声呐，声呐信号从管壁反射到接收机并放大。每一个发射/接收周期采样250点，每一个360°旋转需执行400个周期。

声呐处理器是供操作者在地面上对检测仪进行控制，并且可将声呐信息图形化显示。面板包含所有与设备连接输入输出设备。

根据管径的不同，应按表2.1-3选择不同的脉冲宽度。

脉冲宽度选择标准　　　　　　　　　　　　　　　　　　表 2.1-3

管径范围（mm）	脉冲宽度（µs）
300~500	4
500~1000	8
1000~1500	12
1500~2000	16
2000~3000	20

3. 潜望镜检测

管道潜望镜视频检测是目前国际上用于管道状况检测最为快速和有效的手段之一。这种检测方法，俗称便携式（或手持式）管道快速检测系统（The Handheld Piping Quickly Survey System），简称为 QV（Quick View）。便携式管道快速检测系统是一种利用仪器简单的检测手段，它代替了人下到检修井中目视检测管道的工作方法，既安全，又便捷，还可以将检测的信息录制成影像资料加以保存，是一种辅助 CCTV 检测的实用方法，非常适合野外和移动工作场所。

管道潜望镜视频检测仪采用伸缩杆将摄像机送到被检测管井，对各种复杂的管道情况进行视频判断。工作人员对控制系统进行镜头焦距、照明控制等操作，可通过控制器观察管道内实际情况并进行录像，以确定管道内的破坏程度、病害情况等，最终出具管道的检测报告，作为管道验收、养护投资的依据。目前已经广泛应用于大型容器罐体内部视频检查、市政排水管道快速视频勘察、隧道涵洞内部空间状况视频检测和槽罐车内部视频检测等。

手持式管道快速检测系统的优点在于：

（1）完全代替人进入管道、密闭空间或密闭容器进行检测；

（2）对检测全过程的视频资料进行保存；

（3）在灯光光源的保证下，直线管道检测长度可达 60m；

（4）携带方便，操作简单，视频数据存储容量可达 100G；

（5）手柄长度视检测管道埋深可增长或缩短。

潜望镜为便携式视频检测系统，操作人员将设备的控制盒和电池挎在腰带上，使用摄像头操作杆（一般可延长至 5.5m 以上）将摄像头送至窨井内的管道口，通过控制盒来调节摄像头和照明以获取清晰的录像或图像。数据图像可在随身携带的显示屏上显示，同时可将录像文件存储在存储器上。该设备对窨井的检测效果非常好，也可用于靠近窨井管道的检测。该技术简便、快捷、操作简单，目前在很多城市得到应用。图 2.1-13 是管道潜望镜摄像组件图，图 2.1-14 是管道潜望镜检测现场作业示意图。

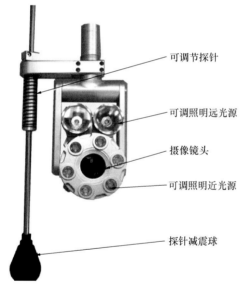

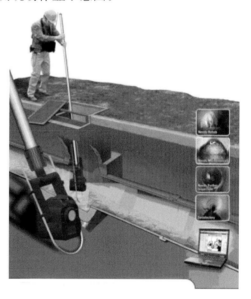

<table>
<tr><td>图 2.1-13　管道潜望镜摄像组件图</td><td>图 2.1-14　管道潜望镜检测现场作业示意图</td></tr>
</table>

管道潜望镜检测系统由控制器、摄像镜头、聚光照射灯、影像显示屏、手持支杆、电池和充电器等组成。

（1）控制器。控制器主要功能有：系统电源开关、调节摄像镜头的影像焦距（目标景物的拉近和推远）、调节影像的清晰度、调节灯光的亮度等。其与摄像镜头、电池以及显示屏等连接成为一个系统。

（2）摄像镜头。摄像镜头的任务是捕捉管道内的影像信息，通过传输线将信息传到显示屏供检测人员现场观察并存储到文件夹中。摄像镜头具有广角和长角的功能，在光源的辅助下，通过改变焦距，采集管道可视信息。

（3）聚光照射灯。聚光照射灯又被称为探照灯，顾名思义就是在一定的距离范围内，可以使被照射的物体很亮，以保证影像的清晰。目前我们使用的灯为卤素灯，其照射距离相对较远，在小口径的管道里还是可以满足光源要求的。但如果在大口径的管或渠中检测，我们必须加入更加光亮的辅助光源。

（4）影像显示屏。影像显示屏就是一台集录制、放映、存储于一体的彩色录放显示设备，便于操作人员在现场观看、操作。

（5）手持支杆。手持支杆是用来人为控制摄像镜头进出检修井及调节摄像镜头在管口的位置的。其长短可以根据被检测管道的埋深加长或缩短。

（6）电池。12V 电池为整个系统提供电源。

管道潜望镜检测设备的主要技术指标应符合表 2.1-4 的规定。

管道潜望镜检测设备主要技术指标　　　　　　　表 2.1-4

项　目	技　术　指　标
图像传感器	≥1/4 英寸 CCD，彩色
灵敏度（最低感光度）	≤3lx
视角	≥45°
分辨率	≥640×480
照度	≥10×LED
图像变形	≤±5%
变焦范围	光学变焦≥10 倍，数字变焦≥10 倍
存储	录像编码格式：MPEG4、AVI； 照片格式：JPEG

4. 传统检测方法

排水管道检测已有很长的历史，而在新检测技术广泛应用之前，传统检测方法起到关键性的作用。传统检测方法适用范围窄，局限性大，很难适应管道内水位很高的情况，但在很多地方依然可以配合使用。以下是几种主要传统方法简介：

（1）目测法观察同条管道窨井内的水位，确定管道是否堵塞。观察窨井内的水质，上游窨井中为正常的雨、污水，而下游窨井内流出的是黄泥浆水，则说明管道中间有穿孔、断裂或坍塌。

（2）反光镜检查借助日光折射，目视观察管道堵塞、坍塌、错位等情况。

（3）人员进入管内检查主要用在缺少检测设备的地区，对于大口径管道可采用该方法，但要采取相应的安全预防措施，包括暂停管道的服务、确保管道内没有有毒有害气体（如硫化氢），这种方法适用于管道内无水的状态。

（4）潜水员进入管内检查，如果管道的口径大且管内水位很高或者满水的情况下，可以由潜水员进入管内潜水检查，但是由于水下能见度差，潜水员检查主要靠手摸，凭感觉判断管道缺陷，对缺陷定义因人而异，缺陷描述主要是靠检查人员到地面后凭记忆口述，准确性差；水下作业安全保障要求高，费用大。

（5）量泥斗检测主要用于检测窨井和管口、检查井内和管口内的积泥厚度(图 2.1-15、图 2.1-16)。

传统检测方法虽然简单、方便，在条件受到限制的情况下可起到一定的作用，但有很多局限性，已不适应现代化排水管网管理的要求。排水管道传统检测方法及特点见表 2.1-5。

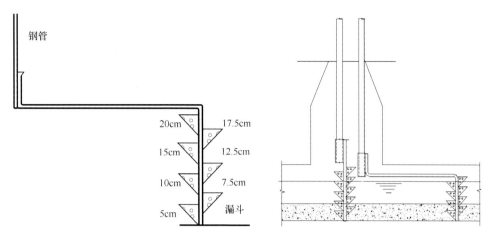

图 2.1-15 Z字形量泥斗构造图　　　　　图 2.1-16 量泥斗检查示意图

排水管道传统检测方法及特点　　　　　　　　　　表 2.1-5

检测方法	适用范围和局限性
人员进入管道检查	管径较大、管内无水、通风良好，优点是直观，且能精确测量；但检测条件较苛刻，安全性差
潜水员进入管道检查	管径较大、管内有水，且要求低流速，优点是直观；但无影像资料、准确性差
量泥杆（斗）法	检测井和管道口处淤积情况，优点是直观速度快；但无法测量管道内部情况，无法检测管道结构损坏情况
反光镜法	管内无水，仅能检查管道顺直和垃圾堆集情况，优点是直观、快速、安全；但无法检测管道结构损坏情况，有垃圾堆集或障碍物时，则视线受阻

　　传统的管道检测方法有很多，除了直接目视检查以外，也可用一些简单的工具进行检查，其适用范围和局限性各有特点（表 2.1-5），但这些方法适用范围很窄，局限性很大，存在着人身不安全、病害不易发现、判断不准确等诸多弊病。

　　应根据检查的目的和管道运行状况选择合适的简易工具。各种简易工具的适用范围见表 2.1-6。

简易工具适用范围　　　　　　　　　　表 2.1-6

适用范围 简易工具	中小型管道	大型以上管道	倒虹管	检查井
竹片或钢带	适用	不适用	适用	不适用
反光镜	适用	适用	不适用	不适用
Z字形量泥斗	适用	适用	不适用	不适用
直杆型量泥斗	不适用	不适用	不适用	适用
通沟球（环）	适用	不适用	适用	不适用
激光笔	适用	适用	不适用	不适用

　　用人力将竹片、钢带等工具推入管道内，顶推淤积阻塞部位或扰动沉积淤泥，既可以检查管道阻塞情况，又可达到疏通的目的。竹片至今还是我国疏通小型管道的主要工具。竹片（玻璃钢竹片）检查或疏通适用于管径为 200～800mm 且管顶距地面不超过 2m 的管道。

2.2 管道评估

管道评估即是对管道根据检测后所获取的资料，特别是影像资料进行分析，对缺陷进行定义、对缺陷严重程度进行打分、确定单个缺陷等级和管段缺陷等级，进而对管道状况进行评估，提出修复和养护建议。本节结合《城镇排水管道检测与评估技术规程》CJJ 181—2012（本节简称《CJJ 181 规程》）第 8 章管道评估的规定进行详细解读。

2.2.1 管道评估应遵循下列规定

（1）管道评估应依据检测资料进行。

（2）管道评估工作宜采用计算机软件进行。

（3）当缺陷沿管道纵向的尺寸不大于 1m 时，长度应按 1m 计算。管道的很多缺陷是局部性缺陷，例如孔洞、错口、脱节、支管暗接等，其纵向长度一般不足 1m，为了方便计算，1 处缺陷的长度按 1m 计算。

（4）当管道纵向 1m 范围内 2 个以上缺陷同时出现时，分值应叠加计算；当叠加计算的结果超过 10 分时，应按 10 分计。当缺陷是连续性缺陷（纵向破裂、变形、纵向腐蚀、起伏、纵向渗漏、沉积、结垢）且长度大于 1m 时，按实际长度计算；当缺陷是局部性缺陷（环向破裂、环向腐蚀、错口、脱节、接口材料脱落、支管暗接、异物穿入、环向渗漏、障碍物、残墙、坝根、树根）且纵向长度不大于 1m 时，长度按 1m 计算。当在 1m 长度内存在 2 个及以上的缺陷时，该 1m 长度内各缺陷分值进行综合叠加，如果叠加值大于 10 分，按 10 分计算，叠加后该 1m 长度的缺陷按 1 个缺陷计算（相当于 1 个综合性缺陷）。

（5）管道评估应以管段为最小评估单位。当对多个管段或区域管道进行检测时，应列出各评估等级管段数量占全部管段数量的比例。当连续检测长度超过 5km 时，应作总体评估。

（6）排水管道的评估应对每一管段进行。排水管道是由管节组成管段，由管段组成管道系统。管节不是评估的最小单位，管段是评估的最小单位。在针对整个管道系统进行总体评估时，以各管段的评估结果进行加权平均计算后作为依据。

2.2.2 检测项目名称、代码及等级

管道缺陷定义是管道评估的关键内容，本节规定了管道的结构性缺陷和功能性缺陷及其代码、分级和分值，以及检测过程中对特殊结构和操作状态名称和代码的标示方法。本节共 6 条。

【条文】8.2.1 《CJJ 181 规程》已规定的代码应采用两个汉字拼音首个字母组合表示，未规定的代码应采用与此相同的确定原则，但不得与已规定的代码重名。

【释义】《CJJ 181 规程》的代码根据缺陷、结构或附属设施名称的两个关键字的汉语拼音字头组合表示，已规定的代码在《CJJ 181 规程》中列出。由于我国地域辽阔，情况复杂，当出现《CJJ 181 规程》未包括的项目时，代码的确定原则应符合本条的规定。代码主要用于国外进口仪器的操作软件不是中文显示时使用，如软件是中文显示时则可不采用代码。

【条文】8.2.2 管道缺陷等级应按表 2.2-1 规定分类。

条文 8.2.2 表　缺陷等级分类表　　　　　　　　　　　　表 2.2-1

等级 缺陷性质	1	2	3	4
结构性缺陷程度	轻微缺陷	中等缺陷	严重缺陷	重大缺陷
功能性缺陷程度	轻微缺陷	中等缺陷	严重缺陷	重大缺陷

【释义】《CJJ 181 规程》规定的缺陷等级主要分为 4 级，根据缺陷的危害程度给予不同的分值和相应的等级。分值和等级的确定原则是：具有相同严重程度的缺陷具有相同的等级。

【条文】8.2.3　结构性缺陷的名称、代码、等级划分及分值应符合表 2.2-2 的规定。

条文 8.2.3 表　结构性缺陷名称、代码、等级划分及分值　　表 2.2-2

缺陷 名称	缺陷 代码	定义	等级	缺陷描述	分值
破裂	PL	管道的外部压力超过自身的承受力致使管子发生破裂。其形式有纵向、环向和复合 3 种	1	裂痕——当下列一个或多个情况存在时： (1) 在管壁上可见细裂痕； (2) 在管壁上由细裂缝处冒出少量沉积物； (3) 轻度剥落	0.5
			2	裂口——破裂处已形成明显间隙，但管道的形状未受影响且破裂无脱落	2
			3	破碎——管壁破裂或脱落处所剩碎片的环向覆盖范围不大于弧长 60°	5
			4	坍塌——当下列一个或多个情况存在时： (1) 管道材料裂痕、裂口或破碎处边缘环向覆盖范围大于弧长 60°； (2) 管壁材料发生脱落的环向范围大于弧长 60°	10
变形	BX	管道受外力挤压造成形状变异	1	变形不大于管道直径的 5%	1
			2	变形为管道直径的 5%～15%	2
			3	变形为管道直径的 15%～25%	5
			4	变形大于管道直径的 25%	10
腐蚀	FS	管道内壁受侵蚀而流失或剥落，出现麻面或露出钢筋	1	轻度腐蚀——表面轻微剥落，管壁出现凹凸面	0.5
			2	中度腐蚀——表面剥落显露粗骨料或钢筋	2
			3	重度腐蚀——粗骨料或钢筋完全显露	5
错口	CK	同一接口的两个管口产生横向偏差，未处于管道的正确位置	1	轻度错口——相接的两个管口偏差不大于管壁厚度的 1/2	0.5
			2	中度错口——相接的两个管口偏差为管壁厚度的 1/2～1	2
			3	重度错口——相接的两个管口偏差为管壁厚度的 1～2 倍	5
			4	严重错口——相接的两个管口偏差为管壁厚度的 2 倍以上	10

续表

缺陷名称	缺陷代码	定义	等级	缺陷描述	分值
起伏	QF	接口位置偏移，管道竖向位置发生变化，在低处形成洼水	1	起伏高/管径≤20%	0.5
			2	20%<起伏高/管径≤35%	2
			3	35%<起伏高/管径≤50%	5
			4	起伏高/管径>50%	10
脱节	TJ	两根管道的端部未充分接合或接口脱离	1	轻度脱节——管道端部有少量泥土挤入	1
			2	中度脱节——脱节距离不大于20mm	3
			3	重度脱节——脱节距离为20～50mm	5
			4	严重脱节——脱节距离为50mm以上	10
接口材料脱落	TL	橡胶圈、沥青、水泥等类似的接口材料进入管道	1	接口材料在管道内水平方向中心线上部可见	1
			2	接口材料在管道内水平方向中心线下部可见	3
支管暗接	AJ	支管未通过检查井直接侧向接入主管	1	支管进入主管内的长度不大于主管直径10%	0.5
			2	支管进入主管内的长度在主管直径10%～20%	2
			3	支管进入主管内的长度大于主管直径20%	5
异物穿入	CR	非管道系统附属设施的物体穿透管壁进入管内	1	异物在管道内且占用过水断面面积不大于10%	0.5
			2	异物在管道内且占用过水断面面积为10%～30%	2
			3	异物在管道内且占用过水断面面积大于30%	5
渗漏	SL	管外的水流入管道	1	滴漏——水持续从缺陷点滴出，沿管壁流动	0.5
			2	线漏——水持续从缺陷点流出，并脱离管壁流动	2
			3	涌漏——水从缺陷点涌出，涌漏水面的面积不大于管道断面的1/3	5
			4	喷漏——水从缺陷点大量涌出或喷出，涌漏水面的面积大于管道断面的1/3	10

注：表中缺陷等级定义区域 X 的范围为 $x\sim y$ 时，其界限的意义是 $x<X\leqslant y$。

【释义】

结构性缺陷——影响结构强度和使用寿命的缺陷（如裂缝、腐蚀等）。结构性缺陷可以通过维修得到改善。

功能性缺陷——影响排水功能的缺陷（如积泥、树根等）。功能性缺陷可以通过养护疏通得到改善。

特殊构造（如暗井、弯头等）大多在施工阶段已经形成，可能会对排水功能或养护作业带来不利影响。我国一般没有这类构造。

管道从材质角度，可分为新型管道和老管道。老管道多采用砂石、水泥、混凝土材料，而新型管道主要采用PVC、HDPE等塑料材质。根据材质不同，主要出现的问题也不尽相同：

（1）老管道常见的缺陷

老管道容易出现裂缝破损，致使管道出现泄漏，直接渗入周围土壤导致地下水质受污染。2011 年 7 月 1 日，美国西北部蒙大拿州一条原油输送管道破裂，约 10 万升石油流入黄石河，迫使约 300 名居民撤离。2003 年 12 月，皖南地区某城市排污管道破裂，污水改道进入鱼塘致大批鱼死亡。2012 年，福州金山一处工业污水管道破裂，导致大量污水从管道中溢出流进横江渡中，把江水污染成"墨水"。有毒有害物质随污水排入江河，影响到下游的饮用水质量。同时，如果排水管道存在泄漏造成有毒污水渗入地下，直接造成地下水被污染。如果渗漏发生在北方的冬季，由于特有的季节冻土层，这种危害可能被延迟。几种老管道缺陷特点参见图 2.2-1。

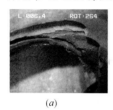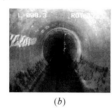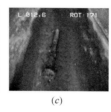

　　　(a)　　　　　　　(b)　　　　　　　(c)　　　　　　　(d)

图 2.2-1　老管道缺陷示例
(a) 破损；(b) 渗漏；(c) 障碍物；(d) 支管接入

管道中出现砂石等沉积物，致使管道中水流不畅。这些沉积物主要源于管道内部的混凝土材质，长久使用后受周围环境、上层物的压力等多种条件因素的影响，管壁会落下一些的砂土等碎渣。时间一长，会积聚在管道中形成一定的沉积物，阻碍水流通过。

沉降及坍塌，这主要是管道上部的承受压力过大所导致的。混凝土属于塑性材质，受压应力和剪切应力的共同作用，管道开始主要受压应力的影响较大沿中心轴向出现裂缝，后期受到剪切应力的影响裂缝不断向侧面扩展，最终发生断裂造成局部坍塌。

CCTV 检测结果表明，腐蚀是管道的主要结构性缺陷之一。管道受到 H_2S 气体腐蚀，在管道顶部均形成连续的腐蚀沟槽，有的部分管道上部存在成片的"麻脸"腐蚀以及不连续的顶部腐蚀。污水中的硫酸盐在厌氧条件下被还原为硫化物，进而生成 H_2S，在污水管道上方存在自由空间条件下，H_2S 挥发后被氧化，生成 SO_2 并吸收水汽最终形成 H_2SO_4，从而对污水管道产生腐蚀作用。当管道中经常充满水，则不容易发生 H_2S 腐蚀，根据目前的检测结果表明，腐蚀程度与管龄并无明显的正相关性，但与管内的运行水位关系密切。所以当管道实行低水位运行时，管道 H_2S 腐蚀的风险将加剧，这一问题应予以关注。

我国设计规范规定新建管道不允许连接支管，但在实际中，旧管道改造工程施工中，遇到旧的支管不在检查井位置，也没有因此建造检查井或暗井，而是直接在管壁开孔，逐渐形成新的暗接支管。更为严重的是，这类新的暗接支管与主管的连接不紧密，内壁没有经过砂浆抹面，从主管内看，很像是管道穿孔，非常容易发生地下水渗漏，这类穿孔的主要原因不是腐蚀，而是施工中随意在主管上开洞，而后又没有接入支管形成的，这给管道的结构状况以及地下水渗入量的控制均造成了很大的危害。

工程经验表明，渗漏除发生在暗接支管、管道穿孔处之外，大多数渗漏都发生在管道接头处。根据已有的检测资料，发生渗漏的管道都是刚性接口，管材长度小于或等于2.0m/节，而采用柔性接口的管道，状况明显好于刚性接口管道，特别在流砂型土壤区域，采用柔性接口的优越性更加明显。根据上海市的经验，当地下水位高，软土地基土质差，即使建造了混凝土管道基础，也不能有效控制管道的不均匀沉降，造成管道接头漏水现象普遍，而在流砂型土壤地区，渗漏还容易造成路面塌陷等严重事故。因此，上海市已制定规范要求新建市政管道一律采用柔性接口。当前，新建管道需要对柔性接头管道的接口制作质量、施工质量给予重视，而大量老旧刚性接口管道的渗漏检查与控制，是管道修复的主要任务。

当地下水位变化大，检测时间正处于地下水位低于管底时，检测时则不会发生渗漏现象，此时渗漏的缺陷不易发现。但是根据工程经验，当管道存在渗漏时，在渗漏处常常可见橙黄色的水垢，这是渗漏的间接证明。但是在缺陷判读时，以"可见则定，不见不定"为原则，未见水流，尽管有水垢，但仍然存在不定期渗漏的缺陷。

（2）新型管道常见的缺陷

管道接头的老化或错位。由于PVC管道是分段连接而成的（如顶管工艺），因此每段之间就存在接口连接的问题。一是管道连接管口错位现象；二是时间一长，这种接头处就特别容易出现锈垢老化腐蚀的状况，造成管道接口泄漏。

管道弯曲变形。由于施工时管道上方埋设土壤不够密实，随着运行后地面荷载不断增大，承受压力超过极限，根据管道上方受到集中荷载的作用将会导致管道的弯曲变形。

管道发生椭圆状变形。由于管道周围填满了碎石土壤，随时间环境的变化迁移，受到地面物体压力的影响，管道周围各方向将对管道进行挤压，致使管道轴切面变形成椭圆状（由于塑料管道属于脆性材质，以上两种变形到一定程度后管道会发生突然性的断裂，污染环境）。新管道缺陷示例见图2.2-2和图2.2-3。

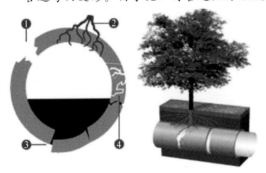

图 2.2-2　新管道缺陷示例

1—管道漏点；2—根系堵塞；3—管道塌陷；4—管道裂缝

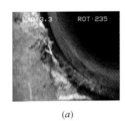 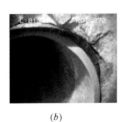 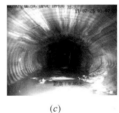 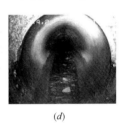

（a）　　　　　（b）　　　　　（c）　　　　　（d）

图 2.2-3　新管道缺陷示例

（a）接口缺陷；（b）接口缺陷；（c）变形；（d）沉降

（3）新型管道和老管道都会出现的问题

1）树根缠绕。在埋设管道的上方或周围存在一些树木植物。时间一长，会造成植物的根系与管道缠绕，进而对管壁产生腐蚀，损坏管道。或者大量的树根渗入管道直至堵塞整个管道内部，导致管道无法畅通运作。

2）管道堵塞，导致水流不畅。国内情况复杂，管道中经常会出现很多意想不到的情况，各种污物堵塞管道。

3）老管道材料比较粗糙，容易出现局部坡度不平滑的现象；而新型管道的每段接头处容易出现搭接错位的现象，这些都将造成管道在运行时局部积水或管道淤积堵塞。

4）管道走向不明、断面不清、末端不知在哪等现象，甚至有些排水管道在铺设很久后都没有起到排水功能（如在铺设管道时压力墙没有拆除，新旧排水管道根本就没有连通）。

结构性缺陷中，管道腐蚀的缺陷等级数量定为 3 个等级。当腐蚀已经形成了空洞，钢筋变形，这种程度已经达到 4 级破裂，即将坍塌，此时该缺陷在判读上和 4 级破裂难以区分，故将第 4 级腐蚀缺陷纳入第 4 级破裂，不再设第 4 级腐蚀缺陷。接口材料脱落的缺陷等级数量定为 2 个等级，细微差别在实际工作中不易区别，胶圈接口材料的脱落在管内占的面积比例不高，为了方便判读，仅区分水面以上和水面以下胶圈脱落两种情况，分为两个等级。

（4）结构性缺陷

定义说明见表 2.2-3。

结构性缺陷说明 表 2.2-3

缺陷名称	代码	缺 陷 说 明	等级数量
破裂	PL	管道的外部压力超过自身的承受力致使管材发生破裂。其形式有纵向、环向和复合三种	4
变形	BX	管道受外力挤压造成形状变异，管道的原样被改变（只适用于柔性管）。 变形率＝（管内径－变形后最小内径）÷管内径×100% 《给水排水管道工程施工及验收规范》GB 50268—2008 第 4.5.12 条第 2 款规定："钢管或球墨铸铁管道的变形率超过 3% 时，化学建材管道的变形率超过 5% 时，应挖出管道，并会同设计单位研究处理。"这是新建管道变形控制的规定。对于已经运行的管道，如按照这个规定则很难实施，且费用也难以保证。为此，《CJJ 181 规程》规定的变形率不适用于新建管道的接管验收，只适用于运行管道的检测评估	4
腐蚀	FS	管道内壁受侵蚀而流失或剥落，出现麻面或露出钢筋。管道内壁受到有害物质的腐蚀或管道内壁受到磨损。管道水面上部的腐蚀主要来自排水管道中的 H_2S 气体所造成的腐蚀。管道底部的腐蚀主要是由于腐蚀性液体和冲刷的复合性的影响造成	3
错口	CK	同一接口的两个管口产生横向偏离，未处于管道的正确位置。两根管道的套口接头偏离，邻近的管道看似"半月形"	4
起伏	QF	接口位下沉，使管道坡度发生明显的变化，形成洼水。造成弯曲起伏的原因，既包括管道不均匀沉降引起，也包含施工不当造成的。管道因沉降等因素形成洼水（积水）现象，按实际水深占管道内径的百分比记入检测记录表	3
脱节	TJ	两根管道的端部未充分接合或接口脱离。由于沉降，两根管道的套口接头未充分推进或接口脱离。邻近的管道看似"全月形"	4
接口材料脱落	TL	橡胶圈、沥青、水泥等类似的接口材料进入管道。进入管道底部的橡胶圈会影响管道的过流能力	2

缺陷名称	代码	缺 陷 说 明	等级数量
支管暗接	AJ	支管未通过检查井而直接侧向接入主管	3
异物穿入	CR	非管道附属设施的物体穿透管壁进入管内。侵入的异物包括回填土中的块石等压破管道、其他结构物穿过管道、其他管线穿越管道等现象。与支管暗接不同，支管暗接是指排水支管未经检查井接入排水主管	3
渗漏	SL	管道外的水流入管道或管道内的水漏出管道。由于管内水漏出管道的现象在管道内窥检测中不易发现，故渗漏主要指来源于地下的（按照不同的季节）或来自邻近漏水管的水从管壁、接口及检查井壁流入	4

破裂——管道的外部压力超过自身的承受力致使管材发生破裂。其形式有纵向、环向和复合三种，从其严重程度分为裂痕、裂口、破碎和坍塌。裂痕即裂纹，是在管道内表面出现的线状缝隙，不包括可见块状缺失的部分。

1) 破裂。常分为裂痕、裂口、破碎、塌陷四种情况（表 2.2-4）。每种情况说明如下：

①裂痕。即裂纹，是在管道内表面出现的有一定长度、一定裂开度的线状缝隙，不包括可见块状缺失的部分。

②裂口。即裂缝，有一定长度的、裂开度大于裂隙，裂隙中有片状破块存在，还未脱离管体，通常呈不规则状。

③破碎。一些裂缝和折断可能会进一步发展，使得管道破坏成片状，或者管壁有些部分缺失，小面积脱落形成孔洞，形状有圆形、方形、三角形或不规则形。

④塌陷。管壁破碎并脱离管壁，面积大于穿洞，管道已形成破损。

破裂缺陷描述方法举例 表 2.2-4

名称	代码	现 象	位 置 表 示
裂痕裂口	PL	直断裂（平行于管道走向）	在××点钟位置
		圆周断裂（垂直于管道走向）	时钟表示法
		不规则断裂	时钟表示法
破裂		管道破裂	在××点钟位置，从××点钟到××点钟位置
穿洞		管道穿洞	在××点钟位置，从××点钟到××点钟位置
塌陷		管道塌陷	用‰表示塌陷的横截面面积大小

2) 变形。变形是指管道的周向发展改变，既可以是垂直方向上的高度减少，也可能是由于侧向压力导致的水平方向上的距离减少，如图 2.2-4 和图 2.2-5 所示。

变形率可以采用图形变化对照的方法进行判读，用‰表示变形率，环向位置采用时钟表示法，参见图 2.2-6。

3) 腐蚀。腐蚀是常见的缺陷，造成腐蚀的主要原因是腐蚀性气体或者化学物质，内表面被破坏的形式主要有剥落、麻面、穿孔等现象。腐蚀缺陷描述方法参见表 2.2-5。

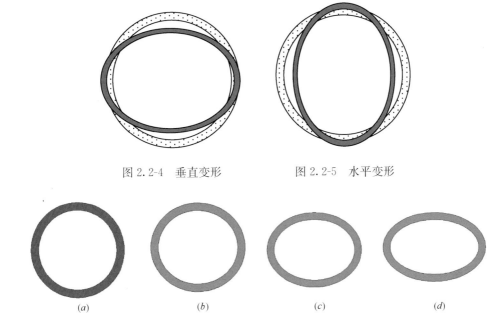

图 2.2-4　垂直变形　　　　　　图 2.2-5　水平变形

图 2.2-6　管道变形率对照图

(*a*) 圆管道；(*b*) 变形等于管道直径的 5%；(*c*) 变形等于管道直径的 15%；(*d*) 变形等于管道直径的 25%

腐蚀缺陷描述方法举例　　　　　　　　　　　表 2.2-5

名称	代码	现　　象	环向位置
腐蚀	FS	轻度，内壁表面水泥脱落，出现麻面	时钟表示法
		中度，内壁表面水泥呈颗粒状脱落	时钟表示法
		严重，内壁表面水泥呈块状脱落	时钟表示法

4）错口。两段管子接口位向上下左右任意方向偏移，其原因可能由于地基的不均匀沉降造成。错口已造成管道整体断裂，在结构上不安全。

错口的程度按管壁厚度对照进行判断，参见图 2.2-7 和图 2.2-8。

图 2.2-7　错口 1~1.5 倍管壁厚　　　图 2.2-8　错口为 2 倍管壁厚

5）起伏。管道或者砖砌管道的一个区域发生沉降，混凝土管道产生起伏将可能导致接口脱节，塑料管道起伏将常常伴随管道变形。在产生起伏的管段，检测时将观测到该段管道内的水深沿程不同。管内水深的判读参考图 2.2-9。

6）脱节。由于地面移动或者挖掘的影响，管道接口在直线方向上离位，接口离位可

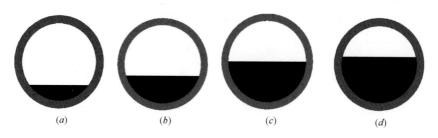

图 2.2-9　洼水深度示意图

（a）水深/管径＝20%；（b）水深/管径＝35%；（c）水深/管径＝50%；（d）水深/管径＝60%

以在检测中发现，这需要摄像头平移或者侧视移动来估计脱节的大小。脱节的情况分为两种，一种是接口离位，但承插口尚未脱离，接口密封圈尚未失效，承插口的嵌固作用仍然有效，参见图 2.2-10；另一种情况是承插口已经脱离，管道承插口的嵌固作用失效，相当于管道断裂，参见图 2.2-11。

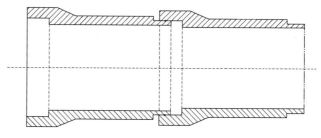

图 2.2-10　承插口尚未脱离示意

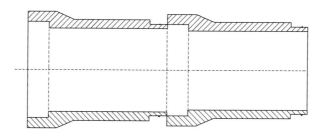

图 2.2-11　承插口已经脱离示意

7）接口材料脱落。《CJJ 181 规程》考虑到接口的刚性接口材料若进入管内一般会被冲走，看不到，胶圈材料则会悬挂在管道内，故缺陷描述主要是针对胶圈密封材料。如上部胶圈脱落，未悬挂在过水面内，对水流没有影响，则定义为 1 级缺陷；在下部的过水面内可见胶圈，则定义为 2 级缺陷；如由于接口材料脱落导致地下水流入，则按渗水另计缺陷。《CJJ 181 规程》没有区分防水圈侵入和防水圈破坏这两种情况，主要基于：只要是胶圈进入管内，无论是否破坏，都已经失去作用；若胶圈仅在原位破坏，则在管内看不到，也就无评价意义。

8）支管暗接。由于我国对于支管接入主管的规定采用检查井内接入，支管的这种接入方式将会对管道结构产生影响，参考丹麦和我国上海的规程，将支管暗接纳入结构性缺陷。支管是人为接入主管排水，从评分分值上来说，支管未伸入主管是支管暗接中最严重的，按破洞处理。当支管接入主管后，接口位如未修补处理，存在缝隙，则另计破裂缺陷；如修补则仅计支管暗接缺陷。支管接入长度的判读参考图 2.2-12，支管暗接缺陷描述方法参见表 2.2-6。

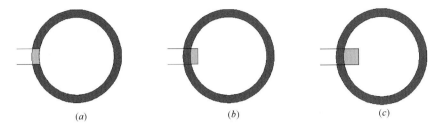

图 2.2-12　支管暗接占用断面示意图

(*a*) 支管未伸入到主管内；(*b*) 支管进入主管内的长度等于主管直径 10%；
(*c*) 支管进入主管内的长度等于主管直径 20%

支管暗接缺陷描述方法举例　　　　　　　　　　　　　表 2.2-6

名称	代码	现　象	位　置　尺　寸
支管暗接	AJ	接口位突出，但主管未受损伤	在××点钟位置，接入管口直径 (mm)，突出 (mm)
		接口位突出，且主管受损出现裂痕	在××点钟位置，接入管口直径 (mm)，突出 (mm)
		接口位突出，且主管受损出现破裂	在××点钟位置，接入管口直径 (mm)，突出 (mm)
		支管未插入，且主管受损出现破裂	在××点钟位置，破裂口直径 (mm)

9）异物穿入。异物穿入按异物在管道内占用过水断面面积分为 3 个等级。由于异物穿入破坏了管道结构，故定义为结构性缺陷。对于非穿透管壁的异物，定义为功能性缺陷。异物穿入占用面积的判读参见图 2.2-13，异物穿入缺陷描述方法参见表 2.2-7。

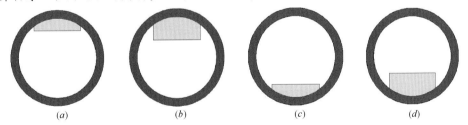

图 2.2-13　异物穿入占用断面比例示意图

(*a*) 异物在管道内的上方，且占用断面面积等于 10%；(*b*) 异物在管道内的上方，且占用断面面积等于 20%；
(*c*) 异物在管道内的下方，且占用断面面积等于 10%；(*d*) 异物在管道内的下方，且占用断面面积等于 20%

异物侵入缺陷描述方法举例　　　　　　　　　　　　　表 2.2-7

名称	代码	现　象	位　置　尺　寸
异物穿入	CR	侵入物在管道中轴线以上，阻水面积小于 10%	在××点钟位置，侵入物尺寸 (mm)
		侵入物在管道中轴线以下，阻水面积小于 10%	在××点钟位置，侵入物尺寸 (mm)
		侵入物已导致管道破损，阻水面积大于 10%	在××点钟位置，侵入物尺寸 (mm)

10）渗漏。渗漏分为内渗和外渗。由于外渗在内窥检测中看不到，故对于 CCTV 等内窥检测技术不适用；内渗往往是由结构性缺陷引起的附加缺陷，它将导致流砂进入管道，不但增加管道的输水量，还导致地下被掏空。渗漏的基本判读方法为：水沿管壁缓慢

渗入为1级缺陷;当水依靠惯性力可以脱离管壁流入时为2级缺陷;当水具有一定的压力小股射入时为3级;多处涌入或喷出,漏水形成的水帘面积超过1/3管道断面时为4级缺陷。

【条文】8.2.4 功能性缺陷名称、代码、等级划分和分值应符合表2.2-8的规定。

条文8.2.4表 功能性缺陷名称、代码、等级划分和分值 表2.2-8

缺陷名称	缺陷代码	定义	缺陷等级	缺陷描述	分值
沉积	CJ	杂质在管道底部沉淀淤积	1	沉积物厚度为管径的20%~30%	0.5
			2	沉积物厚度在管径的30%~40%	2
			3	沉积物厚度为管径的40%~50%	5
			4	沉积物厚度大于管径的50%	10
结垢	JG	管道内壁上的附着物	1	硬质结垢造成的过水断面损失不大于15%;软质结垢造成的过水断面损失在15%~25%	0.5
			2	硬质结垢造成的过水断面损失在15%~25%;软质结垢造成的过水断面损失在25%~50%	2
			3	硬质结垢造成的过水断面损失在25%~50%;软质结垢造成的过水断面损失在50%~80%	5
			4	硬质结垢造成的过水断面损失大于50%;软质结垢造成的过水断面损失大于80%	10
障碍物	ZW	管道内影响过流的阻挡物	1	过水断面损失不大于15%	0.1
			2	过水断面损失在15%~25%	2
			3	过水断面损失在25%~50%	5
			4	过水断面损失大于50%	10
残墙、坝根	CQ	管道闭水试验时砌筑的临时砖墙封堵,试验后未拆除或拆除不彻底的遗留物	1	过水断面损失不大于15%	1
			2	过水断面损失为在15%~25%	3
			3	过水断面损失在25%~50%	5
			4	过水断面损失大于50%	10
树根	SG	单根树根或是树根群自然生长进入管道	1	过水断面损失不大于15%	0.5
			2	过水断面损失在15%~25%	2
			3	过水断面损失在25%~50%	5
			4	过水断面损失大于50%	10
浮渣	FZ	管道内水面上的漂浮物(该缺陷需记入检测记录表,不参与计算)	1	零星的漂浮物,漂浮物占水面面积不大于30%	—
			2	较多的漂浮物,漂浮物占水面面积为30%~60%	—
			3	大量的漂浮物,漂浮物占水面面积大于60%	—

注:表中缺陷等级定义的区域X的范围为x~y时,其界限的意义是x<X≤y。

【释义】功能性缺陷的有关说明见《CJJ 181规程》条文说明中表3,管道结构性缺陷等级划分及样图见条文说明中表4,管道功能性缺陷等级划分及样图见条文说明中表5。

1)沉积。由细颗粒固体(如泥沙等)长时间堆积形成,淤积量大时会减少过水面积。缺陷的严重程度按照沉积厚度占管径的百分比(图2.2-14)确定,判读的方法可参照

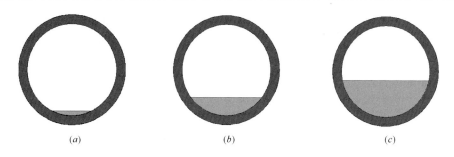

图 2.2-14　管道沉积占用断面比例对照图

(*a*) 沉积物厚度等于管径的 5%；(*b*) 沉积物厚度等于管径的 20%；(*c*) 沉积物厚度等于管径的 40%

水位。

2）结垢。结垢根据管壁上附着物的不同分为硬质结垢和软质结垢，硬质结垢和软质结垢相同的断面损失率具有不同的等级，主要是因为软质结垢的视觉断面对水流的影响弱于硬质结垢。结垢与沉积不同，结垢是细颗粒污物附着在管壁上，在侧壁和底部均可存在，而沉积只存在于管道底部。结垢造成的断面损失的判读参见图 2.2-15。

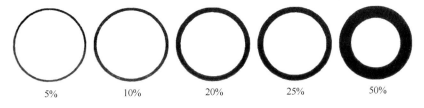

| 5% | 10% | 20% | 25% | 50% |

图 2.2-15　管道结垢断面损失率示意图

3）障碍物。障碍物为"管道内影响过流的阻挡物"，根据过水断面损失率分为 4 个等级。是否属于"障碍物"基于两点：一是管道结构本身是否完好；二是工程性（可追溯性）缺陷和非工程性（难以追溯性）缺陷。如果障碍物破坏了管体结构，则将其纳入结构性缺陷，缺陷名称为"异物穿入"；如果管体结构完好，管内障碍物则归为功能性缺陷。障碍物明显是施工问题造成的且是可追溯的则定义为工程性缺陷，障碍物是不明原因的或难以追溯的则定义为非工程性缺陷。因此，《CJJ 181 规程》将非工程性缺陷定义为"障碍物"，工程性缺陷的障塞物定义为"残墙、坝根"。因此，障碍物是外部物体进入管道内，具有明显的、占据一定空间尺寸的特点，如石头、柴板、树枝、遗弃的工具、破损管道的碎片等。障碍物造成的断面损失的判读参见图 2.2-16。

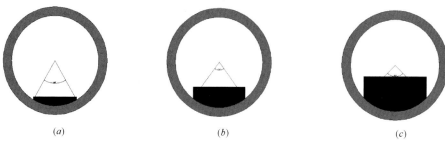

图 2.2-16　障碍物占用断面比例对照图

(*a*) 断面损失 5%；(*b*) 断面损失 15%；(*c*) 断面损失 40%

4）残墙、坝根。《CJJ 181规程》的残墙、坝根定义为"管道闭水试验时砌筑的临时砖墙封堵，试验后未拆除或拆除不彻底的遗留物"，其特点是管道施工完毕进行闭水试验时砌筑的封堵墙。残墙、坝根特征明显，是工程性结构，由施工单位所为，具有很明确的可追溯性，故将其单独列项。障碍物的特点是发现地点与物体进入管道地点不同，常常不明来源，责任人难以追溯，故《CJJ 181规程》将障碍物和残墙、坝根列为两种不同的缺陷。

5）树根。树根从管道接口的缝隙或破损点侵入管道，生长成束后导致过水面积减小，由于树根的穿透力很强，往往会导致管道受损。《CJJ 181规程》中树根未按照树根的粗细分级，只是根据侵入管道的树根所占管道断面的面积百分率进行分级。

6）浮渣。其不溶于水及油渣等漂浮物在水面囤积，按漂浮物所占水面面积的百分比分为3个等级。由于漂浮物所占面积经常处于动态的变化中。另外，借鉴上海的成熟做法，将漂浮物只记录现象，不参与计算。功能性缺陷描述方法参见表2.2-9。

功能性缺陷描述方法　　　　　　　　　　　　　　　　表2.2-9

名称	缩写	描述方法	位置表示
沉积	CJ	沉积物淤积厚度	用百分比（%）表示
结垢	JG	管壁结垢	用减少过水面积所占管径的比例和时钟位置表示
障碍物	ZW	块石等	用减少过水面积所占的百分比（%）表示
坝头	BT	未拆除的挡水墙	用减少过水面积的百分比（%）表示
树根	SG	树根穿透管壁	成簇的根须用减少过水面积的百分比（%）表示
浮渣	FZ	水面漂浮淤积物（油污等）	用减少水面面积所占百分比（%）表示

【条文】8.2.5　特殊结构及附属设施的代码应符合表2.2-10的规定。

条文8.2.5表　特殊结构及附属设施名称、代码和定义　　　　表2.2-10

名称	代码	定义
修复	XF	检测前已修复的位置
变径	BJ	两检查井之间不同直径管道相接处
倒虹管	DH	管道遇到河道、铁路等障碍物，不能按原有高程埋设，而从障碍物下面绕过时采用的一种倒虹型管段
检查井（窨井）	YJ	管道上连接其他管道以及供维护工人检查、清通和出入管道的附属设施
暗井	MJ	用于管道连接，有井室而无井筒的暗埋构筑物
井盖埋没	JM	检查井盖被埋没
雨水口	YK	用于收集地面雨水的设施

【释义】特殊结构及附属设施的代码主要用于检测记录表和影像资料录制时录像画面嵌入的内容表达。修复用来记录管道以前做过的维修，维修的管道和旧管道之间在管壁上有差距；变径是指管径在直线方向上的改变，变径的判读需要根据专业知识，判断是属于管径改变还是管道转向，参见图2.2-17。检查井和雨水口用来对管段中间的检查井和雨水口进行标识。管道转向参见图2.2-18～图2.2-20，CCTV检测时遇到特殊结构的常用描述方法参见表2.2-11。

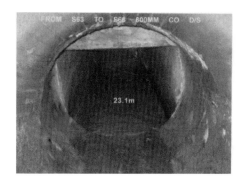

图 2.2-17 管径改变示例

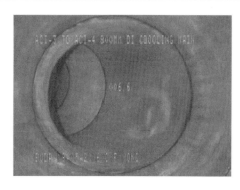

图 2.2-18 管道左转向

图 2.2-19 管道右转向

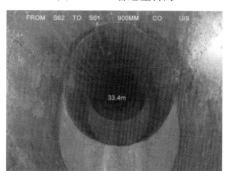

图 2.2-20 管道向上转

CCTV 检测特殊结构常用描述方法 　　　　　　　　　　　　　　表 2.2-11

代码	描述举例	代码	描述举例
XF	管道修补	JS	管道中非正常的积水
BJ	管道变径	自定义	管道材料改变
DH	倒虹管 KS××，倒虹管 JS××	自定义	管道坡度改变
YJ	人井，检查井，检修井	自定义	管道沿轴线方向向左转向
MJ	连接暗井	自定义	管道沿轴线方向向上转向

【条文】8.2.6 操作状态名称和代码应符合条文表 2.2-12 的规定。

条文 8.2.6 表　　操作状态名称和代码 　　　　　　　　　　　表 2.2-12

名称	代码编号	定　义
缺陷开始及编号	KS××	纵向缺陷长度大于 1m 时的缺陷开始位置，其编号应与结束编号对应
缺陷结束及编号	JS××	纵向缺陷长度大于 1m 时的缺陷结束位置，其编号应与开始编号对应
入水	RS	摄像镜头部分或全部被水淹
中止	ZZ	在两附属设施之间进行检测时，由于各种原因造成检测中止

【释义】操作状态名称和代码用于影像资料录制时设备工作的状态等关键点的位置记录。CCTV 检测常用词汇拼音缩写及其术语描述参见表 2.2-13。

CCTV 检测操作状态常用描述方法 　　　　　　　　　　　　　表 2.2-13

代码	描述	代码	描述
KS××	连续性缺陷范围开始	RS/ ZZ	镜头被水淹没，无法完成检测，放弃检测
JS××	连续性缺陷范围结束	ZZ	镜头被缠绕，无法完成检测，放弃检测

【条文】**8.4.1** 管段功能性缺陷参数应按下列公式计算:

$$当 Y_{max} \geqslant Y 时，G = Y_{max} \tag{2.2-1}$$

$$当 Y_{max} < Y 时，G = Y \tag{2.2-2}$$

式中 G——管段功能性缺陷参数;

Y_{max}——管段运行状况参数，功能性缺陷中最严重处的分值;

Y——管段运行状况参数，按缺陷点数计算的功能性缺陷平均分值。

【条文】**8.4.2** 运行状况参数的确定应符合下列规定:

(1) 管段运行状况参数应按下列公式计算:

$$Y = \frac{1}{m} \left(\sum_{j_1=1}^{m_1} P_{j_1} + \beta \sum_{j_2=1}^{m_2} P_{j_2} \right) \tag{2.2-3}$$

$$Y_{max} = \max\{P_j\} \tag{2.2-4}$$

$$m = m_1 + m_2 \tag{2.2-5}$$

式中 m——管段的功能性缺陷数量;

m_1——纵向净距大于 1.5m 的缺陷数量;

m_2——纵向净距大于 1.0m 且不大于 1.5m 的缺陷数量;

P_{j_1}——纵向净距大于 1.5m 的缺陷分值，按表 2.2-8 取值;

P_{j_2}——纵向净距大于 1.0m 且不大于 1.5m 的缺陷分值，按表 2.2-8 取值;

β——功能性缺陷影响系数，与缺陷间距有关;当缺陷的纵向净距大于 1.0m 且不大于 1.5m 时，$\beta=1.1$。

(2) 当管段存在功能性缺陷时，功能性缺陷密度应按下式计算:

$$Y_M = \frac{1}{YL} \left(\sum_{j_1=1}^{m_1} P_{j_1} L_{j_1} + \beta \sum_{j_2=1}^{m_2} P_{j_2} L_{j_2} \right) \tag{2.2-6}$$

式中 Y_M——管段功能性缺陷密度;

L——管段长度;

L_{j_1}——纵向净距大于 1.5m 的功能性缺陷长度;

L_{j_2}——纵向净距大于 1.0m 且不大于 1.5m 的功能性缺陷长度。

【释义】管段运行状况系数是缺陷分值的计算结果，Y 是管段各缺陷分值的算术平均值，Y_{max} 是管段各缺陷分值中的最高分。

管段功能性缺陷密度是基于管段平均缺陷值 Y 时的缺陷总长度占管段长度的比值，该缺陷密度是计算值，并不是管段缺陷的实际密度，缺陷密度值越大，表示该管段的缺陷数量越多。

管段的缺陷密度与管段损坏状况参数的平均值 Y 配套使用。平均值 Y 表示缺陷的严重程度，缺陷密度表示缺陷量的程度。

当出现 2 个尺寸相同的障碍物之类局部结构性缺陷，2 个障碍物的间距大于 1m 并且小于 1.5m 时，考虑到两个障碍物之间产生影响，可能会放大缺陷的严重程度，此时可取 $\beta=1.1$，其他情况下 $\beta=1.0$。

【条文】**8.4.3** 管段功能性缺陷等级评定应符合表 2.2-14 的规定。管段功能性缺陷类型评估可按表 2.2-15 确定。

条文 8.4.3表　功能性缺陷等级评定　　　　　表 2.2-14

等级	缺陷参数	运行状况说明
Ⅰ	$G \leqslant 1$	无或有轻微影响，管道运行基本不受影响
Ⅱ	$1 < G \leqslant 3$	管道过流有一定的受阻，运行受影响不大
Ⅲ	$3 < G \leqslant 6$	管道过流受阻比较严重，运行受到明显影响
Ⅳ	$G > 6$	管道过流受阻很严重，即将或已经导致运行瘫痪

条文 8.4.3表　管段功能性缺陷类型评估　　　　表 2.2-15

缺陷密度 Y_M	<0.1	$0.1 \sim 0.5$	>0.5
管段功能性缺陷类型	局部缺陷	部分或整体缺陷	整体缺陷

【条文】8.4.4　管段养护指数应按下式计算：

$$MI = 0.8 \times G + 0.15 \times K + 0.05 \times E \qquad (2.2\text{-}7)$$

式中　MI——管段养护指数；

　　　G——缺陷参数；

　　　K——地区重要性参数，可按《CJJ 181规程》中表 8.3.4-1 的规定确定；

　　　E——管道重要性参数，可按《CJJ 181规程》中表 8.3.4-2 的规定确定。

【释义】在进行管段的功能性缺陷评估时应确定缺陷等级，功能性缺陷参数 G 是比较了管段缺陷最高分和平均分后的缺陷分值，该参数的等级与缺陷分值对应的等级一致。管段的功能性缺陷等级仅是管段内部运行状况的受影响程度，没有结合外界环境的影响因素。管段的养护指数 MI 是在确定管段功能性缺陷等级后，再综合考虑管道重要性与环境因素，表示管段养护紧迫性的指标。由于管道功能性缺陷仅涉及管道内部运行状况的受影响程度，与管道埋设的土质条件无关，故养护指数的计算没有将土质影响参数考虑在内。如果管道存在缺陷，且需要养护的管道多，在养护力量有限、养护队伍任务繁重的情况下，制定管道的养护计划就应该根据缺陷的严重程度和缺陷发生后对服务区域内的影响程度，根据缺陷的轻重缓急制定养护计划。养护指数是制定养护计划的依据。

【条文】8.4.5　管段的养护等级应符合表 2.2-16 的规定。

条文 8.4.5表　管段养护等级划分　　　　　表 2.2-16

养护等级	养护指数 MI	养护建议及说明
Ⅰ	$MI \leqslant 1$	没有明显需要处理的缺陷
Ⅱ	$1 < MI \leqslant 4$	没有立即进行处理的必要，但宜安排处理计划
Ⅲ	$4 < MI \leqslant 7$	根据基础数据进行全面的考虑，应尽快处理
Ⅳ	$MI > 7$	输水功能受到严重影响，应立即进行处理

2.3　排水管道检测市场参考指导价

管道检测市场参考指导价见表 2-3-1。

管道检测市场参考指导价　　　　　表 2.3-1

管径（mm）	200	300	400	500	600	700	800	900	1000
CCTV检测				18.00~25.00 元/延长米					
声呐检测				18.00~25.00 元/延长米					
QV检测				6.00~9.00 元/延长米					

注：检测费用不区分管径，不包含管道的降水、清淤等费用，清淤费用根据检测管道淤积量计算费用，单价为 300~400 元/m³。

2.4 检测与评估实例

广州市某区道路下排水管道经检测后，某三个管段的结构性缺陷检测结果如表 2.4-1 所示，功能性缺陷检测结果如表 2.4-2 所示。

排水管道结构性缺陷统计表　　　　　　　　　　　　　　　　　表 2.4-1

序号	管段编号	管径 (mm)	材质	检测长度 (m)	缺陷距离 (m)	缺陷名称及位置	缺陷等级及分值
1	W4-W5	600	HDPE	44.00	18.37	变形，位置：0901	3
					20.33～22.85	变形2级，位置：1002	2
					27.05～30.56	变形3级，位置：0408	3
2	Y21-Y22	400	HDPE	35.00	9.11	破裂4级，位置：0902	4
3	W26-W27	800	钢筋混凝土	50.00	14.68	接口材料脱落，位置：0705	2
					25.45	渗漏，位置：12	2
					31.58	接口材料脱落，位置：1102	1

排水管道功能性缺陷统计表　　　　　　　　　　　　　　　　　表 2.4-2

序号	管段编号	管径 (mm)	材质	检测长度 (m)	缺陷距离 (m)	缺陷名称及位置	缺陷等级
1	W4-W5	600	HDPE	44.00	30.16	树根，位置：02	1
2	Y21-Y22	400	HDPE	35.00	12.00～31.00	沉积	2
3	W26-W27	800	钢筋混凝土	50.00	57.20	残墙	4

1. 管道结构性评估参数计算

（1）管段损坏状况参数 S 的确定

W4-W5：该管段有 3 个缺陷，分值分别为 5、2、5，则 $S=（5+2+5）/3=4$，$S_{max}=5$。

Y21-Y22：该管段有 1 个缺陷，分值为 10，则 $S=10$，$S_{max}=10$。

W26-W27：该管段有 3 个缺陷，分值分别为 3、2、1，则 $S=（3+2+1）/3=2$，$S_{max}=3$。

（2）管段结构性状况评价参数 F 的确定

W4-W5：$S=（5+2+5）/3=4$，$S_{max}=5$，则 $F=S_{max}=5$。

Y21-Y22：$S=10$，$S_{max}=10$，则 $F=S_{max}=10$。

W26-W27：$S=（3+2+1）/3=2$，$S_{max}=3$，则 $F=S_{max}=3$。

（3）管段结构性缺陷密度 S_M 的确定

W4-W5：$S=4$，$L=44$，缺陷分值和长度分别为 5/1、2/2.52、5/3.51，则 $S_M=（5×1+2×2.52+5×3.51）/（4×44）=0.16$。

Y21-Y22：$S=10$，$L=30$，缺陷分值和长度分别为 10/1，则 $S_M=（10×1）/（10×30）=0.03$。

W26-W27：$S=2$，$L=50$，缺陷分值和长度分别为3/1、2/1、1/1，则 $S_M=$（$3\times1+2\times1+1\times1$）/（$2\times50$）$=0.06$。

（4）管段结构性缺陷等级和类型的确定

W4-W5：$F=5$，$3<F\leqslant6$，管段为Ⅲ级缺陷；$0.1<S_M<0.5$，管段为部分缺陷。

Y21-Y22：$F=10$，$F>6$，管段为Ⅳ级缺陷；$S_M<0.1$，管段为局部缺陷。

W26-W27：$F=3$，$1<F\leqslant3$，管段为Ⅱ级缺陷；$S_M<0.06$，管段为局部缺陷。

（5）管段修复指数 RI 的确定

该区域地质为淤泥、砂质粉土，地处中心商业区。

W4-W5：$k=10$，$E=3$，$T=10$，$RI=0.7\times5+0.1\times10+0.05\times3+0.15\times10=6.15$。

Y21-Y22：$k=10$，$E=3$，$T=10$，$RI=0.7\times10+0.1\times10+0.05\times3+0.15\times10=9.65$。

W26-W27：$k=10$，$E=3$，$T=10$，$RI=0.7\times3+0.1\times10+0.05\times3+0.15\times10=4.75$。

2. 管道功能性评估参数计算

（1）管段运行状况参数 Y 的确定

W4-W5：管段存在1个缺陷，分值为0.5，则 $Y=0.5/1=0.5$，$Y_{max}=0.5$。

Y21-Y22：该管段存在1个缺陷，分值为2，则 $Y=2/1=2$，$Y_{max}=2$。

W26-W27：该管段存在1个缺陷，分值为10，则 $Y=10/1=10$，$Y_{max}=10$。

（2）管段功能性参数 G 的确定

W4-W5：$Y=0.5$，$Y_{max}=0.5$，$G=Y_{max}=0.5$。

Y21-Y22：$Y=2$，$Y_{max}=2$，$G=Y_{max}=2$。

W26-W27：$Y=10$，$Y_{max}=10$，$G=Y_{max}=10$。

（3）管段功能性缺陷密度 Y_M 的确定：

W4-W5：$Y=0.5$，$L=44$，缺陷分值和长度分别为0.5/1，则 $Y_M=$（0.5×1）/$0.5\times44=0.023$。

Y21-Y22：$Y=2$，$L=35$，缺陷分值和长度分别为2/19，则 $Y_M=$（2×19）/$2\times35=0.54$。

W26-W27：$Y=10$，$L=57.2$，缺陷分值和长度分别为10/1，则 $Y_M=$（10×1）/$10\times57.2=0.02$。

（4）管段功能性缺陷等级和类型的确定

W4-W5：$G=0.5$，$G<1$，管段为Ⅰ级缺陷；$Y_M<0.1$，管段为局部缺陷。

Y21-Y22：$G=2$，$1<G\leqslant3$，管段为Ⅱ级缺陷；$Y_M>0.5$，管段为整体缺陷。

W26-W27：$G=10$，$G>10$，管段为Ⅳ级缺陷；$Y_M<0.1$，管段为局部缺陷。

（5）管段养护指数 MI 的确定

该区域地质为淤泥、砂质粉土，地处中心商业区。

W4-W5：$G=0.5$，$k=10$，$E=3$，$MI=0.8\times0.5+0.15\times10+0.05\times3=2.05$，养护等级Ⅱ级。

Y21-Y22：$G=2$，$k=10$，$E=3$，$MI=0.8\times2.0+0.15\times10+0.05\times3=3.25$，养护等级Ⅱ级。

W26-W27：$G=10$，$k=10$，$E=3$，$MI=0.8\times10+0.15\times10+0.05\times3=9.65$，养护等级Ⅳ级。

3. 管道状况评估结果（表2.4-3）

表 2.4-3

管段状况评估表

任务名称：××区域排水管道工程

管段	管径(mm)	长度(m)	材质	埋深(m) 起点	埋深(m) 终点	结构性缺陷 平均值S	最大值Smax	缺陷等级	缺陷密度	修复指数RI	综合状况评价	功能性缺陷 平均值Y	最大值Ymax	缺陷等级	缺陷密度	养护指数MI	综合状况评价
W4-W5	600	44.00	HDPE	3.652	3.582	4	5	Ⅲ	0.16	6.15	管段缺陷严重，结构受到影响，短期内会发生破坏，应尽快修复；有该管段时建议整体修复的条件时则整体修复	0.5	0.5	Ⅰ	0.02	2.05	管道过流有轻微受阻，应做养护计划；局部养护
Y21-Y22	400	35.00	HDPE	3.102	3.021	10	10	Ⅳ	0.03	9.65	管段存在重大结构性缺陷，结构已经发生破坏，应立即修复；局部修复	2	2	Ⅱ	0.54	3.25	管道过流有一定的受阻，运行受影响不大；整体清疏
W26-W27	800	50.00	钢筋混凝土	4.211	4.107	2	3	Ⅱ	0.06	4.75	管段缺陷存在恶化的趋势，由于地处中心商业区，应尽快修复；局部修复	10	10	Ⅳ	0.02	9.65	管道断流，已经导致运行瘫痪，应立即拆除

第 3 章 排水管道非开挖修复工程设计

3.1 设计原则与方法选择

设计前应详细调查待修复管道的类型、破损情况、过流能力、工程水文地质条件、现场环境、施工条件和原有管道各项设计参数以及修复历史等。现场环境主要应包括拟修复管段区域内交通情况以及既有管线、构（建）筑物与拟修复管道的相互位置关系及其他属性；原有管道主要设计参数包括：管道直径、埋深、填土类型、原状土类型及其相关性质。对于某些进行过局部修复的原有管道，尚应查清修复的位置并详细记录修复的类型。

非开挖修复更新工程的设计应符合下列原则：

（1）原有管道地基若不满足要求时，应进行处理。

（2）内衬管的选择应满足管道的受力要求。

（3）内衬管的过流能力应满足要求。

（4）内衬管道应满足清疏技术对管道的要求。

（5）压力管道中水压力变动较大时，应考虑负压的影响。

非开挖修复方法选择可参考表 3.1-1。

非开挖修复方法适用范围和使用条件　　　　表 3.1-1

非开挖修复更新方法		适用范围和使用条件						
		原有管道内径（mm）	内衬管材质	内衬管 SDR	是否需要工作坑	是否需要注浆	最大允许转角	可修复原有管道截面形状
穿插法		≥200	PE、PVC、玻璃钢、金属管等	根据要求设计	需要	根据设计要求	0	圆形
原位固化法		翻转法：200～2700 拉入法：200～2400	玻璃纤维、针状毛毡、树脂等	根据要求设计，但不得大于 100	不需要	不需要	45°	圆形、蛋形、矩形等
碎（裂）管法①		200～1200	MDPE/HDPE	SDR≤21	需要	不需要	7°	圆形
折叠内衬法	工厂折叠	200～400	MDPE/HDPE	17.6≤SDR≤42	不需要或小量开挖	不需要	15°	圆形
	现场折叠	200～1400	MDPE/HDPE	17.6≤SDR≤42	需要	不需要	15°	圆形
缩径内衬法		200～700	MDPE/HDPE	根据要求设计	需要	不需要	15°	圆形
机械制螺旋缠绕法②		200～3000	PVC、PE 型材	根据要求设计	不需要	根据设计要求	15°	圆形、矩形、马蹄形等

非开挖修复更新方法	适用范围和使用条件						
	原有管道内径 (mm)	内衬管材质	内衬管 SDR	是否需要工作坑	是否需要注浆	最大允许转角	可修复原有管道截面形状
管片内衬法②	800～3000	PVC型材、填充材料	根据要求设计	不需要	需要	15°	圆形、矩形、马蹄形等
不锈钢发泡筒法	200～1500	止水材料	—	不需要	不需要	—	圆形
点状CIPP法	200～1500	玻璃纤维、针状毛毡、树脂等	根据要求设计	不需要	不需要	—	圆形、蛋形、矩形等

① 碎（裂）管法是唯一可进行管道扩容的非开挖管道更新技术。
② 螺旋缠绕法和管片内衬法不宜修复有内压的管道。

非开挖管道修复更新工程所用管材直径的选择应符合以下规定：

（1）穿插法所用内衬管的外径应小于原有管道的内径，但直径减少量不宜大于原有管道内径的10%，且不应大于50mm。

（2）机械制螺旋缠绕法所用内衬管的外径小于原有管道内径的减少量不宜大于原有管道内径的10%。

（3）缩径内衬法、折叠内衬法的内衬管外径应与原有管道内径相一致。

（4）原位固化法所用软管外径应与原有管道内径相一致。

3.2　内衬管设计

依据《城镇排水管道非开挖修复更新工程技术规程》CJJ/T 210—2014，排水管道非开挖修复分为半结构性修复与结构性修复。半结构性修复（Semi-structural Rehabilitation）定义为新的内衬管依赖于原有管道的结构，在设计寿命之内仅需要承受外部的静水压力，而外部土压力和动荷载仍由原有管道支撑；结构性修复（Structural Rehabilitation）定义为修复后的新管道结构具有不依赖于旧管道而独立承受外部静水压力、土压力和动荷载作用的性能。排水管道结构性修复内衬壁厚反映了在安全经济条件下，内衬管道与原有管道分担水、土荷载以及动荷载的能力。内衬管设计主要依据荷载大小，管材性质、管道直径确定内衬管道壁厚。不同修复工艺其内衬管道壁厚的计算方式不同。需要说明的是，根据《给水排水管道工程施工及验收规范》GB 50268—2008中的相关规定，压力管道为工作压力大于或等于0.1MPa的排水管道，无压管道（即重力流管道）为工作压力小于0.1MPa的排水管道。

3.2.1　重力流管道半结构性修复

当采用穿插法、CIPP法、折叠内衬法或缩径内衬法进行重力流管道半结构性修复时，内衬管最小壁厚应符合下列要求：

（1）内衬管的壁厚应按下列公式计算：

$$t = \frac{D_o}{\left[\dfrac{2KE_LC}{PN(1-\mu^2)}\right]^{\frac{1}{3}} + 1} \tag{3.2-1}$$

$$C = \left[\frac{\left(1 - \frac{q}{100}\right)}{\left(1 + \frac{q}{100}\right)^2}\right]^3 \tag{3.2-2}$$

$$q = 100 \times \frac{(D_E - D_{min})}{D_E} \quad \text{或} \quad q = 100 \times \frac{D_{max} - D_E}{D_E} \tag{3.2-3}$$

式中　t——内衬管壁厚（mm）；

D_o——内衬管管道外径；

P——管顶位置地下水压力（MPa）；

C——椭圆度折减因子；

q——原有管道的椭圆度（%），穿插法应取内衬管的椭圆度，如原有管道椭圆度无法测量或内衬管椭圆度未知，取2%；

D_E——原有管道的平均内径（mm）；

D_{min}——原有管道的最小内径（mm）；

D_{max}——原有管道的最大内径（mm）；

N——安全系数（推荐取值为2.0）；

E_L——内衬管的长期弹性模量（MPa）；

K——圆周支持率，推荐取值为7.0；

μ——泊松比（原位固化法内衬管取0.3，PE内衬管取0.45）。

（2）当管道位于地下水位以上时，原位固化法内衬管 SDR 不得大于100，HDPE内衬管 SDR 不得大于42。

（3）当内衬管椭圆度不为零时，内衬管的壁厚除应满足式（3.2-1）外，且应大于式（3.2-4）的计算结果：

$$1.5\frac{q}{100}\left(1 + \frac{q}{100}\right)SDR^2 - 0.5\left(1 + \frac{q}{100}\right)SDR = \frac{\sigma_L}{PN} \tag{3.2-4}$$

经转换上式可变为：

$$t = \frac{-0.5\left(1 + \frac{q}{100}\right)D_o + \sqrt{\left[0.5\left(1 + \frac{q}{100}\right)D_o\right]^2 + 4\frac{\sigma_L}{PN}1.5\frac{q}{100}\left(1 + \frac{q}{100}\right)}}{2\frac{\sigma_L}{PN}}$$

式中　σ_L——内衬管材的长期弯曲强度（MPa）；

SDR——管道的标准尺寸比（D_o/t）。

内衬管的长期抗弯强度　　　　　　　　　　　　　　　　　　表3.2-1

内衬管材	长期抗弯强度 σ_L（MPa）	内衬管材	长期抗弯强度 σ_L（MPa）
原位固化内衬管材	28~35	高密度聚乙烯（HDPE）	20.7
聚氯乙烯（PVC）	40	聚乙烯（PE）	20.7

式（3.2-4）通过内衬管道的标准尺寸比的二次方程反映了内衬管与原有管道变形协调的相容性。

非开挖修复更新工程内衬管与地下管道的受力区别是很大的，管道所受荷载主要由原有管土系统进行支撑，内衬管随后的变形可以认为非常微小，如果在长期、足够的压力作用下，内衬管道可能会发生变形，继而发生严重的屈曲失效。因此，非开挖修复更新工程柔性内衬管的设计采用屈曲破坏准则，半结构性内衬管的设计以 Timoshenko 等人的屈曲理论为基础；考虑到长期蠕变效应，Timoshenko 屈曲方程中的弹性模量被改为长期弹性模量。

式（3.2-4）是当管道为非圆形或局部呈椭圆形时，作用力将在内衬管上产生弯矩，必须保证内衬管所受的力不超过管道的长期弯曲强度。

式（3.2-1）～式（3.2-4）还考虑了安全系数和椭圆度的影响，参数意义见表 3.2-2。

公式中参数意义   表 3.2-2

序号	参数	意义	描述对象
1	t	内衬管壁厚（mm）	内衬管
2	D_o	内衬管外径（mm）	
3	E_L	内衬管的长期弹性模量（MPa）。宜根据试验资料确定或取短期弹性模量的 50%；无试验资料时，可按表 3.2-3 的值确定。此参数考虑内衬管材物理性能	
4	μ	泊松比，宜根据试验资料确定。无试验资料时，原位固化法内衬管取 0.3，聚氯乙烯（PVC）内衬管取 0.38，高密度聚乙烯（HDPE）内衬管取 0.45	
5	C	椭圆度折减因子。充分考虑了原有管道截面几何特点	原有管道
6	q	原有管道的椭圆度（%）	
7	D_E	原有管道的平均内径（mm）	
8	D_{min}	原有管道的最小内径（mm）	
9	D_{max}	原有管道的最大内径（mm）	
10	K	环境影响系数，反映土壤和原有管道等外界条件对内衬管的有利影响。7.0 为推荐的最小值，已充分考虑外界环境对内衬管的作用	外部环境
11	N	安全系数，宜为 1.5～2.0；推荐取值为 2.0。但是在大直径的管道修复中，由于人工可进入管道内进行测量，相关数据如椭圆度、地表水压力值等都比较准确，安全系数可以取值为 1.5	安全储备
12	P	管顶位置地下水压力（MPa）	外部荷载

内衬管弹性模量   表 3.2-3

管材	弹性模量 E（MPa）	长期弹性模量 E_L（MPa）
高密度聚乙烯（HDPE）	300	150
聚氯乙烯（PVC）	350	175
原位固化内衬管	172～344	86～172

地下水位变化到管底高程以下时，静水压力值为 0，无法使用约束屈曲方程即式（3.2-1）进行计算，采用管道标准尺寸比 SDR（内衬管道外径 D_o 与最小壁厚 t 之间的比值）对管道壁厚（表 3.2-4）进行计算。根据工程经验，原位固化法内衬管的 SDR 值最大取值 100，即 $t \geqslant D_o/100$；高密度聚乙烯管（HDPE）或聚氯乙烯管（PVC）SDR 值最大取值为 42，即 $t \geqslant D_o/42$。

不同修复方法采用的 *SDR* 值	表 3.2-4

修复更换方法	内衬管 *SDR*（D_o/t）
折叠法	$17.6 \leqslant SDR \leqslant 42$
原位固化法	$SDR \leqslant 100$
爆管法	11、17.6 或 26

内衬管长期力学性能的取值，ASTM 标准中规定咨询管材生产商，其是给定管道寿命期内的荷载情况下通过试验确定。德国标准中则是通过对样品内衬管的顶压试验，在一定形变的情况下保持 10000h 的试验，最后确定其长期性能。《地下管线设计、施工与管理研究进展》（Advances in Underground Pipeline Design、Construction and Management）一书中给出了 PE、PVC 管的长期力学性能，如表 3.2-5 所示。按照比例，HDPE 管的长期拉伸强度和弯曲强度可取短期强度的 35%；PVC 管的长期拉伸强度和弯曲强度可取短期强度的 45%；HDPE 管的长期模量可取短期模量的 20%；PVC 管的长期模量可取短期模量的 20%；MDPE 的长期性能取值应与 HDPE 的取值方法相同。考虑到国内尚没用该测试标准，因此可参考该比例对 HDPE、PVC 管材的长期性能参数取值（表 3.2-5）。

HDPE、PVC 管长期物理力学性能	表 3.2-5	
管材	HDPE	PVC
拉伸强度（MPa）	S 13.79/L 4.8265	S 44.8175/L 20.685
拉伸模量（MPa）	S 689.5/L 139.7	S 3102.75/L 689.5
弯曲强度（MPa）	S 13.79/L 4.8265	S 44.8175/L 20.685
弯曲模量（MPa）	S 930.825/L 172.375	S 3447.5/L 689.5

对于 CIPP 内衬管，目前国内应用的软管一般都是进口，因此其长期性能可咨询管材生产商，对于长期弹性模量可取短期模量的一半。

3.2.2　重力流管道结构性修复

当采用穿插法、CIPP 法、折叠内衬法或者缩径内衬法进行重力流管道结构性修复时，内衬管最小壁厚应符合下列要求：

（1）内衬管壁厚应采用式（3.2-5）进行计算：

$$t = 0.721 D_o \left[\frac{\left(\dfrac{N \times q_t}{C} \right)^2}{E_L \times R_w \times B' \times E'_s} \right]^{\frac{1}{3}} \tag{3.2-5}$$

$$q_t = 0.00981 H_w + \frac{\gamma \times H \times R_w}{1000} + W_s \tag{3.2-6}$$

$$R_w = 1 - 0.33 \times \frac{H_w}{H} \tag{3.2-7}$$

$$B' = \frac{1}{1 + 4e^{-0.213H}} \tag{3.2-8}$$

式中　q_t——管道总的外部压力（MPa）；

R_w——水浮力因子（最小取 0.67）；

H_w——管顶以上地下水位高（m）；

    H——管顶覆土厚度（m）；

    γ——土体重度（kN/m³）；

    W_S——活荷载（MPa），主要考虑地面车辆荷载，应根据现行国家标准《给水排水工程管道结构设计规范》GB 50332—2002 中的规定确定；

    B'——弹性支撑系数；

    E'_S——管侧土综合变形模量（MPa），参照现行国家标准《给水排水工程管道结构设计规范》GB 50332—2002 选取。

（2）内衬管的最小壁厚还应满足式（3.2-9）的要求。

$$t \geqslant \frac{0.1973D_o}{E^{1/3}} \tag{3.2-9}$$

式中 E——内衬管初始弹性模量（MPa）。

（3）结构性修复内衬管的最小厚度还应同时满足式（3.2-1）和式（3.2-4）的要求。

重力流管道结构性修复公式根据 ASTM F1216 和 ASTM F1743 的规定，采用修正的 AWWA C950 设计方程作为重力流管道结构性修复的设计方程。

活荷载按照《给水排水工程管道结构设计规范》GB 50332—2002 中的规定进行选取。E' 国外称为 "modulus of soil reaction"，是修正后的 Lowa 方程中的参数，该参数是一个经验参数，仅能在已知其他参数的情况下通过 lowa 方程反算求出。很多学者对 E' 的取值进行了研究；McGrath 建议用侧限压缩模量 M_s 替代 E'。ASTM F1612 中规定 E' 参照 ASTM D3839 中的规定，而 ASTM D3839 中采用了 McGrath 的研究成果；澳大利亚标准中区分了回填土、管侧原状土的 E' 模量，分别称为 E'_e、E'_n，埋地柔性管道设计中需综合考虑回填土和管侧原状土的 E'。《给水排水工程管道结构设计规范》GB 50332—2002 及其相关埋地塑料管道标准中 E' 值称为管侧回填土的综合变形模量，以 E_d 表示，其参考了澳大利亚的标准。《城镇排水管道非开挖修复更新工程技术规程》CJJ/T 210—2014 中 E' 参考《给水排水工程管道结构设计规范》GB 50332—2002 中的规定进行选取。本条各公式参数意义见表 3.2-6。

公式中参数意义   表 3.2-6

序号	参数	意　义	描述对象
1	t	内衬管壁厚（mm）	内衬管
2	E_L	内衬管的长期弹性模量（MPa），宜根据试验资料确定或取短期弹性模量的 50%；无试验资料时，可按表 3.2-3 的值确定；此参数考虑内衬管材物理性能	
3	C	椭圆度折减因子；充分考虑了原有管道截面几何特点	原有管道
4	D_E	原有管道的平均内径（mm）	
5	N	安全系数，宜为 1.5～2.0；推荐取值为 2.0。但是在大直径的管道修复中，由于人工可进入管道进行测量，相关数据如椭圆度、地表水压力值等都比较准确，安全系数可以取值为 1.5	安全储备
6	q_t	管道总的外部压力（MPa）	
7	R_w	水浮力因子（最小取 0.67）	水荷载
8	H_w	管顶以上地下水位高（m）	

序号	参数	意　义	描述对象
9	H	管顶覆土厚度（m）	土荷载
10	w	土体重度（kN/m³）	
11	B'	弹性支撑系数	管顶覆土物理性质
12	E'_s	管侧土综合变形模量（MPa），参照现行国家标准《给水排水工程管道结构设计规范》GB 50332—2002 选取	管侧土层物理性质
13	W_s	动荷载（MPa），根据现行国家标准《给水排水工程管道结构设计规范》GB 50332—2002 中的规定选取	外部动荷载

公式（3.2-9）反映内衬管材料刚度对管道几何尺寸的要求。

3.2.3　压力管道半结构性修复

当采用穿插法、CIPP 法、折叠内衬法或缩径内衬法进行压力管道半结构性修复时，内衬管壁厚的设计应按照下列方法确定：

半结构性内衬管应能同时承受管道外部静水压力和内部水压力的作用。

（1）当原有管道缺口尺寸满足式（3.2-10）的条件时，缺口内衬结构仅考虑圆形平板载荷受力模式。

$$\frac{d_h}{D_E} \leqslant 1.83 \times \left(\frac{t}{D_E}\right)^{\frac{1}{2}} \tag{3.2-10}$$

变换后得：$t \geqslant \left(\frac{d_h}{1.83 D_E}\right)^2 D_E$

式中　d_h——原有管道中孔洞或缺口的最大直径（mm）；

　　　t——内衬材料厚度（mm）。

式（3.2-10）反映按照原有管道破坏（缺口）尺寸与原有管道几何尺寸关系。其内衬管的壁厚应选取重力流管道在水位下内衬管壁厚计算值，即取式（3.2-10）和式（3.2-11）计算结果的最大值。式（3.2-11）是按照管道内部水压力和内衬管长期弯曲强度确定的内衬管材壁厚。

$$P_i = \frac{5.33}{(SDR-1)^2} \times \left(\frac{D_E}{d_h}\right)^2 \times \frac{\sigma_L}{N} \tag{3.2-11}$$

变换后得：$t = \dfrac{D_o}{1 + \sqrt{\dfrac{5.33}{P_i}\left(\dfrac{D_E}{d_h}\right)^2 \times \dfrac{\sigma_L}{N}}}$

式中　σ_L——内衬管道的长期弯曲强度（MPa），取值见表 3.2-7；

　　　P_i——管道内部压力（MPa）。

（2）当原有管道不满足式（3.2-10）的条件时，缺口内衬结构考虑环向张拉受力模式。

内衬管壁厚应选取重力流管道在水位下内衬管壁厚计算值，即式（3.2-1）和式（3.2-12）壁厚计算的最大值。式（3.2-12）是依据管道内部水压力和内衬管道长期抗拉强度确定的内衬管厚度。

$$P_i = \frac{2\sigma_{TL}}{(SDR-2)N} \tag{3.2-12}$$

变换后得：$t = \dfrac{D_o}{2 + 2\dfrac{\sigma_{TL}N}{P_i N}}$

式中　σ_{TL}——内衬管道的长期抗拉强度（MPa），取短期抗拉强度的50%或按照表3.2-7。

内衬管的长期抗拉强度　　　　　　　表 3.2-7

内衬管材	长期抗拉强度（MPa）	内衬管材	长期抗拉强度（MPa）
原位固化内衬管材	14~21	高密度聚乙烯（HDPE）	10
聚氯乙烯（PVC）	25	聚乙烯（PE）	10

3.2.4　压力管道结构性修复

当采用穿插法、CIPP法、折叠内衬法或缩径内衬法进行压力管道结构性修复时，内衬管壁厚的设计应按照下列方法确定：依据重力流管道在水位以下、结构性修复、刚度、长期抗拉强度与内部承受压力计算得到内衬管壁厚值，然后再取式（3.2-1）、式（3.2-5）、式（3.2-9）和式（3.2-11）或式（3.2-12）计算结果的最大值。

3.2.5　机械制螺旋缠绕法半结构性修复

内衬管刚度系数应符合以下规定：

（1）采用内衬管贴合原有管道机械制螺旋缠绕法半结构性修复时，内衬管最小刚度系数应满足下列要求：

$$E_L I = \frac{P(1-\nu^2)D^3}{24K} \cdot \frac{N}{C} \tag{3.2-13}$$

$$D = D_o - 2(h - \overline{y}) \tag{3.2-14}$$

式中　E_L——机械制螺旋缠绕内衬管的长期弹性模量（MPa）；

I——机械制螺旋缠绕内衬管的转动惯量（mm^4/mm）；

$E_L I$——机械制缠绕管的刚度系数（$MPa \cdot mm^3$）；

D——机械制螺旋缠绕内衬管平均直径（mm）

D_o——内衬管道外径；

h——带状型材高度（mm）；

$\overline{y}$——带状型材内表面至带状型材中性轴的距离（mm）；

K——圆周支持率，推荐取值为7.0；

ν——泊松比（取0.38）。

（2）采用内衬管不贴合原有管道机械制螺旋缠绕法半结构性修复时，内衬管与原有管道间的环状空隙应进行注浆处理，且内衬管最小刚度系数应按下列公式计算：

$$E_L I = \frac{PND^3}{8(K_1^2-1)C} \tag{3.2-15}$$

$$\sin\frac{K_1\varphi}{2}\cos\frac{\varphi}{2} = K_1\sin\frac{\varphi}{2}\cos\frac{K_1\varphi}{2} \tag{3.2-16}$$

式中　K_1——与未注浆角度 φ 相关的系数，K_1 取值与未注浆角度 φ 的关系应符合表 3.2-8
　　　　规定（图 3.2-1）。

K_1 取值与 1/2 未注浆角度 φ 的关系　　　　　　　　表 3.2-8

φ (°)	5	10	15	20	25	30	35	40	45
K_1	51.5	25.76	17.18	12.9	10.33	8.62	7.4	6.5	5.78
φ (°)	50	55	60	65	70	75	80	85	90
K_1	5.22	4.76	4.37	4.05	3.78	3.54	3.34	3.16	3.0

（3）当采用内衬管贴合原有管道机械制螺旋缠绕法结构性修复时，最小刚度系数应按下式计算：

$$E_L I = \frac{(q_t N/C)^2 D^3}{32 R_w B' E'_s} \qquad (3.2\text{-}17)$$

（4）当采用内衬管不贴合原有管道机械制螺旋缠绕法结构性修复时，应对环状空隙内进行注浆、原有管道、并应确认内衬管、注浆体和原有管道组成的复合结构能承受作用在管道上的总荷载。

（5）采用机械制螺旋缠绕内衬法进行结构性修复时，最小刚度系数 $E_L I$ 还应同时满足式（3.2-17）的要求。

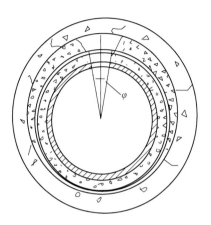

图 3.2-1　未灌浆角度示意图

参照 ASTM F1741 中机械制螺旋缠绕法的设计规定确定内衬管刚度。由于螺旋缠绕内衬管由带有肋的带状型材缠绕形成。因此其缠绕管不能用管道壁厚 t 进行设计，所以应对内衬管的刚度系数进行设计规定。

由于 I 和 D 的值都取决于所采用的带状型材，因此在设计的过程中可以采用反复尝试的方法。由于原有管道平均内径 D_o 与内衬管的平均直径 D 非常接近，因此可以取 D_o 的值进行首次尝试计算。

灌浆系数 K_1 的选取，ASTM 标准中只给出了计算公式，但没有给出具体值，ASTM F1689 中规定当 φ 为 9° 时 K_1 的取值为 25，但将其反代入进行验算，误差为 2.0607。因此为方便设计人员的参照应用，通过二分法进行迭代计算，得出了 K_1 取值与 1/2 未注浆角度的关系，表 3.2-8 是取两位小数后的结果，将其反代入进行验算，误差在 ±0.03 之间。

3.2.6　压力管道内衬管壁厚设计

应取式（3.2-1）、式（3.2-5）、式（3.2-9）和式（3.2-18）中的最大值。

$$t = \frac{D_o}{\dfrac{2\sigma_{TL}}{P_i N} + 2} \qquad (3.2\text{-}18)$$

式中　σ_{TL}——内衬管道的长期抗拉强度（MPa）。

针对 ASTM 标准中压力管道的修复设计分为结构性修复和半结构性修复，考虑国内实际情况，压力管道全部按照结构性修复进行设计。

3.3 过流能力设计

(1) 当管道内没有完全充满流体时，其流量应按下列公式进行计算：

$$Q = \frac{AR^{\frac{2}{3}} \times S^{\frac{1}{2}}}{n} \qquad (3.3\text{-}1)$$

$$R = \frac{A}{P} \qquad (3.3\text{-}2)$$

式中　Q——流量（m^3/s）；

　　　n——粗糙系数；

　　　S——管道坡度；

　　　R——水力半径（m）；

　　　A——过水断面积（m^2）；

　　　P——湿周（m）。

管道内衬修复后，过流断面会有不同程度的断面减小。根据现行国家标准《室外排水设计规范》GB 50014—2006（2016年版）的规定重力流排水管道最大设计充满度为55%～75%。另外，内衬管的粗糙系数较原有管道小，因此管道内衬修复后的过流量在一定程度上可以满足原有管道的设计流量，或者大于原有管道的设计流量。

(2) 当管道中充满流体时，其流量应按下列公式进行计算：

$$Q = 0.312 \frac{D_E^{\frac{8}{3}} \times S^{\frac{1}{2}}}{n} \qquad (3.3\text{-}3)$$

(3) 修复后管道的过流能力与修复前管道的过流能力的比值应按下列公式进行计算：

$$B = \frac{n_e}{n_l} \times \left(\frac{D_1}{D_E}\right)^{\frac{8}{3}} \times 100\% \qquad (3.3\text{-}4)$$

式中　B——管道修复前后过流能力比；

　　　D_1——内衬管道内径；

　　　D_E——原有管道平均直径；

　　　n_e——原有管道的粗糙系数，部分管材的粗糙系数可按表3.3-1取值；

　　　n_l——内衬管的粗糙系数，部分管材的粗糙系数可按表3.3-1取值。

粗糙系数取值 表3.3-1

管材类型	粗糙系数 n	管材类型	粗糙系数 n
原位固化内衬管	0.010	混凝土管	0.013
PE管	0.009	砖砌管	0.016
PVC管	0.009	陶土管	0.014

注：本表所列粗糙系数是指管道在完好无损条件下的粗糙系数。如果管道受到腐蚀或破坏等，其粗糙系数会增加。

(4) 直径大于800mm的旧混凝土管道修复后的管道内径不宜小于表3.3-2中对应的数值。

大于800mm管道修复后的最小内径　　　　表3.3-2

混凝土原有管道直径（mm）	修复后的内径（mm）	混凝土原有管道直径（mm）	修复后的内径（mm）
800	725	1350	1245
900	820	1500	1370
1000	915	1650	1510
1100	1005	1800	1650
1200	1105	2000	1840

3.4　设计案例

3.4.1　重力流管道壁厚计算

1. 管道半结构性修复内衬管壁厚计算

（1）当管道位于地下水位以下时

设定原有管道内径为1000mm的钢筋混凝土管发生半结构性破坏需要采用高密度聚乙烯（HDPE）内衬管进行折叠内衬法修复，管顶上部水头压力为5m，即50kPa，其他参数见表3.4-1。

管道半结构性修复内衬管壁厚计算参数　　　　表3.4-1

参数	D_o (mm)	σ_L (MPa)	E_L (MPa)	μ	C	q	D_E (mm)	D_{min} (mm)	D_{max} (mm)	K	N	P (MPa)
取值	1000	20.7	150	0.45	1	0	1000	1000	1000	7.0	2.0	0.05

依据式（3.2-1），计算得到内衬管壁厚32.5mm；依据式（3.2-4），计算得到内衬管壁厚为0mm。最终内衬管材壁厚取二者最大值为32.5mm，断面损失为12.6%，依据式（3.3-3）过流能力比为120.7%。

（2）当管道位于地下水位以上时

依据表3.2-4，得到内衬管壁厚应大于23.8mm小于56.88mm。断面最大损失为21.5%，过流能力比为104.4%。

2. 管道结构性修复内衬管壁厚计算

设定原有管道内径为1000mm的钢筋混凝土管发生结构性破坏时，需要采用高密度聚乙烯（HDPE）内衬管进行折叠内衬法修复，管顶上部水头压力为5m，覆土厚度为8m，无动荷载，其他参数见表3.4-2。

管道结构性修复内衬管壁厚计算参数　　　　表3.4-2

参数	σ_L (MPa)	E (MPa)	E_L (MPa)	C	q	D_E (mm)	N	H_w (m)	R_w	H (m)	$\gamma \times 10^3$ (kN/m³)	B'	E'_S (MPa)	W_S (MPa)	q_t (MPa)
取值	20.7	300	150	1	0	1000	2.0	5	0.794	8	19	0.58	8.4	0	0.169

依据式（3.2-5），计算得到内衬管壁厚为42mm；依据式（3.2-9），计算得到内衬管

壁厚为 29.5mm，取最大值为 42mm。根据式（3.2-1）、式（3.2-4）、式（3.2-5）、式（3.2-9）计算壁厚值，取最大值壁厚为 42mm。断面最大损失为 16.1%，依据式（3.3-4）过流能力比为 114.3%。

3.4.2 压力管道壁厚计算

1. 半结构性修复内衬管壁厚的计算

原有管道内径为 1000mm 的钢筋混凝土管，壁厚为 50mm，需要采用高密度聚乙烯（HDPE）内衬管进行折叠内衬法修复，管顶上部水头压力为 5m，覆土厚度为 8m，无动荷载，其他参数见表 3.4-3。

管道半结构性修复内衬管壁厚计算参数 表 3.4-3

参数	D_o (mm)	σ_L (MPa)	E_L (MPa)	σ_{TL} (MPa)	d_h (mm)	D_E (mm)	P_i (MPa)	N
取值	1000	20.7	150	10	100	1000	0.6	2.0

若发生半结构性破坏孔洞直径 100mm，按照式（3.2-10）计算内衬管道壁厚最小值为 2.98mm。式（3.2-1）计算得到内衬管壁厚为 32.5mm，按照式（3.2-11）计算得到内衬管壁厚为 10.3mm。取二者最大值 32.5mm。按照该壁厚计算断面损失率达到 12.6%，依据式（3.3-4）过流能力比为 120.7%。

2. 结构性修复管道内衬管壁厚的计算

若孔洞直径 500mm，管道已发生结构性破坏。依据重力流管道在水位以下、结构性修复、刚度、长期抗拉强度与内部承受压力计算得到内衬管壁厚最大值，然后再取式（3.2-1）、式（3.2-5）、式（3.2-9）和式（3.2-12）中的最大值。按照式（3.2-12）计算得到内衬管壁厚为 53.6mm，内衬管壁厚取式（3.2-11）与式（3.2-12）算得的最大值 53.6mm。断面损失达到 20%，依据式（3.3-4）过流能力比为 106.8%。

3.4.3 结论

结合排水管道修复的不同工艺，分别对重力流管道和压力流管道进行内衬管壁厚计算公式以及参数含义界定，针对不同公式结合工程案例分别进行了壁厚、断面损失、过流能力计算。得出如下结论：①在相同条件下，原有管道结构性破坏内衬壁厚大于原有管道半结构性破坏内衬管道壁厚；②管道内衬修复后，断面都有损失，但是由于采用内衬材料摩阻系数小，修复后管道过流能力不小于原管道过流能力；③采用非开挖内衬修复破损管道在技术上是可行的且值得推广。

第 4 章　管道预处理技术

4.1　管道清洗技术

非开挖修复更新工程施工前应清除管内污物。管道清洗技术主要包括绞车清淤法、水冲刷清淤法、高压水射流清洗等。其中高压水射流清洗目前是国际上工业及民用管道清洗的主导设备，使用比例占 80%～90%，国内该项技术也有较多应用。

4.1.1　绞车清淤法

绞车清淤法是国内各地普遍采用的一种管道清淤方法，如图 4.1-1 所示。这种方法首先是利用竹片穿过需要清淤的排水管段，竹片的一端系上钢丝绳，钢丝绳上系住清通工具的一端。在待清淤管段两端的检查井上各设置一台绞车，当竹片穿过管段后，将钢丝绳系在其中一台绞车上，清通工具的另一端通过钢丝绳系在另一台绞车上，清淤作业时利用两台绞车来回绞动钢丝绳，从而带动管道中的清通工具将淤泥刮至下游检查井内，以使管道得到清通。绞车的动力可以靠机动，也可以靠人力手动，这根据现场实际情况而定。这种方法适用

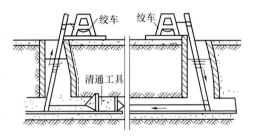

图 4.1-1　绞车清淤法

于各种管径的排水管道，尤其是管道淤积比较严重，用水力清通效果不佳时，采用这种方法效果很好。但这种方法也有其不足之处，就是需要人工下井，从一个井口向另一个井口送竹片。排水管道内环境恶劣，会给井下作业人员带来危害，甚至可能引发安全事故。该方法是一种老式的清淤方法，虽然已有一定的历史年限，但在我国目前还是较常用的。

4.1.2　水冲刷清淤法

该方法是制作一种能挡水的清淤装置，通过检查井放入待清淤管道内，由于井口尺寸的限制，一般采用将装置的部件分块下放到管道内，然后再进行装配的办法。清淤装置装配好后，将其放到管道某一位置，利用装置将管道中的污水阻挡在装置的上游，当水位达到一定高度后便放水，利用上游蓄水形成的水流来冲走管道内的淤积物。每冲刷一次清淤装置就向下游移动一段距离，并再次进行集水清淤。另外还有一种与此相似的方法，就是先用一个一端连接钢丝绳并系在绞车上的木桶状橡皮刷或橡皮塞，堵住检查井下游管段的进口，并使检查井上游管段内充满水，当水位升到一定高度后，突然放掉橡皮气塞中的部分空气使气塞缩小，由于水流的推动作用，气塞便往下游移动并在移动的过程中刮走淤泥。气塞移动的同时由于上游水压的作用，水流可以以较大的流速把淤积物从气塞的底部冲走，这样管道底部的淤积物便在气塞和水流的双重作用下被清至下游检查井内，从而使

管道得到清通。被清至下游检查井内的淤积物可用吸泥车吸走。

4.1.3　高压水射流清洗

高压水射流清洗技术是近年来在国际上兴起的一门高科技清洗技术。高压水射流清洗具有清洗成本低、速度快、清净率高、不损坏被清洗物、应用范围广、不污染环境等特点。自20世纪80年代中期传入我国以来，逐渐得到了工业界的普遍认同与重视。高压水射流清洗是20世纪60年代兴起的一项技术，应用于清除水垢铁垢、油类等烃类残渣结焦、各种涂层、混凝土结垢层、颜料、橡胶石膏、塑料等，其清洗效果好。自进入21世纪以来，高压水射流清洗技术在我国的应用发展很快，在石油北工、电力冶金等工业部门中得到了广泛的应用，现在已经普遍应用于清洗容器，如高压釜、反应器冷却塔、罐槽车、管道、气管线及换热器，以及清洗船舶上积附的海洋生物和铁锈钢铁铸件上的清砂等。

高压水射流清洗是使用高压泵打出高压水，并经过一定管路到达喷嘴，再把高压力低流速的水转换为高压力高流速的射流，然后射流以其很高的冲击动能，连续不断地作用在被清洗表面，从而使垢物脱落，最终实现清洗目的。高压水射流清洗的特点如下：

（1）选择适当的压力等级，高压水射流清洗不会损伤被清洗设备的基体。

（2）用普通自来水于高速度下的冲刷清洗，所以它不污染环境，不腐蚀设备，不会造成任何机械损伤，还可除去用化学清洗难溶或不能溶的特殊垢物。

（3）洗后的设备和零件不用再进行洁净处理。

（4）能清洗形状和结构复杂的零部件，能在空间狭窄，环境复杂、恶劣、有害的场合进行清洗。

（5）易于实现机械化、自动化，便于数字控制。

（6）节省能源，清洗效率高，成本低。

采用高压水射流进行管道清洗时应符合下列规定：

（1）水流压力不得对管壁造成剥蚀、刻槽、裂缝及穿孔等损坏，当管道内有沉积碎片或碎石时，应防止碎石弹射而造成管道损坏。

（2）喷射水流不宜在管道内壁某一局部停留过长时间。

（3）清洗产生的污水和污物应从检查井内排出，污物应按国家现行标准《城镇排水管渠与泵站运行、维护及安全技术规程》CJJ 68—2016中的规定处理，污水应经净化处理。

（4）当管道直径大于800mm时，可采取人工进入管内进行高压水射流清洗，高压水射流的压力应不破坏原有管道。

非开挖修复更新工程施工方法对管道清洗的要求应符合表4.1-1的规定：

原有管道的清洗要求

表 4.1-1

非开挖修复更换方法	清洗要求
穿插法	无影响内衬管插入的沉积、结垢、障碍物及尖锐凸起物
缩径法	无影响衬入的沉积、结垢、障碍物及尖锐凸起物
折叠法	无影响衬入的沉积、结垢、障碍物及尖锐凸起物
原位固化法	管道表面应无明显附着物、尖锐毛刺及凸起物

非开挖修复更换方法	清洗要求
碎（裂）管法	待修复管道无堵塞，宜排除积水
机械制螺旋缠绕法	管道内无沉积、结垢和障碍物
管片内衬法	管道内无沉积、结垢和障碍物
局部修复法	管道内无明显沉积、结垢和障碍物且待修复部位前后500mm内的管道表面应无明显附着物、尖锐毛刺及凸起物

值得指出的是，高压水射流清洗水性、油性、黏着性、附着垢压力一般为20～30MPa，对硬质垢一般为30～70MPa。高压水射流清洗过程中与管道损坏相关的因素，除喷嘴处水压力之外还有水量、喷头和管壁之间的距离、喷头的数量、大小、喷出角度。这些参数的选择应根据清洗任务、管材、管道壁厚以及管道断面的结构条件来选取。喷射角度一般为15°～30°。研究表明喷嘴处以12MPa的压力、300L/min的流量清洗石棉水泥管、混凝土管、PVC管和HDPE管时，不会损坏管道。

4.2 障碍物软切割技术

4.2.1 背景

我国的城市化建设步伐进一步加快，城市的规模不断扩大，与之相适应的是基础建设规模需要不断扩大，城市的用水量不断增多，排水量也越来越大，其管理、养护、维修、疏通的任务也越来越重。特别是排水管道的清淤工作，已成为市政部门一项大量的、经常性的、不可忽视的工作。由于生活污水排入大量杂物、基建工地水泥砂浆流入管道，管道发生沉淀淤积。淤积过多就会造成管道堵塞，一旦堵塞，就必须及时进行清理、疏通，否则就会出现污水滥流，造成经济损失。

过去排水管道中主要以油污、泥沙堆积淤堵为主，随着城市化的发展，建筑工地的砂浆与混凝土浆液的排放日益严重，排水管道中充斥着砖块、混凝土块、树根等固体大体积的拥堵物，以往采取的疏通方法变得低效而不安全。

根据管道状况，传统的绞车疏通法需要对管道直径以及堵塞物有要求，已不能满足如今市政管道的实际状况。管道障碍物软切割法在高压水射流冲淤法上进行改进，高压水射流是指通过高压水发生装置将水加压至数百个大气压以上，再通过具有细小孔径的喷射装置转换为高速的微细水射流。这种水射流的速度一般都在1倍马赫数以上，具有巨大的打击能量，可以完成不同种类的任务。管道障碍物软切割法根据管道拥堵状况以及管径配上不同喷射铣头，加上特制的高压软管，可以在排水管道中进行高效的管道疏通工作，在保证管道安全的状况下可进行障碍物软切割，使管道得以疏通。

4.2.2 特点

障碍物软切割是指利用高压水射流喷射铣头，加上特制的高压软管，进行管道疏通工作，可以清除管道内的砖块、混凝土块、树根等大体积固体拥堵物。该工法具有如下特点：

（1）成本低，资源丰富。管道软切割技术使用资源为水，在湖泊、海洋、地下等储存量相当丰富。同时用水量极少，即高压水射流清洗属于细射流，在连续不间断的情况下，耗水量低、功率小，且水资源还可循环使用，属节能环保型技术。

（2）效率高，清洗质量好。管道软切割技术属于物理清洗，清洗过程无化学反应，而且水射流压力是可调的，故对管道没有任何腐蚀和损害。由于水射流的冲击和磨削等作用，可立即将结垢物打碎脱落，清洗速度很快，比传统清洗方法速度快好几倍。

（3）无污染和损伤。传统的化学清洗方法会产生大量酸碱废液、污染环境，还可能会腐蚀设备。而普通的机械方法不但可能损伤管道，其产生的噪声更是对环境和工作人员的身体健康造成很大的影响。由于管道软切割技术使用水作为工作介质，不仅不会损害设备本身，更不会对环境造成任何污染，是目前有很大发展空间的高新技术。

（4）应用面广，适用性强。由于水射流技术具有低成本、高效率、无污染、压力调节方便等优点，被广泛应用于各个领域及场所。不管是管道和容器内腔还是设备表面，是结实的堵塞物还是坚硬结垢物，凡是水射流能达到的部位都可使用障碍物软切割技术来彻底清洗干净。

4.2.3　适用范围

障碍物软切割技术适用范围广，具体如下：

（1）35～3000mm 管径管道。

（2）固体堵塞物（混凝土块、砖块、树根等）堵塞严重的管道。

（3）圆形、卵形管道。

（4）有错接位或者管径发生变化的管道。

（5）弯曲管道。

4.2.4　工艺原理

高压水射流冲洗到物体表面时，其原有速度的大小和方向均发生改变，其动量也随之改变。动量的改变是由于射流与物体间的相互作用引起的，失去的一部分动量以作用力形式传递到物体表面上。当连续水射流连续冲击物体表面时，形成稳定冲击力，即为射流物体表面的总冲击力。

设高压水射流为理想不可压缩流体，以速度 v_1 射向平板（Y 轴），如图 4.2-1 所示。假定流动是定常的，取如图 4.2-1 所示的坐标系。

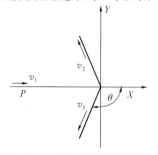

根据动量守恒定律可得：

$$F\Delta t = m_1 v_2 - m_2 v_1 \qquad (4.2\text{-}1)$$

式中　F ——单位时间内作用在单位体积流体上的力；

Δt ——力 F 作用于单位体积流体上的时间；

m_1 ——单位体积射入流体质量；

m_2 ——反射流体质量；

v_2, v_1 ——喷嘴出口截面内、外流体平均流速，其中

$v_1 = v_2 = v$。

图 4.2-1　水流喷射计算示意图

单位时间内：$F = \rho q v - \rho q v \cos\theta$

污垢单位面积受力为：

$$\sigma_{\mathrm{f}} = \frac{F}{\Delta A} = \frac{\rho q v - \rho q v \cos\theta}{\Delta A} = \frac{\rho q v (1 - \cos\theta)}{\Delta A}$$
$$= \rho v^2 (1 - \cos\theta) \tag{4.2-2}$$

式中　ρ——水射流的密度；

　　　v——水射流的速度；

　　　q——单位时间射水流量；

　　　θ——射流方向变化的角度。

式（4.2-2）计算出的射流应力为理论最大值，由于射流的扩散和空气阻力影响等原因，射流实际产生的应力小于理论应力。

当障碍物所受到的应力 σ_{f} 大于障碍物本身的极限应力 σ_{p}，障碍物就会破碎，从而达到切割障碍物的目的。实际工程中喷射铣头工作如图 4.2-2 所示。

实际工程中，喷射铣头射水水流最大应力 σ_{f} 为 $75\mathrm{N/mm^2}$，大于混凝土结块的破碎应力，可满足切割混凝土障碍物的需求。

图 4.2-2　喷射铣头工作示意图

根据试验对比转换，当射水压力达到表 4.2-1 的不同级别，可以切割相应类型障碍物。

常见障碍物切割的破碎压力

表 4.2-1

射水压力（MPa）	障碍物类型	射水压力（MPa）	障碍物类型
10	淤泥，疏松岩层	42～70	管内混凝土，铸铁件模型，石灰层，常见石化垢层
21	轻度燃油残留质，铝质物体	70～105	混凝土，石灰石，厚层煤渣
32	疏松混凝土，砂石和泥土层，疏松漆层锈层	105～210	花岗石，大理石，石灰石，铅板，橡胶

实际中，压力由于高压软管、喷射铣头等因素会导致压力损失，因此所需压力要比表 4.2-1 中数值略高。

4.2.5　工艺流程及操作要点

1. 施工工序流程图（图 4.2-3）

2. 管道封堵降水

将需要疏通的管线进行分段，分段的办法根据管径与长度分配，相同管径的两个检查井之间为一段。

设置管塞将自上而下的第一个工作段处用管塞把井室进水管道口堵死，然后将下游检查井出水口和其他管线通口堵死，只留下该段管道的进水口和出水口。

用吸污车将两个检查井内淤泥抽吸干净，两个检查井剩余少量的淤泥，再一次进行稀释，然后进行抽吸完毕。

降低管道中的水位，有利于提高高压喷头的清洗效率。

3. CCTV 检测

从联络井中下放 CCTV 检测装置，进入管道中检查，获得管道情况的具体资料，如管径、管材、管道完整性、堵塞位置、堵塞物类型等，进而得出完整的分析报告。根据分析报告，并通过表 4.2-2 和表 4.2-3 的喷射铣头选择原则，初步选择软切割铣头类型，常见铣头类型如图 4.2-4 所示。

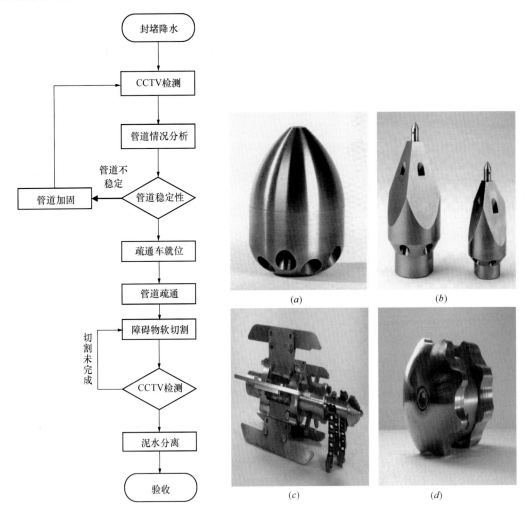

图 4.2-3 软切割工艺流程图

图 4.2-4 常见喷射铣头类型

（a）喷水型喷射铣头；（b）钻头型喷射铣头；（c）带链条喷射铣头；

（d）振动型喷射铣头

按管道材质选择喷射铣头　　　　　　　　　　　　　　　表 4.2-2

管道材质	金属管（钢管，铸铁管）	陶土管和石棉水泥管	混凝土管和钢筋混凝土管（PCP）	塑料管	玻璃钢夹砂管（RPMP）
喷头类型	喷水，钻头，链条，振动	喷水	喷水，钻头，链条，振动	喷水	喷水

按障碍物类型选择喷射铣头　　　　　　　　　　　　　　表 4.2-3

障碍物类型	泥土砂石	油污	混凝土，水泥	树根	塑料袋等生活垃圾
喷头类型	喷水	喷水＋振动	喷水，钻头，链条，振动	喷水，链条	喷水＋链条

4. 管道疏通车就位

根据管道分析报告，判断管道是否破损。若破损，提交报告，并准备修复措施。若完整，则疏通车就位至如图 4.2-5 所示位置，准备疏通管道并软切割障碍物。

5. 管道疏通

疏通两个联络井之间的管道，从上游联络井往管道中冲水，把管道底部的松散淤积物和漂浮物都冲到下游联络井。然后从下游联络井中使用抽水装置将下游联络井的沉积物都抽至装淤车放置。若管道完全堵塞，则把松散的淤积物冲至堵塞处或者使其在水中漂浮起来，分别从两个联络井将污水抽出放置。

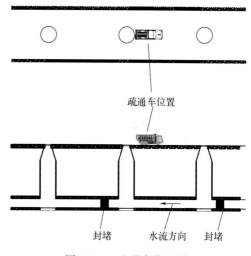

图 4.2-5　疏通车位置图

6. 障碍物软切割

结合工程实际，管道封堵情况主要分为全封堵和非全封堵两种状况，针对不同的状况采取有对应的软切割方法。管道障碍物软切割操作示意如图 4.2-6 所示。

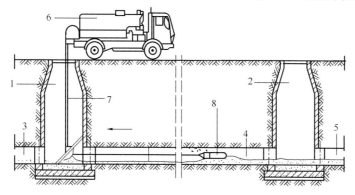

图 4.2-6　管道障碍物软切割操作示意图

1—下游联络井；2—上游联络井；3—下游管道；4—堵塞管道；

5—上游管道；6—疏通车；7—高压胶管；8—软切割喷头

53

4.2.6 管道封堵状况

1. 管道非全封堵状况

管道并未完全封堵，如图 4.2-7 所示，管道中污水依旧可以流通，可采取以下方法进行总体的障碍物软切割操作。

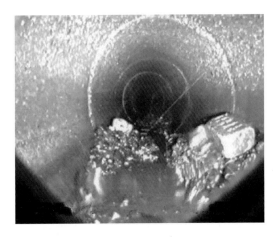

图 4.2-7　管道非全封堵示意图

如图 4.2-6 所示，选用自进式喷射铣头，开动高压水清洗机后，软切割喷头 8 靠喷射反力的作用，向上游联络井 2 的方向行进，当喷头快到上游联络井 2 之前，停止高压水的供应，或者制动住放送高压胶管的卷筒，让喷头停止在上游联络井 2 的旁边，完成喷头的一次切割过程。在行进过程中，喷头一边切割管道壁上的结垢物，一边靠射流的高速水流带回管底被打落下来的结垢物，直至喷头到上游联络井 2 附近为止。如果被堵塞管道 4 尚未清洗干净，卷动高压软管卷盘，使喷头到达合适位置后再启动高压清洗机进行软切割，再重复一遍上次的操作将未清除垢物打落并将其冲向下游联络井 1，直至管内垢物被彻底切割完毕。

2. 管道全封堵状况

管道完全封堵，如图 4.2-8 所示，可采取以下方法进行总体的障碍物软切割操作。

如图 4.2-6 所示，当堵塞管道 4 被垢物或堵塞物全部堵死时，这时需采用前边带孔且能向前直射的自进式喷射铣头。喷头前边直射喷孔发出的射流首先将被堵死的管道打出一个大于喷头直径的小孔，然后自己钻进管道中，同时靠后向斜喷的射流扩大钻孔，即可使喷头在冲蚀垢物的同时不断地前进。对具有 30～50m 长度的堵塞管道 4 的清洗需分段进行，即清洗一段，排渣一段，再清洗

图 4.2-8　管道全封堵示意图

一段，再排渣一段，直至将需清洗堵塞管道 4 全部清洗干净为止，即对堵死的管道必须按分段法逐段进行清洗。

3. 管道突出障碍物软切割操作

（1）喷水型喷射铣头及带钻头喷射铣头操作

当水压为 10～280MPa、流量为 28～300L/min 时，可根据实际状况选择喷射铣头与高压软管。喷射铣头速度由疏通车上的高压软管卷盘卷动速度控制，根据障碍物切割情况来控制快慢。

将切割喷射铣头连接到高压胶管上，设定好工作压力，将喷射铣头放入被疏通的管道之中。低压力状态下，高压密封会漏水，当压力逐渐上升，漏水会停止，喷射铣头将开始旋转。第一次使用喷射铣头时，缓慢关闭溢流阀，逐渐提升压力，以确保喷嘴不堵塞，射流状态正常。此时，喷射铣头将逐渐开始旋转，同时开始前进进行障碍物软切割工作。

当使用自转喷射铣头切割堵塞管道突出障碍物时，不可直接将喷射铣头推入堵塞物中，否则将导致喷射铣头停止旋转，无法有效地切割障碍物。当喷射铣头接触到堵塞物表面时，只需根据喷射铣头自身的喷射速度向管道内部移动，如果发现喷射铣头停止前进，可稍微将喷射铣头向后轻拉，将喷头从堵塞物中抽出，防止堵塞物阻碍喷头旋转。轻微地拉动喷射铣头可允许喷头上不同角度的喷嘴清洗管道内不同位置的突出障碍物。

带钻头喷射铣头可直接推入堵塞障碍物中，依靠钻头钻动以及射水压力切割障碍物。

在弯曲的管道中使用钻头型喷射铣头，需要加装摄像头，以便观察喷射铣头在管道中的工作状态，避免钻头损伤管道。

障碍物切割完成后，应将喷射铣头从高压胶管卸下，吹干铣头上的水分或在铣头入口连接处吹入一些防腐油，以延长铣头寿命。

（2）带链条喷射铣头操作

管道中存在树根、大块混凝土等大型障碍物，采用喷水型喷射铣头或带钻头喷射铣头软切割效果不明显的时候，可采用带链条喷射铣头进行障碍物软切割。

当水压为 10～280MPa、流量为 28～300L/min 时，可根据实际状况选择喷射铣头与高压软管。喷射铣头速度由疏通车上的高压软管卷盘卷动速度控制，根据障碍物切割情况来控制快慢。

链条长度必须小于管道半径，否则会损坏管道。当管道管径变化或者管道存在弯曲，需要在铣头上加装摄像头，以观察喷射铣头的工作状态。

带链条的喷射铣头必须先放入管道中 1m 以上，才能开始启动高压泵机。启动后，操作与喷水型以及带钻头喷射铣头一致。

障碍物切割完成后，应将喷射铣头从高压胶管卸下，吹干铣头上的水分或在铣头入口连接处吹入一些防腐油，以延长铣头寿命。

（3）管道底部沉积物切割

管道中突出障碍物切割完毕后，可以进行管道底部的沉积物进行切割。此时可选用喷水型铣头以及振动型铣头。

当水压为 10～280MPa、流量为 28～300L/min 时，可根据实际状况选择喷射铣头与高压软管。喷射铣头速度由疏通车上的高压软管卷盘卷动速度控制，根据障碍物切割情况来控制快慢。

管道底部沉积物切割操作与前述操作一致，需注意在使用振动型铣头切割破碎沉积物时，必须在微型摄像头的监控下进行操作，如图 4.2-9 所示。

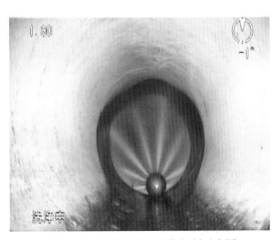

图 4.2-9　管道底部沉积物切割示意图

（4）喷射铣头与高压软管的连接

喷射铣头与高压软管的连接通常依靠螺纹连接，在喷头与高压软管的连接处，必须安装高压密封垫。在软管的两端，均必须使用柔性扣，避免软管掉落后弹跳伤人。常见的喷射铣头与高压软管连接头如图4.2-10所示。

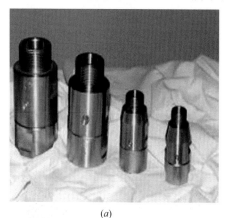

（a）　　　　　　　　　　　　　　　　（b）

图4.2-10　常见喷射铣头与高压软管连接方式

（a）直接连接；（b）转角连接头

（5）障碍物软切割注意事项

1）必须安装压力表、溢流阀、安全阀、高压阀，每次使用前都必须检查各阀门与高压软管是否正常工作。

2）在使用其清洗大直径管道时，清洗头容易在管道中高速逆向行驶，并对操作者造成伤害。所以在清洗大直径管道时，必须在清洗头和高压软管连接处加上一个刚性导向管。刚性导向管加上高压软管末端连接处的总长度需是被清洗管道直径的1.5倍，如图4.2-11所示。

3）在连接喷头与高压软管末端或导向器之前，需要使用高压水将高压软管冲洗一遍，检查高压软管是否正常工作。

4）清洗大直径管道时，在距离清洗头十几厘米处的高压软管上做一个记号，用于提醒操作者管内喷射铣头的位置，防止清洗头在工作压力下被拉出管道外。

5）为防止高压软管在移动过程中磨损严重，可在转角处安装软管导向器，如图4.2-12所示。

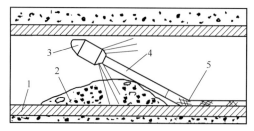

图4.2-11　喷射铣头导向管示意图

1—疏通管道；2—障碍物；3—喷射铣头；

4—刚性导管；5—高压软管

图4.2-12　软管导向器

6）严禁在竖井中启动喷射铣头，喷射铣头必须放入管道内 1m 以上后才能启动，启动时人员不能留在竖井中。

4.2.7　CCTV 检测以及泥水分离

管道障碍物软切割完毕后，再次放入 CCTV 检测仪进行管道检测，检测障碍物是否切割完毕、管道是否畅通。如无问题，则用抽水装置把联络井和管道中的污水抽出，并进行泥水分离，密封运走。最后打开两侧的封堵，进行下一段管道的障碍物软切割。

4.2.8　管道障碍物软切割效果

管道障碍物软切割前后效果如图 4.2-13、图 4.2-14 所示。

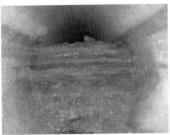

图 4.2-13　软切割前

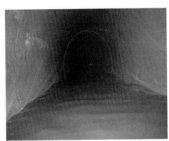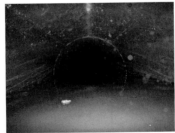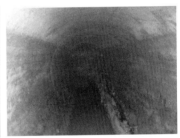

图 4.2-14　软切割后

4.2.9　主要设备

管道障碍物软切割施工操作所需的主要设备如表 4.2-4 所示。

主　要　设　备　　　　　　　　　　　　　表 4.2-4

设备名称	数量/规格/型号	单位	备　注
高压射水车	1	台	带污水循环利用装置
配套喷射铣头	1	套	—
吸污车	1	台	带泥水分离装置
封堵	2	套	—
气体检测仪	1	台	—
CCTV 检测仪	1	台	—

4.2.10　质量控制

管道障碍物软切割施工过程中，严格执行国家及行业的相关规定，严格按设计文件及管理单位的有关要求进行施工。并执行下列规范标准：

《城镇排水管道维护安全技术规程》CJJ 6—2009；

《给水排水管道工程施工及验收规范》GB 50268—2008；

《高压水射流清洗作业安全规范》GB 26148—2010。

4.2.11 安全措施

1. 安全总则

（1）施工安全要符合国家现行标准《建筑施工安全检查标准》JGJ 59—2011 的有关规定。

（2）管道修复施工应符合《城镇排水管道维护安全技术规程》CJJ 6—2009 和《城镇排水管渠与泵站运行、维护及安全技术规程》CJJ 68—2016 的规定。

（3）施工机械的使用应符合《建筑机械使用安全技术规程》JGJ 33—2012 的规定。

（4）施工临时用电应符合《施工现场临时用电安全技术规范》JGJ 46—2005 的规定。

（5）操作人员必须经过专业培训，熟练机械操作性能，经考核取得操作证后上机操作。

2. 安全操作要点

（1）喷头操作人员须持证上岗。

（2）必须在边界设置护栏以防闲人进入，护栏上悬挂"危险！勿靠近！高压水射流作业！"等标牌。

（3）排水管道长期封闭有可能存有有毒气体，打开管道前必须疏散周围群众，并用气体检测仪检测气体，保证施工安全。

其他详细措施具体参见《高压水射流清洗作业安全规范》GB 26148—2010 中相关规定。

4.2.12 效益分析

1. 经济效益

表 4.2-5 为不同管径和不同障碍物下各种方法的定额预算。图 4.2-15～图 4.2-19 为方法比较图。

管道堵塞预算定额 表 4.2-5

项目	采用方法	单位（m）	费用（元）				时间（h）	效率比
			人工费	材料费	机械费	合计		
DN300 管道油污泥沙堵塞	人工疏通法	100	422.40	85.48	0.00	507.88	24	0.04
	手动绞车法	100	239.58	50.91	8.95	299.44	24	0.04
	机动绞车法	100	378.84	50.91	124.96	554.71	24	0.04
	水冲法	100	66.00	36.82	349.16	451.98	3	0.33
	障碍物软切割法	100	250.00	73.00	500.00	823.00	1	1.00

续表

项目	采用方法	单位（m）	费用（元）				时间（h）	效率比
			人工费	材料费	机械费	合计		
DN600 管道油污泥沙堵塞	人工疏通法	100	1044.78	85.48	0.00	1130.26	24	0.04
	手动绞车法	100	399.30	50.91	14.98	465.19	24	0.04
	机动绞车法	100	378.84	50.91	124.96	554.71	24	0.04
	水冲法	100	132.00	40.49	349.16	521.65	3	0.33
	障碍物软切割法	100	250.00	73.00	500.00	823.00	1	1.00
DN1000 管道油污泥沙堵塞	手动绞车法	100	689.70	50.91	23.94	764.55	24	0.04
	机动绞车法	100	597.30	50.91	197.30	845.51	24	0.04
	水冲法	100	94.38	49.67	349.16	493.21	3	0.33
	障碍物软切割法	100	250.00	73.00	500.00	823.00	1	1.00
DN300 管道混凝土结块堵塞	开挖法	100	2936.11	74.22	2668.53	5678.86	48	0.06
	障碍物软切割法	100	1000.00	100.00	500.00	1600.00	3	1.00
DN600 管道混凝土结块堵塞	开挖法	100	6072.43	98.07	6234.55	12405.05	60	0.08
	障碍物软切割法	100	1000.00	200.00	500.00	1700.00	5	1.00

注：1　DN300 管道混凝土结块堵塞，处于混凝土道路地下 1m 处，有 5 处堵塞，开挖土体积为 20m³，采用更换管道措施。

　　2　DN600 管道混凝土结块堵塞，处于混凝土道路地下 1m 处，有 5 处堵塞，开挖土体积为 45m³，采用更换管道措施。

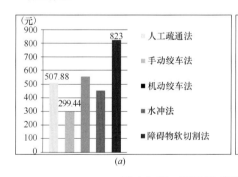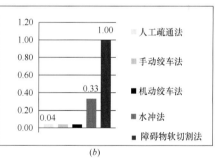

图 4.2-15　DN300 管道油污泥沙堵塞对比图

（a）定额对比图；（b）效率对比图

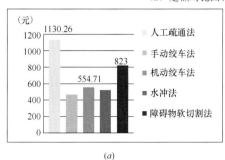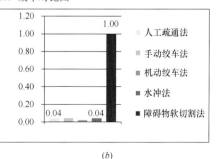

图 4.2-16　DN600 管道油污泥沙堵塞对比图

（a）定额对比图；（b）效率对比图

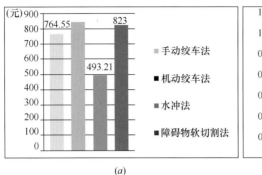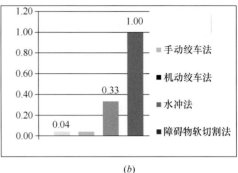

图 4.2-17　DN1000 管道油污泥沙堵塞对比图

（a）定额对比图；（b）效率对比图

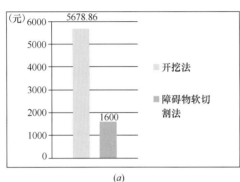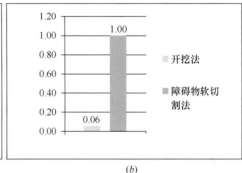

图 4.2-18　DN300 管道混凝土结块堵塞对比图

（a）定额对比图；（b）效率对比图

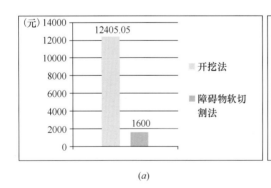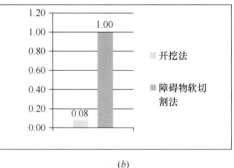

图 4.2-19　DN600 管道混凝土结块堵塞对比图

（a）定额对比图；（b）效率对比图

2. 社会效益

（1）污水循环利用，符合环保理念

选用带污水循环装置的高压冲水车，可以实现污水循环利用，使用管道中的污水作为喷流，有效降低成本，环保无污染。

（2）噪声小

管道软切割技术属于物理清洗，而且水射流压力是可调的，工作噪声小，不影响周围居民生活。

（3）施工速度快

由于水射流的冲击和磨削等作用，可立即将结垢物打碎脱落，清洗速度很快，不影响市政道路与管道的正常使用。

（4）安全

无须人员进入管道，管道疏通过程自动化，安全高效。

4.2.13　工程案例

1. 软切割混凝土障碍物

（1）工程概况

工程地点位于西安市雁塔区文娱巷，管道穿过中心区，交通流量大，路口多，车辆行人多，管道疏通施工时间必须严格控制，使对交通的影响控制到最小。

该排水管道为DN300，管道堵塞长度约为50m，管道内部障碍物主要为混凝土结块，堵塞接近80％左右。

（2）工程方案

根据现场勘测，管道内部有混凝土结块的存在，同时管口的位置都存在堵塞，传统的绞车清淤法不能使用，开挖法需要工期太长且费用超标，故需制定高效而经济的施工方案。

经方案对比，采用管道障碍物软切割方法，进行障碍物软切割。

第一步：采用水雷喷头（喷水型喷头）（图4.2-20）

通过水雷喷头，将管道内部的淤泥清理一部分，将淤泥冲至联络井，抽出至装淤车，方便接下来的障碍物软切割。

图4.2-20　连接水雷喷头

第二步：采用振动喷头（振动型喷头）（图4.2-21）

选用振动喷头将管口一部分的水泥敲击下来，以便大型喷射铣头可以进入管道内部的混凝土结块障碍物软切割。

图 4.2-21　采用振动喷头软切割及其切除的结垢

第三步：超强加力铣头（喷水型＋链条型喷头）（图4.2-22）

图 4.2-22　采用超强加力铣头软切割及其切除的结垢（一）

图 4.2-22　采用超强加力铣头软切割及其切除的结垢（二）

选用超强加力铣头，利用水力驱动链条和钻头高速的旋转，进而对管道内部的硬结污垢，如水泥、混凝土、沥青结块、挡墙进行破除；因管道是直线形管道，且管径无变化，所以不需要加装微型摄像头，只需要控制好喷头的前进速度即可。

第四步：采用水雷喷头（喷水型喷头）

最后一步就是再次选用水雷喷头，将软切割的障碍物清洗出来，并把管道底部淤积的沉淀物冲洗出来。

工程耗时 60min，喷射铣头工作时间 30min，材料消耗水 3m³，管道疏通效果良好。施工过程仅封闭一半道路，且施工速度快，对交通影响控制到最小。

2. 软切割树根障碍物

（1）工程概况

工程地点位于广东省佛山市市区，管道穿过中心区，交通流量大，路口多，车辆行人多，管道疏通施工时间必须严格控制，使对交通的影响控制到最小。

该排水管道直径为 300mm，水泥管道，管道堵塞长度约为 50m，管道为水泥管道，由于建设时出现错位，中间部位生长出大量的树根，导致管道不能正常排水工作。

（2）工程方案

根据现场勘测，管道内部拥有强大的根须，按照传统的方法，可能要进行管道开挖。为了省去开挖的麻烦，利用管道障碍物软切割方法清理；由于管道经常流水，没有太多其他的杂物，所以制定的方案是直接用带链条型喷射铣头进行障碍物切割。

第一步：安放铣头

采用各种辅助工具，将带链条型喷射铣头放入管道中（图 4.2-23），避免人员进入管道，安全高效。

第二步：铣头开始工作

利用喷射铣头高速旋转，带动链条工作，可将管道内部的树根，缠绕物等清理下来（图 4.2-24）。

工程耗时 40min，喷射铣头工作时间 20min，材料消耗水 2m³，管道疏通效果良好。施工过程仅封闭一半道路，且施工速度快，对交通影响控制到最小。

图 4.2-23　将带链条型喷射铣头放入管道中

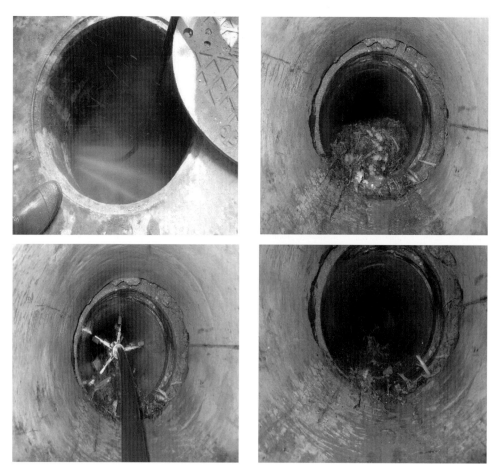

图 4.2-24　带链条型喷射铣头清理管道

第5章　土体有机材料加固技术

5.1　概述

1. 施工方法

在实际的加固工程中，经常会遇到要对土体进行加固，比如桥梁加固、房屋加固、路基加固等。土体的加固方法很多，常用的主要方法有：注浆法、搅拌桩法、降水法和冻结法等。

注浆法是将水泥浆液或化学浆液注入地层进行加固的方法，对含水丰富的砂土层较为有效。

搅拌桩法是软土地基加固和深基坑围护中的常用方法，是一种施工机具简单、操作方便、造价低的隧道洞口加固方法，尤其在施工场地较小的地方采用更为合理。

降水法也是一种比较有效的、经常采用的加固方法，比较适用于含水丰富的流沙质土体。采用降水法一般为地面向下打井法，故其使用范围和地区受到一定限制，降水对地面沉降影响较大。故在地面路桥密集的地方不宜采用。

冻结法是煤炭矿井通过第四纪松散表土地层时常用的一种特殊施工技术，近十几年来已逐步引进到城市地铁、路桥基坑等市政建设工程中。用冻结法加固盾构进出洞口时，一般采用垂直冻结法。

2. 注浆法

注浆法也称灌浆法。使用专用的设备，在压力的作用下将浆液（化学浆液或水泥灰浆）或树脂注入管道的裂隙区，以达到防漏堵漏目的的修复方法。采用注浆的方法在管道外侧形成隔水屏障，或在裂缝或接口部位直接注浆来阻止管道渗漏。前者称为土体注浆，后者称为裂缝注浆。

对注浆过程的控制，出现了自动记录、集中管理和自动化监控的趋向。在注浆效果的测定方面，应用压水或注水、抽水试验、电测、弹性波探测、各种物理学测试、放射性探测、微观测试等多种检测仪器和手段。灌浆法的优点是干扰小，效率高，材料和设备的费用低。

化学灌浆加固是将有流动性和胶凝性的化学浆液，按一定浓度，通过特设的灌浆孔，压送到岩土中去。浆液进入岩土裂隙或孔隙中，经扩散、充填其空隙后，硬化、胶结成整体，以起到加固、防渗、改善地基物理力学性质等作用。

5.2　技术特点

土体加固技术应用于软土工程或管道工程中，可以解决以下几方面的问题：

（1）针对软弱地基为改善基坑所处地层的土体力学性能，保证基坑开挖的抗隆起稳定而进行的坑内土体加固；

（2）针对周边设施的保护要求，为严格控制基坑的侧向位移，在坑内进行内侧地基加固，以提高被动区土体的侧向抗力，减小基坑卸载的变形；

（3）针对老建筑群的工程改建，为解决原围护结构入土深度不足而采用的坑内加固补强措施，以保证基坑开挖的安全稳定；

（4）为隔绝地下水对开挖的影响，保证坑底稳定而采取的坑底加固和止水帷幕的加固；

（5）对于有承压水土层，通过一定的坑底满堂加固或与工程桩相咬合的坑底加固，以抵抗承压水稳定坑底土体。

所采用的化学注浆法的优点如下：

（1）化学浆液的可灌性好、渗透力强，对微小的裂隙也能够较均匀地充填。

（2）充填密实，防水性好，浆材固结后强度高。

（3）化学浆液的胶凝时间可根据需要进行调节。

（4）根据含水量和用途不同，可以选择不同类型的注浆材料。

5.3 适用范围

（1）软土工程。新吹填的超软土、泥炭土和淤泥质土等饱和软土。加固场所从陆地软土到海底软土，加固深度达60m。

采用水泥土搅拌法加固的土质有淤泥、淤泥质土、地基承载力不大于120kPa的黏性土和粉性土等地基。当用于处理泥炭土或地下水具有侵蚀性的土时，应通过试验确定其适用性。加固局限于陆上，加固深度可达18m。

（2）管道工程。管道周边松散土体加固或空洞填充。

5.4 工艺原理

注浆又称为灌浆，是将一定材料配制成浆液，用压送设备将其通过钻孔注入地层中颗粒的间隙、土层的界面或岩层裂隙内，使其扩散、胶凝、固化，以达到加固地层或防渗堵漏的目的。

根据灌浆的目的和用途，化学灌浆法可分为两类：一类为补强加固灌浆，可向裂缝中灌入环氧树脂类、甲基丙烯酸酯类等灌浆材料；另一类为防渗堵漏灌浆，可向裂缝中灌入聚氨酯、丙烯酰胺类、木质素类等灌浆材料。注浆技术因工期短、见效快等特点，在众多领域得到广泛应用，如地基加固及防止建筑物沉降、地铁隧道加固、路基路面加固、边坡支护中锚杆加固、大坝堤防的防渗帷幕等。

注浆一般根据注浆压力及作用方式分为静压注浆和高压喷射注浆两大类。根据地质条件、注浆压力、浆液对土体的作用机理、浆液的运动形式和替代方式，静压注浆又可分为充填注浆、渗透注浆、压密注浆、劈裂注浆四种。

图5.4-1就是一种丙烯酰胺灌浆系统的示意图，包括气囊、浆液、压力、探测、控制等系统。

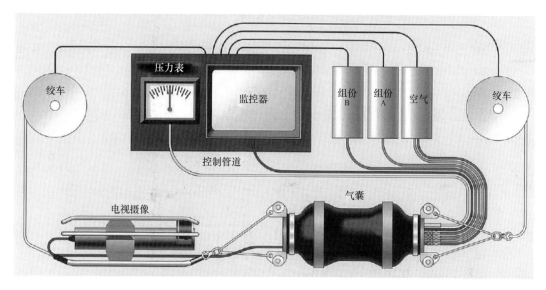

图 5.4-1　丙烯酰胺灌浆系统的示意图

例如，在管道堵漏施工中，通过在密封好的气囊中间注入浆液，固化后达到防渗止水作用，如图 5.4-2 所示。

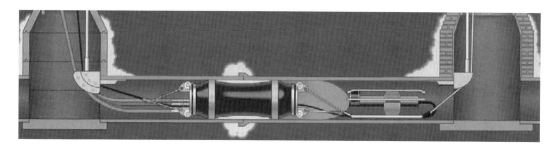

图 5.4-2　管道堵漏注浆示意图

5.5　施工工艺流程及操作要求

化学灌浆是将有流动性和胶凝性的化学浆液，按一定浓度通过特设的灌浆孔压送到岩土中去。浆液进入岩土裂隙或孔隙中，经扩散、充填其空隙后，硬化、胶结成整体，以起到加固、防渗、改善地基物理力学性质等作用。

三种化学灌浆形式如图 5.5-1 所示，基本灌浆前后效果如图 5.5-2 所示。

5.5.1　施工工艺流程

注浆工艺根据不同工程条件和目的有所不同。例如：针对缝隙加固，需要的工艺流程为：缝面清理—清理缝内嵌填物—埋管封缝—试压—灌浆—检测—后处理。

针对防水堵漏工程，一般的工艺流程为：凿缝—清理—洗缝—封缝埋嘴—灌浆—拆嘴—封口—表面处理。

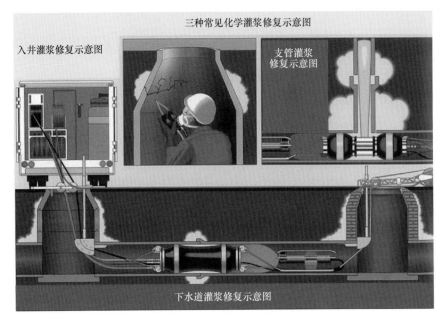

图 5.5-1　三种化学灌浆形式

| | | |
| (*a*) | (*b*) | (*c*) |

图 5.5-2　基本灌浆前后效果

(*a*) 管道渗漏；(*b*) 化学灌浆；(*c*) 封堵情况

5.5.2　施工操作要求

1. 找出漏水点，确定注浆部位

当渗漏面积较大、看不清渗漏处，不能准确判断漏水点时，可用干抹布擦干潮湿处，然后在漏水表面均匀撒上一层干水泥，先出现潮湿的地方，就是主要漏水点。

2. 布注浆孔（布嘴）

视具体渗漏情况，确定是采用钻孔还是凿成 V 形槽。混凝土渗漏、裂缝灌浆孔，可根据现场情况和是否便于施工，选择骑缝孔或斜孔。布孔的位置恰当与否将直接关系到灌浆效果。

（1）对于细裂缝。可不用钻孔方法布孔，选择缝较宽的部位，骑缝埋设灌浆缝嘴或灌浆盒。

（2）在局部凿槽。凿成空腔作为进浆通道，以增大进浆断面。此种方法对于钻孔无效果、缝内情况复杂、处理难度较大的裂缝比较合适，通常凿成 V 形槽，增大进浆断面。

用风镐或扁凿把裂缝凿大,通常规格为宽 6～8cm 、深为 10cm,呈 V 形。

(3) 钻孔。混凝土结构体龟裂或有蜂巢,混凝土结构体(隧道、地下室、地下道)大量涌水止漏或饮用水池裂缝的灌注,常用钻孔。

3. 冲洗孔与 V 形槽处理

(1) 钻孔后,应将孔内粉尘或碎末冲洗干净,以疏通钻孔和裂缝通道。如果是干缝,最好不用水冲洗,宜用溶剂或风处理干净。冲洗或风的压力不能超过设计灌浆压力,压缩空气应经过油水分离器,以免油污污染缝面,影响灌浆效果;如果是湿缝,可用外流水冲洗干净。

(2) 凿好的 V 形缝,将槽内的碎块、粉末等处理干净,便于封闭、粘贴注浆嘴。

(3) 布孔、封缝。封缝的目的是确保灌浆时不使浆液流失,以便在压力作用下将裂缝填充密实,因为封缝的好坏直接影响灌浆质量。布孔、封缝有以下几种形式:

1) 在缝底处铺一条宽为 2～3cm 的薄铁皮,在缝两端的铁皮下埋设灌浆用的厚壁塑料管,埋入铁皮下应有足够的深度和长度。在铁皮上浇筑防水砂浆,应封闭密实、不漏水,表面干燥。

2) 骑缝埋设灌浆嘴或灌浆盒,将灌浆嘴固定、压实,确保不漏气,并把 V 形槽密封,可用环氧水泥封闭加固表面,24h 后即可注浆(环氧水泥配比:环氧树脂 100 份、邻苯二甲酸二丁酯 50 份、乙二胺 100 份、水泥 80 份)。

3) 骑缝沿缝凿成 V 形缝,然后嵌入止浆封缝材料。一般对于渗漏水的裂缝采用此方法。

4) 表面封缝,即沿缝涂布高强度封缝涂料或用环氧树脂基液粘贴玻璃丝布 2～3 层,每层玻璃丝布必须贴得平整,不得留有气泡和皱纹,对于一般细缝采用此法。

4. 试压

埋嘴封缝结束,环氧树脂固化后,在正式灌浆前应进行试压,检查缝质量、测定进浆压力和进浆量。

压水的目的有两个:一是检查注浆嘴是否埋好,有无漏水现象;二是通过压水或压溶剂计算缝的容积和记录其开始压水或溶剂至各排气孔的时间来确定浆液的凝固时间和配浆量参数。

试验以每条缝为单元进行,从最低点开始逐步向最高点进行,当某孔压水或压溶剂时,其他各孔的阀门全部敞开,发现有串孔、直通时,即将此阀门关掉,发现一个关一个,直到所有孔都被关闭为止,再持续一段时间,确定每个孔、缝都能通过。

5. 灌浆

经过试验检查后,如封缝质量良好,无渗漏、孔阀门好用,即可准备灌浆。

(1) 先将同一灌浆单元所有灌浆孔阀全部打开,有条件的可用压缩空气将缝内积水吹干净,尽量达到无水或干燥状态。

(2) 灌浆对于水平缝应按水平缝从一端向另一端灌,垂直缝按先下后上的顺序进行。先选较低处及漏水量较大的灌浆嘴或接近水源的注浆孔,灌浆压力宜大于地下水压力 0.05～0.1MPa。一般裂缝采用 0.3～0.5MPa,或按设计提供的压力进行注浆。为使浆液扩散的范围更大点,可适当提高压力,压力应逐渐增加,避免缝面骤然受力使缝面裂开或封缝遭到破坏。

在灌浆进行当中，当灌浆孔见浆后即关闭其孔，但继续压浆，直到所有注浆孔溢出浆液时关闭阀门。灌到不再进浆时，应保持压力稳定，以恒压不吸浆为标准。按经验，在关闭阀门后，灌浆压力再稳定保持5～10min，作为结束标准。此时，应注意观察压力表，防止爆管，注意安全。

（3）若在灌浆过程中，在缝面或灌浆嘴的相邻裂缝出现漏浆情况，可减少进浆速度或暂停进浆，待漏浆固化后，或采用其他措施后，尽可能短时间内恢复灌浆，以免缝内浆液凝固影响灌浆质量。若间断后难以灌浆，应更换注浆孔位置或重新打孔灌浆。

6. 整理缝面

待浆液凝固后，可将外露的灌浆嘴切除，并用砂浆封填平整、密实、表面恢复原状。

在高压化学灌浆堵漏施工中，应由受过专业培训的人员且有专业施工设备的施工队伍进行施工。

5.6 材料与设备

1. 注浆材料

注浆材料大体分为粒状材料和化学材料两大类。其中，粒状材料以水泥浆为主，化学材料包括无机硅酸盐材料和高分子材料。化学材料的品种很多，有环氧树脂浆液（环氧浆液）、聚氨酯浆液、甲基丙烯酸甲酯浆液（甲凝浆液）、丙烯酰胺浆液（丙凝浆液）、丙烯酸盐浆液、水玻璃浆液、脲醛树脂和铬木素等10余种。

（1）聚氨酯

1）聚氨酯是采用多异氰酸酯和聚醚树脂等作为主要材料，再加入增塑剂、稀释剂、表面活性剂、催化剂等配成浆液。灌入地层后，遇水而成凝胶体，起加固地基和防渗堵漏作用。

2）聚氨酯浆液特点：

① 浆液黏度低，可灌性好，结石有较高强度，可与水泥灌浆相结合，建立可靠防渗帷幕。

② 浆液遇水反应后浆液黏度迅速增大，不会被稀释和冲走。可用于动水条件下防水堵漏，封堵各种形式的地下、地面及管道漏水，封堵牢固，止水见效快。

③ 耐久性好，安全可靠，不污染环境。

④ 操作简便，经济效益好。

3）聚氨酯浆材分水溶性和非水溶性两类，前者强度较低，但有良好的防渗性；后者强度较高，防渗好，工程上使用较广。其中又以二步法的制浆最佳，又称为预聚法，是把主剂先合成聚氨酯的预聚体，然后再把预聚体和外加剂按需要配成浆液。预聚体国内有成品供应。

4）聚氨酯浆材常用配方参见表5.6-1。

常用的聚氨酯配方 表 5.6-1

编号	预聚体类型	材料重量比					
		预聚体	二丁酯 （增塑剂）	丙酮 （稀释剂）	吐温、硅油 （表面活性剂）	催化剂	
						三乙醇胺	三乙胺
SK-1	PT-10	100	10～30	10～30	0.5～0.75	0.5～2	—

续表

编号	预聚体类型	材料重量比					
		预聚体	二丁酯 （增塑剂）	丙酮 （稀释剂）	吐温、硅油 （表面活性剂）	催化剂	
						三乙醇胺	三乙胺
SK-3	TT-1/TM-1	100	10	10	0.5～0.75	—	0.2～4
SK-4	TT-1/TP-2	100	10	10	0.5～0.75	—	0.2～4

注：SK-1 适用于砂层及软弱夹层的防渗加固处理；SK-3、SK-4 适用于动水条件下的防水堵漏。

5）聚氨酯浆材性能指标参见表 5.6-2。

聚氨酯浆液性能指标　　　　　　　　　　　　　　　　　　表 5.6-2

编号	游离（NCO） 含量（%）	相对密度	黏度 （MPa·s）	固砂体		抗渗强度 等级
				屈服抗压强度 （MPa）	弹性模量 （MPa）	
SK-1	21.2	1.12	2×10^{-2}	16.0	455.0	＞S20
SK-3	18.1	1.14	1.6×10^{-1}	10.0	287.0	＞S10
SK-4	18.3	1.15	1.7×10^{-1}	10.0	296.2	＞S10

（2）环氧树脂

环氧树脂注浆材料不受结构形状限制，粘结强度高，质量可靠，施工工艺简单。执行标准参照《混凝土裂缝用环氧树脂灌浆材料》JC/T 1041—2007，对环氧树脂性能要求见表 5.6-3 和表 5.6-4。

环氧树脂灌浆材料性能　　　　　　　　　　　　　　　　　表 5.6-3

序号	项　目	浆液性能	
		L	N
1	浆液密度（g/cm³）	＞1.00	＞1.00
2	初始黏度（MPa·s）	＜30	＜200
3	可操作时间（min）	＞30	＞30

环氧树脂灌浆材料固化物性能　　　　　　　　　　　　　　表 5.6-4

序号	项　目		浆液性能	
			L	N
1	抗压强度（MPa）		≥40	≥70
2	拉伸剪切强度（MPa）		≥5.0	≥8.0
3	抗拉强度（MPa）		≥10	≥15
4	粘结强度	干粘结（MPa）	≥3.0	≥4.0
		湿粘结（MPa）	≥2.0	≥2.5
5	抗渗压力（MPa）		≥1.0	≥1.2
6	渗透压力比（%）		≥300	≥400

注：1　湿粘结强度：潮湿条件下必须测定。

2　固化物性能的测定试验龄期为 28d。

3　L、N 代表环氧树脂灌浆材料（代号 EGR）按初始黏度分为低黏度型（L）和普通型（N）。

环氧树脂作为注浆补强补漏材料，一种典型的配料及技术性能如表 5.6-5 所示。

环氧树脂胶泥、浆液的用料配合比及技术性能   表 5.6-5

名称	用料配合比（以重量计）					硬化时间（h）	与混凝土粘结力（MPa）	抗拉强度（MPa）
	环氧树脂	邻苯二甲酸二丁酯	二甲苯（或丙酮）	乙二胺	粉料			
环氧树脂胶泥	100	10	30～40	10～12	50～100	12～24	2.7～5.0	5.0
	100	10		8～12	25～45	12～24		
	100	20		14～15	100～150			
环氧树脂浆液	100	10	40～60	8		12～24	2.7～3.0	5.0
	100	10	40～50	8～12				

注：嵌缝、固定注浆嘴涂面和粘贴玻璃布用抹面胶泥。注射或毛笔涂刷浆液注射用浆液。

（3）丙烯酰胺类

对于将化学技术应用到工程施工，从工程质量、效果看，丙凝是一种新型的防腐、防水材料，具有很强的粘结水泥砂浆能力。固化后密实度大，耐腐蚀性强，持久抗渗的防水、防腐砂浆抗裂性能更好，如果用在水坝上，可在坝基的迎水面、背水面、坡面、异形面进行防腐、防渗的工程处理。

关于丙凝材料，具有如下的特点：

1）材料分 A、B 两组分，具有像水一样的黏度，渗透性极强。

2）固化时间可以任意调控到 5s～10h。

3）由于没有任何悬浊颗粒，它是一款真正的用来注射到地下控制和封堵地下水的材料。

4）A 组分含丙烯酰胺单体，B 组分催化剂和引发剂。

5）美国已经使用 60 多年了，20 世纪 50 年代用来进行土壤稳定。

6）毒性：虽然施工需要戴手套，但是其毒性很低，比无铅汽油、咖啡因、阿司匹林还低。毒性试验中的半致死量见表 5.6-6。

毒性试验中的半致死量   表 5.6-6

物质	LD_{50}（mg/kg）
无铅汽油	18
咖啡因	192
阿司匹林	200
丙烯酰胺液	528
食盐	3000

7）耐老化性：1992 年美国能源局领导的研究发现丙凝固化后在土壤中的半衰期是362 年。

8）安全性：食物中的糖和氨基酸加热就会形成丙烯酰胺，根据国际癌症研究所的报告，丙烯酰胺与柴油尾气、厨房油烟、木材燃烧烟雾列在可能致癌的列表中，人体食入后可以通过尿液排放。固化后的材料惰性、无毒、稳定、无刺激性。

（4）丙烯酸盐类

参见建材行业标准《丙烯酸盐灌浆材料》JC/T 2037—2010，其中材料性能所需要达到的标准如表5.6-7、表5.6-8所示。

丙烯酸盐类浆液物理性能　　　　　　　　　　　　　　　表5.6-7

序号	项目	技术要求
1	外观	不含颗粒的均质溶液
2	密度（g/cm³）	生产厂控制值±0.05
3	黏度（MPa·s）	10
4	pH值	6.0~9.0
5	胶凝时间（s）	报告实测值

注：生产厂控制值应在产品包装与说明中明示用户。

丙烯酸盐类固化物物理性能　　　　　　　　　　　　　　表5.6-8

序号	项目	技术要求	
		Ⅰ型	Ⅱ型
1	渗透系数（cm/s）	1.0×10^{-6}	1.0×10^{-7}
2	固砂体抗压强度（kPa）	200	400
3	抗挤出破坏比降	300	600
4	遇水膨胀率（%）	30	

2. 注浆设备

以丙烯酰胺配备的灌浆车为例。

可以使用的材料：丙烯酰胺聚胶（使用广泛）、丙烯盐酸酯、丙烯酸酯、聚氨酯和泡沫。化学灌浆车的主要配置如下：

（1）10kW的商用柴油发电机。

（2）大空间内部控制室。

（3）大空间内部设备室。

（4）三极柱塞泵。

（5）多级手动变速电动软管回收系统。

（6）浆液和软管测试装置。

（7）水系统。

（8）空气压力系统。

（9）标准灌浆设备装置。

（10）绞盘回收系统。

（11）150~750mm的管道检测装置（CCTV检测）。

（12）用于修复人井的7m长喷枪连接软管。

（13）人井电缆导入系统。

（14）DVD版操作维修以及核心配件的说明书。

（15）300mm可折叠气囊。

（16）400mm可折叠气囊。

（17）600mm 可折叠气囊。

（18）800mm 可折叠气囊。

（19）AV-100 浆液。

5.7 质量控制

施工过程严格按照工艺要求的流程执行。并对各步骤进行检查、检测、验收。以丙烯酰胺灌浆为例，浆液在固化前、后的性能见表 5.7-1。

丙烯酰胺浆液固化前、后性能表 表 5.7-1

指　标	性　能	备　注
固化前（固体）		
外观	白色颗粒	
相对密度	1.15	(22℃)±3％
体积密度	1150kg/m³±3％	
毒性	见 MSDS	
固化前（液体）		
外观	无色透明液体	
黏度	1～2cP	22℃
相对密度	1.04	(22℃)±3％
重量	1.038kg/L±3％	
毒性	见 MSDS	
固化后		
外观	半透明物质	
渗透系数	10^{-8}m/s	
静压	2585kPa	

5.8 安全措施

5.8.1 安全总则

（1）施工安全要符合现行国家标准《建筑施工安全检查标准》JGJ 59—2011 的有关规定。

（2）管道修复施工应符合《城镇排水管道维护安全技术规程》CJJ 6—2009 和《城镇排水管渠与泵站运行、维护及安全技术规程》CJJ 68—2016 的规定。

（3）施工机械的使用应符合《建筑机械使用安全技术规程》JGJ 33—2012 的规定。

（4）施工临时用电应符合《施工现场临时用电安全技术规范》JGJ 46—2005 的规定。

（5）操作人员必须经过专业培训，熟练机械操作性能，经考核取得操作证后上机操作。

5.8.2　安全操作要点

（1）裂缝化学灌浆施工前严格对施工人员进行环保与安全交底，未参加交底的人员不准许进入工地施工。

（2）施工人员进入工地均戴好、戴齐安全帽等防护用品。

（3）施工脚手架搭设牢固，并经安全员检查后才能使用。

（4）化学灌浆材料的使用，应严格按说明书使用，防止中毒现象发生。

（5）对化学灌浆施工场地通风不好的区域如廊道进行通风排风处理。

（6）化学灌浆、造孔施工人员均要求佩戴防护镜，避免意外事故的发生。

5.9　环保措施

5.9.1　规范及标准

化学灌浆施工过程中，环境保护严格执行《中华人民共和国环境保护法》的规定，严格按设计文件，环境保护的要求及建设单位的有关管理要求处理施工中弃渣，加强环保安全技术交底，倡导绿色无公害化学灌浆，牢固树立全员环保意识，并执行下列规范标准：

（1）《建筑工程绿色施工评价标准》GB/T 50640—2010。

（2）《建设工程施工现场环境与卫生标准》JGJ 146—2013 等。

5.9.2　场地布置与管理

（1）认真布置好施工现场规划，场内应整齐，紧凑有序。机械设备应归类并整齐停放，材料物资应分类并及时入库或存放在指定位置。

（2）对进出工地的车辆进行冲洗，保持道路干净、整洁，努力减少施工期间对行人和车辆通行影响。

5.9.3　噪声及振动控制

（1）严格控制各种施工机具（如发电机、喷涂机、吸污车、管道干燥机、鼓风机等）的噪声。

（2）如有必要使用发电机则尽量设置在远离民居的地方，并采用密闭形式，设置消声装置，减少对两侧居民的噪声和废气污染。

（3）切割机、空压机等噪声源设备在使用过程中，严格采取有效的隔声措施，并将噪声源作单独的围闭隔离。

（4）严格执行相关夜间施工规定，尽量减少夜间施工，若为加快施工进度或其他原因必须安排夜间施工的，须采取措施尽量减少噪声，教育施工人员不准喧哗吵闹，减轻对附近居民的影响。

（5）当施工振动（发电机运转、潜水泵调水、喷涂机工作等施工振动）对敏感点有影响时，应采取隔振措施。

5.9.4 空气污染控制

（1）施工车辆尾气排放满足环保部门的排放标准才能准许使用。

（2）施工内燃机械遵照国家要求进行年审，废气检测合格后才可投入使用。应定期进行检查、维护以及维修工作，防止超标尾烟排放。

（3）严禁在施工现场焚烧任何废弃物和会产生有毒有害气体、烟尘、臭气的沥青、垃圾及废物。

（4）对便道和场外主要道路定期洒水，降低车辆经过时造成的灰尘在空气中飞扬。

（5）合理组织施工、优化工地布局，使产生扬尘的作业、运输尽量避开敏感点和敏感时段。

（6）保持灌浆区域内的空气流通，防燃防爆。

5.9.5 水质污染控制

（1）施工废水须经现场废水处理系统处理合格后排放。

（2）禁止排放施工油污，溢漏油污立即采取措施处理，避免或者降低污染损害。

（3）选择无毒化学灌浆资料。

（4）采用密闭化学灌浆设备。

（5）排水导流措施应满足原污水管道的通水能力，工地排放的污水、废油等经过处理符合排放标准后排入市政排水管道，严禁有害物质污染土地和周围环境。

5.9.6 固体废弃物处理

（1）对可再利用的废弃物尽量回收利用。各类垃圾及时清扫，不随意倾倒。

（2）保持施工区和生活区的环境卫生，在施工区设置临时垃圾收集设施，防止垃圾流失，定期集中处理。

（3）教育施工人员养成良好的卫生习惯，不随地乱丢垃圾、杂物，保持工作和生活环境的整洁。

（4）严禁垃圾乱倒、乱卸或用于回填。各类生活垃圾按规定集中收集，每班清扫、每日清运。

（5）施工场地内的淤泥、弃土和其他废弃物等及时清除运输至指定地点，做到施工期间现场整洁、运土车辆要采用篷布加以覆盖，防止泥土撒落，进出工地时，进行冲洗，保持道路干净、整洁。施工任务完成退场时，彻底清除必须拆除的临时设施。

5.10 效益分析

以上海某 ϕ1000～ϕ2000 管道修复造价对比为例，见表 5.10-1。

ϕ1000～ϕ2000 管道开槽埋管与非开挖注浆修复造价比较   表 5.10-1

管径	开槽埋管 （元/m）	聚氨酯接口及管内注浆 （元/m）	差价 （元）	备注
ϕ1000	4017	1868	2149	埋深 4m

续表

管径	开槽埋管 （元/m）	聚氨酯接口及管内注浆 （元/m）	差价 （元）	备注
φ1200	4488	1982	2506	埋深 4.5m
φ1500	5863	2155	3708	埋深 5m
φ1800	6984	2500	4484	埋深 5m
φ2000	7750	2674	5076	埋深 5m

注：表中所列开槽埋管（每米造价）摘自《上海市工程估价指标 1999 年动态价》，上海定额管理站发布。

显然聚氨酯接口及管内注浆造价明显低于开槽埋管造价，具有很强价格优势。

5.11 市场参考指导价

土体有机材料注浆加固市场参考指导价见表 5.11-1。

土体有机材料注浆加固市场参考指导价　　　　表 5.11-1

序号	材料	综合单价（元/kg）
1	聚氨酯	300～400
2	环氧树脂胶泥	200～250
3	环氧树脂浆液	200～250
4	丙烯酰胺类	150～200
5	丙烯酸盐类	150～200

注：上述修复单价不含管道清淤、堵水、降水、检测等措施费用，措施费用根据不同现场情况计算。

5.12 工程案例

广州市海珠区广州大道南洛溪大桥北存在一段长约为 100m 缺陷管道。该处的平面示意图见图 5.12-1，管道剖面图见图 5.12-2。管道为 φ1200 混凝土管，埋深为 8～9m。2013 年，该段污水管道地面邻近的绿化挡土墙由上至下出现最大宽度约为 5cm 的开裂，开裂长度约为 15m，危及周边建筑（图 5.12-3）的安全。广州大道南（西侧）池洛村对开绿化带地面污水主干管埋设位置出现了严重塌陷（图 5.12-4），面积约为 5m²，深度约为 1.5m。

该段管道缺陷情况：该检查井编号 LJDYJ29482＋1～LJDYJ29482＋2 井段

图 5.12-1 平面示意图

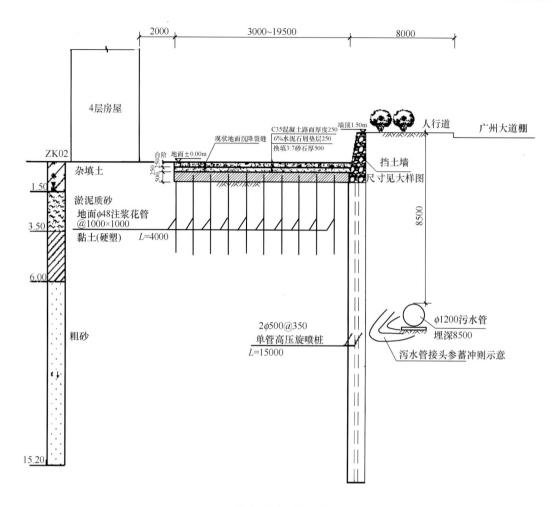

图 5.12-2　剖面图

图 5.12-3　邻近建筑

图 5.12-4　严重塌陷

8m 处，地面塌陷位置管道接口下沉，管道底部接口裂开约 0.15m，大量流沙及地下水流入管道内。检查井编号 LJDYJ29480＋2～LJDYJ29482 井段，污水管道与人行隧道内雨水渠箱相交位置，渠箱底部污水管道标高如波浪式下沉 0.3～0.5m，未发现管道接口裂开现象。编号 LJDYJ29480＋1 检查井往上游 20m 及下游 10m 位置，长约 30m 范围，管道标高如波浪式下沉 0.1～0.25m，未发现管道接口裂开现象。编号 LJDYJ29482＋1 检查井往上游 12.78m 位置处，管道接口渗漏（1 级）。编号 LJDYJ29482 检查井往上游 25.06m 位置处，管道接口渗漏（1 级）；编号 LJDYJ29480 检查井往上游 43m 位置处，管道接口渗漏（1 级）。管道缺陷纵向分布情况见图 5.12-5。

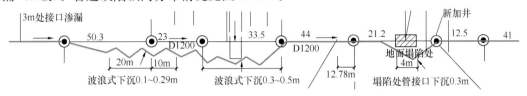

图 5.12-5　管道缺陷纵向分布情况

广州净水公司与郑州大学采用高聚物膜袋注浆与导管注浆结合的聚氨酯复合注浆技术对管道进行了止水、抬升，解决了管道破损、沉降、流沙问题。

第 6 章　翻转式原位固化法修复技术

6.1　技术特点

（1）现场固化内衬修复技术是一种排水管道非开挖现场固化内衬修理方法。将浸满热固性树脂的毡制软管利用注水翻转将其送入已清洗干净的被修管道中，并使其紧贴于管道内壁，通过热水加热使树脂在管道内部固化，形成高强度内衬树脂新管。

（2）现场固化内衬法根据固化工艺可分为：热水、蒸汽、喷淋或紫外线加热固化。根据内衬加入办法可分为：水翻、气翻与拉入。具体主流工艺为：水翻、气翻与拉入蒸汽固化三套。CIPP 纤维树脂翻转法采用水翻热水加热固化技术。

（3）内衬管耐久实用，具有耐腐蚀、耐磨损的优点，可防地下水渗入问题。材料强度大，提高管道结构强度，使用寿命可按实际需求设计，最长可达 50 年。

（4）保护环境，节省资源：不开挖路面，不产生垃圾，不堵塞交通，施工周期短（约1～2d 时间），方便解决临时排水问题，使管道修复施工的形象大为改观，总体的社会效益和经济效益好，已成为排水管道非开挖整体修复的主流。

（5）在排水管道非开挖修复中，通常与土体注浆技术联合使用。

6.2　适用范围

（1）翻转法（含水翻、汽翻）是后固化成型，其适用于管道几何截面为圆形、方形、马蹄形等，管道材质为钢筋混凝土管、水泥管、钢管以及各种塑料管的雨污排水管道。

（2）适用于管径为 150～2200mm 的排水管道、检查井壁和拱圈开裂的局部和整体修理。

（3）适用管道结构性缺陷呈现为破裂、变形、错位、脱节、渗漏、腐蚀，且接口错位宜小于等于直径的 15％，管道基础结构基本稳定、管道线形没有明显变化、管道壁体坚实不酥化。

（4）适用于对管道内壁局部沙眼、露石、剥落等病害的修补。

（5）适用于管道接口处在渗漏预兆期或临界状态时预防性修理。

（6）适用于各种材质检查井损坏修理。

（7）不适用于管道基础断裂、管道破裂、管道节脱呈倒栽式状、管道接口严重错位、管道线形严重变形等结构性缺陷严重损坏的修理。

（8）不适用于严重沉降、与管道接口严重错位损坏的检查井。

6.3　工艺原理

翻转固化工艺一般采用热水或热蒸汽进行软管固化。固化过程中应对温度、压力进行实时检测。热水应从标高低的端口通入，以排除管道里面的空气；蒸汽应从标高高的端口通入，以便在标高低的端口处处理冷凝水。树脂固化分为初始固化和后续硬化两个阶段。当软管内水或蒸汽的温度升高时，树脂开始固化，当暴露在外面的内衬管变得坚硬，且起、终点的温度感应器显示温度在同一量级时，初始固化终止。之后均匀升高内衬管内水或蒸汽的温度直到后续硬化温度，并保持该温度一定时间。其固化温度和时间应咨询软管生产商。树脂固化时间取决于工作段的长度、管道直径、地下情况、使用的蒸汽锅炉功率以及空气压缩机的气量等。

（1）目前主流工艺为水翻、气翻与拉入蒸汽固化 3 种，其工艺原理：

1）水翻所利用的翻转动力为水，翻转完成后直接使用锅炉将管道内的水加热至一定温度，并保持一定时间，使吸附在纤维织物上的树脂固化，形成内衬牢固紧贴被修复管道内壁的修复工艺。特点是施工设备投入较小，施工工艺要求较其他两套 CIPP 简单。

2）气翻使用压缩空气作为动力，将 CIPP 衬管翻转如被修复管道内的工艺，使用蒸汽固化。特点是现场临时施工设施较少，施工风险较小，设备投入成本较高。因为施工过程压力较高，不适用重力管道。

3）拉入蒸汽固化采用机械牵引将双面膜的 CIPP 衬管拖入被修管道，使用蒸汽固化。特点是施工风险小，内衬强度高，现场设备多，准备工艺复杂。

（2）现场固化内衬修复工艺原理为：

1）根据现场的实际情况，在工厂内按设计要求制造内衬软管，然后灌浸热硬化性树脂制成树脂软管，施工时将树脂软管和加热用温水输送管翻转插入辅助内衬管内。

2）翻转完成之后，利用水和压缩空气使树脂软管膨胀并紧贴在旧管内，然后利用循环的方式通过温水循环加热，使具有热硬化性的树脂软管硬化成型，旧管内即形成一层高强度的内衬新管。

6.4　施工工艺流程及操作要求

6.4.1　施工工艺流程（图 6.4-1）

施工工艺流程如图 6.4-1 所示。

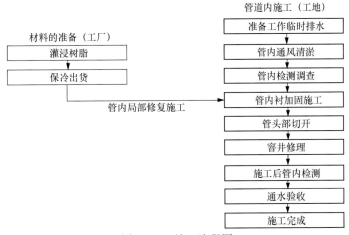

图 6.4-1　施工流程图

6.4.2 工艺操作要求

1. 管道清淤堵漏

封堵管道—抽水清淤—测毒与防护—寻找渗漏点与破损点—止水堵漏（注：堵漏材料采用快速堵水砂浆）。

管道清淤、冲洗后应进行管道 CCTV 内窥检测，管内不能有石头及大面积泥沙淤泥、外露的钢筋、尖锐突出物、树根等必须去除，管道弯曲角度应小于 30°。管道接口之间若有错位，错位大小应在管径的 10% 之内；错口的方向、形状必须明确；管道内壁要基本平整。

2. 钻孔注浆管周形成隔水帷幕和加固土体

在现场固化内衬修复前应对管周土体进行注浆加固，注浆液充满土层内部及空隙，形成防渗帷幕，加强管周土体的稳定，防止四周土体的流失，提高管基土体的承载力，再通过现场固化内衬修复技术进行修理，使排水管道可长期正常使用。

3. 灌浸树脂

（1）根据试验结果决定软管厚度及长度，树脂、固化剂和促进剂的重量。

（2）倒树脂前检查搅拌桶定转及放料阀的状态，在翻转桶及放料口下放置塑料膜避免树脂溅洒到地面，并把待浸料的软管放到放料口处。

（3）所有物品及工具准备好后，开始往搅拌桶内倒入树脂，倒完之后，开始倒固化剂，要缓慢倒入，搅拌均匀 5～10min，然后再倒入促进剂，搅拌 10～20min 进行导料，从放料口放约 1/3 倒入搅拌桶，再搅拌 10min 即可放料。

（4）浸料开始，桶内树脂放完后，用滚筒碾压放至软管内的树脂 3～5 次，树脂碾压均匀即可准备拖入原管道。如果软管较长，可从软管两端放料，分别碾压均匀即可。

（5）树脂灌浸时间应根据无纺布长度确定，一般需要 3h。

4. 现场固化内衬法工艺操作要求

（1）准备工作在施工井上部制作翻转作业台，在到达井内或管道的中间部位设置挡板。要使之坚固、稳定，以防止事故发生，影响正常工作。

（2）翻转送入辅助内衬管为保护树脂软管，并防止树脂外流影响地下水水质，彻底保护好树脂软管，故我们采取先翻转放入辅助内衬管的方法，做到万无一失。要注意检查各类设备的工作情况，防止机械故障。

（3）树脂软管的翻转准备工作在事先已准备的翻转作业台上，把通过保冷运到工地的树脂软管安装在翻转头上，接上空压机等。如果天气炎热，要在树脂软管上加盖防护材料以免提前发生固化反应影响质量。

（4）翻转送入树脂软管在事先已铺设好的辅助内衬管内，应用压缩空气和水把树脂软管通过翻转送入管内。此时要防止材料被某一部分障碍物勾住或卡住而不能正常翻转，如图 6.4-2 所示。

（5）温水加热工作树脂软管翻转送入管内后，在管内接入温水输送管。同时把温水泵、锅炉等连接起来，开始树脂管加热固化工作。此时注意不要接错接口，以免发生热水不能送入等情况，如图 6.4-3 所示。

（6）管头部的切开树脂管加热固化完毕以后，把管的端部用特殊机械切开。同时为了

图 6.4-2　翻转送入树脂软管

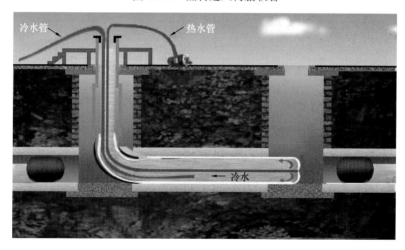

图 6.4-3　温水加热树脂软管

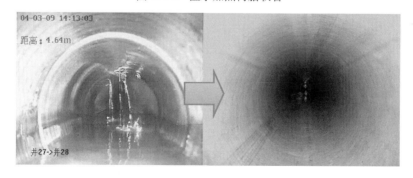

图 6.4-4　修复效果图

保证良好的水流条件，井的底部须做一个斜坡。

（7）检查井修理按照检查井的构造和尺寸，设计加工内衬材料并灌浸树脂，运到工地将其吊入需要修复的检查井内。然后利用压缩空气将材料膨胀后紧贴于井内壁，采用温水循环加热系统使材料固化，在旧井内形成一个内胆，最后将井口切开并安装塑料爬梯后竣工。

(8) 施工后管内检测，为了了解固化施工后管道内部的质量情况，在管端部切开之后，对管道内部进行调查。调查采用电视检测设备，把调查结果拍成录像资料。根据调查结果和拍成的录像，把结果提供给发包方，如图 6.4-4 所示。

(9) 整理和善后工作完成以后，工地现场恢复到原来的状况。

6.5 材料与设备

6.5.1 主要施工材料

(1) 聚酯纤维毡必须符合以下要求：与热固性树脂有良好的相容性；有良好的耐酸碱性；有足够的抗拉伸、抗弯曲性能；有足够的柔性以确保能承受安装压力；翻转时，适应不规则管径的变化或弯头；有良好的耐热性，能够承受树脂固化温度。

(2) 热固化性树脂材料必须符合以下要求：固化后须达到设计强度；具有良好的耐久性、耐腐蚀、抗拉伸、抗裂性；与聚酯纤维毡内衬软管有良好的相容性。

6.5.2 主要施工设备

现场固化内衬修复施工时有些是常规设备，有些则是专用设备，根据施工现场的情况需要进行必要的调整和配套。主要施工设备见表 6.5-1。

表 6.5-1

主要施工设备

序号	机械或设备名称	数量	主要用途
1	电视检测系统	1套	用于施工前后管道内部的情况确认
2	发电机	1台	用于施工现场的电源供应
3	鼓风机	1台	用于管道内部的通风和散热
4	空气压缩机	1台	用于施工时压缩空气的供应
5	温水锅炉	1台	用于内衬材料加热时提供热源
6	温水泵	1台	用于管道内部热水的循环
7	数字式温度仪	2台	用于温水以及管道上、下游材料温度的监测和控制
8	翻转用机械	1台	用于内衬材料翻转施工时的专用机械
9	其他设备	1套	用于施工时的材料切割等需要

6.6 质量控制

6.6.1 执行的规范

(1)《城镇排水管渠与泵站运行、维护及安全技术规程》CJJ 68—2016。

(2)《城镇排水管道检测与评估技术规程》CJJ 181—2012。

(3)《城镇排水管道非开挖修复更新工程技术规程》CJJ/T 210—2014。

6.6.2　施工质量控制

（1）内衬新管内壁检测必须符合下列要求：表面无鼓胀，无未固化现象；表面不得有裂纹；表面不得有严重的褶皱与纵向棱纹。

（2）内衬新管端部切口与井壁平齐，封口不渗漏水。

（3）内衬新管实测实量应符合下列要求：内衬新管厚度应符合《城镇排水管道非开挖修复更新工程技术规程》CJJ/T 210—2014 或设计要求；内衬新管厚度检测位置，应避免在软管的接缝处，检测点为内衬新管圆周均等四点，取其平均值；内衬新管设计厚度 $t \leqslant 9$ mm时，厚度正误差允许为 0～20%，内衬新管设计厚度 $t > 9$ mm 时，厚度误差允许为 0～25%。

（4）内衬新管取样试验应符合下列要求：采样数量以每一个工程取一组试块，每组 3 块。单位工程量小于 200m 时，根据委托方的要求进行；试块一般在施工现场直接从内衬新管的端部截取。受现场条件限制无法截取时，可以采用和施工条件同等的环境下制作的试块。

（5）试块结构性能必须符合表 6.6-1、表 6.6-2 的要求。

原位固化法内衬管的短期力学性能的测试应按表 6.6-1 和表 6.6-2 中的规定进行，并满足其规定的要求。内衬管的长期力学性能应根据业主的要求进行测试，不应小于初始性能的 50%。

不含玻璃纤维原位固化法内衬管的初始结构性能要求　　　　表 6.6-1

性　能		测试依据标准
弯曲强度（MPa）	＞125	GB/T 9341—2008
弯曲模量（MPa）	＞8000	GB/T 9341—2008
抗拉强度（MPa）	＞80	GB/T 1040.2—2006

注：本表只适用于原位固化法内衬管的初始结构性能的评估。

带玻璃纤维的原位固化法内衬管的初始结构性能要求　　　　表 6.6-2

性　能		测试依据标准
弯曲强度（MPa）	＞125	GB/T 1449—2005
弯曲模量（MPa）	＞8000	GB/T 1449—2005
抗拉强度（MPa）	＞80	GB/T 1040.4—2006

注：本表只适用于原位固化法内衬管的初始结构性能的评估。

（6）内衬新管竣工验收技术资料：聚酯纤维毡、热固性树脂应有质量合格证书及试验报告单，并应在符合储存条件保质期内使用；施工前后排水管道电视检测录像资料；内衬新管厚度实测实量资料；内衬新管试块测试资料等。

6.6.3　验收文件和记录

验收文件和记录见表 6.6-3。

验收文件和记录　　　　表 6.6-3

序号	项目	文件
1	设计文件	设计图及会审记录，设计变更通知和材料规格要求
2	施工方案	施工方法、技术措施、质量保证措施

续表

序号	项目	文件
3	技术交底	施工操作要求及注意事项
4	材料质量证明文件	出厂合格证,产品质量检验报告,试验报告
5	中间检查记录	分项工程质量验收记录,隐蔽工程检查验收记录,施工检验记录
6	施工日志	—
7	施工主要材料	符合材料特性和要求,应有质量合格证及试验报告单
8	施工单位资质证明	资质复印件
9	工程检验记录	抽样质量检验及观察检查
10	其他技术资料	质量整改单,技术总结

6.7 安全措施

6.7.1 安全总则

(1)施工安全要符合国家现行标准《建筑施工安全检查标准》JGJ 59—2011 的有关规定。

(2)管道修复施工应符合《城镇排水管道维护安全技术规程》CJJ 6—2009 和《城镇排水管渠与泵站运行、维护及安全技术规程》CJJ 68—2016 的规定。

(3)施工机械的使用应符合《建筑机械使用安全技术规程》JGJ 33—2012 的规定。

(4)施工临时用电应符合《施工现场临时用电安全技术规范》JGJ 46—2005 的规定。

(5)操作人员必须经过专业培训,熟练机械操作性能,经考核取得操作证后上机操作。

6.7.2 安全操作要点

(1)管道内清洗宜采用高压水射流进行,必要时辅以清洗剂,清洗产生的污水和污物应满足《污水排入城镇下水道水质标准》GB/T 31962—2015,否则须从检查井内排出做专项处理,并按国家现行行业标准《城镇排水管渠与泵站运行、维护及安全技术规程》CJJ 68—2016 的规定执行。

(2)清除管道内影响修复施工的障碍时宜采用专用工具进行;若范围较大或较难清除,则可采用局部开挖方式进行。

(3)管道内清洗后,应对影响修复施工的缺陷进行修补处理。

(4)对于管道变形或破坏严重、接头错位严重以及漏水严重的部位,还应采用钻孔注浆法等方法进行管道外土体加固、改良。

(5)整体修复时,在内衬管穿插、拉入、推入前,应采用一个与内衬管外径相同、材质相同、长度不小于3m的试穿管段进行试通,并检测试穿管段表面损伤情况,划痕深度不应大于内衬管壁厚的10%;若待修复管道允许有一定错台时,应征求设计意见,改用与内衬管外径相同、材质相同、内充压力的球体进行试通。

6.8　环保措施

6.8.1　规范及标准

翻转施工过程中，环境保护严格执行《中华人民共和国环境保护法》的规定，严格按设计文件、环境保护的要求及建设单位的有关管理要求处理施工中的弃渣，并执行下列规范标准：

(1)《建筑工程绿色施工评价标准》GB/T 50640—2010。

(2)《建设工程施工现场环境与卫生标准》JGJ 146—2013 等。

6.8.2　场地布置与管理

(1) 认真布置好施工现场规划，场内应整齐，紧凑有序。机械设备应归类并整齐停放，材料物资应分类并及时入库或存放在指定位置。

(2) 对进出工地的车辆进行冲洗，保持道路干净、整洁，努力减少施工期间对行人和车辆通行影响。

6.8.3　噪声及振动控制

(1) 严格控制各种施工机具（如发电机、喷涂机、吸污车、管道干燥机、鼓风机等）的噪声。

(2) 如有必要使用发电机应尽量设置在远离民居的地方，并采用密闭形式，设置消声装置，减少对两侧居民的噪声和废气污染。

(3) 切割机、空压机等噪声源设备在使用过程中，严格采取有效的隔声措施，并将噪声源作单独的围闭隔离。

(4) 严格执行相关夜间施工规定，尽量减少夜间施工，若为加快施工进度或其他原因必须安排夜间施工的，须采取措施尽量减少噪声。教育施工人员不准喧哗吵闹，减轻对附近居民的影响。

(5) 当施工振动（发电机运转、潜水泵调水、喷涂机工作等施工振动）对敏感点有影响时，应采取隔振措施。

6.8.4　空气污染控制

(1) 施工车辆尾气排放满足环保部门的排放标准才能准许使用。

(2) 施工内燃机械遵照国家要求进行年审，废气检测合格后才可投入使用。应定期进行检查、维护以及维修工作，防止超标尾烟排放。

(3) 严禁在施工现场焚烧任何废弃物和会产生有毒有害气体、烟尘、臭气的沥青、垃圾及废物。

(4) 对便道和场外主要道路定期洒水，降低车辆经过时造成的灰尘在空气中飞扬。

(5) 合理组织施工、优化工地布局，使产生扬尘的作业、运输尽量避开敏感点和敏感时段。

6.8.5 水质污染控制

（1）施工废水须经现场废水处理系统处理合格后排放。

（2）禁止排放施工油污，溢漏油污立即采取措施处理，避免或者降低污染损害。

（3）排水导流措施应满足原污水管道的通水能力，工地排放的污水、废油等经过处理符合排放标准后排入市政排水管道，严禁有害物质污染土地和周围环境。

6.8.6 固体废弃物处理

（1）对可再利用的废弃物尽量回收利用。各类垃圾及时清扫，不随意倾倒。

（2）保持施工区和生活区的环境卫生，在施工区设置临时垃圾收集设施，防止垃圾流失，定期集中处理。

（3）教育施工人员养成良好的卫生习惯，不随地乱丢垃圾、杂物，保持工作和生活环境的整洁。

（4）严禁垃圾乱倒、乱卸或用于回填。各类生活垃圾按规定集中收集，每班清扫、每日清运。

（5）施工场地内的淤泥、弃土和其他废弃物等及时清除运输至指定地点，做到施工期间现场整洁。运土车辆要采用篷布覆盖，防止泥土撒落。进出工地时，进行冲洗，保持道路干净、整洁。施工任务完成退场时，彻底清除必须拆除的临时设施。

6.9 效益分析

翻转法管道内衬技术的优势有：作业坑小，造价低，施工周期短，对周边影响小，无污染；对管道变形和清管要求不高；内衬层薄；在管道错口处、弯头处也可施工；线膨胀系数接近钢质管道；可提高输送量和输送压力、减缓结垢等。按美国 NACE 的相关质量检验标准，在施工过程中对内衬材料造成的划痕深度不能超过管道壁厚 10％。而开挖技术的优点是施工简单，它适用于地表开阔、无任何障碍物以及在确保不会影响交通的条件下进行。然而在大多数情况下，开挖施工法妨碍交通、破坏环境、影响市民生活；另外，开挖道路过程中地下管线被挖断的事故时有发生，经济损失巨大。以上诸多原因使开挖技术越来越受到来自经济和环境方面的压力。而现场固化内衬法修复地下管道，具有施工时间短、设备占地面积小、内衬管耐久实用和保护环境节省资源等优点。工程实例的施工现场并不具备采用大开挖工艺来修复地下管道的条件，所以说，现场固化内衬修复技术不仅在经济效益上具有优越性，在社会效益上的效果也十分明显（表 6.9-1）。

翻转法修复技术与其他技术比较 表 6.9-1

项 目	翻转修复技术	传统换管技术	塑料管穿插技术
施工费用	小于 60％	100％（含拆迁费）	70％左右
施工时间	小于 50％	100％	70％左右
施工范围	定点开挖作业坑	全线开挖	定点开挖大作业坑

续表

项　目	翻转修复技术	传统换管技术	塑料管穿插技术
施工设备	施工器具少	大型设备多	有大型机具
施工材料	可在施工当日进入现场	占用现场时间长	占用现场时间短
使用寿命	30 年以上	平均 20 年	30 年以上
对周边环境影响	小	大	较大
适用管径	$DN50$，但 $DN300$ 以上经济性更好	各类管径	$DN500$ 以下
一次施工长度	长	较长	较短
适用管材	各类管材	各类管材	各类管材
工程意外	无	易损坏其他交叉管线	无
环境污染	无	尘土、噪声破坏植被	较少

目前，单从施工成本上来看，现场固化内衬修复技术与大开挖修复技术相比成本较高，但是从施工时间和对社会产生的影响来看，现场固化内衬修复技术具有很大的优势，它对交通、环境、生活和商业活动造成的干扰和破坏远远小于大开挖修复技术，有利于社会的可持续发展。随着该技术不断地被广泛采用，其成本也会逐步下降，该技术的经济效益和社会效益必将会进一步得到认可，也将会给市政管道的养护、维修和管理带来更多的便利。

6.10　市场参考指导价

管道水翻技术市场参考指导价见表 6.10-1。

管道水翻转修复参考指导价　　　　　　　表 6.10-1

管径 (mm)	200	300	400	500	600		700	800	900		1000
参考价格 (元/m)	1461.77	1833.65	2236.57	2460.2	3093.78	3951.93	4347.1	4817.32	5299	5918.96	6447.63	6747.6	6976.30	7673.93
参考厚度 (mm)	4 (标准)	6 (标准)	6 (标准)	8	7.5 (标准)	7	9 (标准)	7	9 (标准)	12 (标准)	13.5	12 (标准)	10	14 (标准)

注：上述修复单价不含管道清淤、堵水、降水、检测等措施费用，措施费用根据不同现场情况计算。

6.11　工程案例

6.11.1　上海浦建路（杨高南路—杜鹃路）污水管道修复与加固工程

1. 工程概况

上海浦东新区浦建路位于杨高南路和内环线之间，是内环线内车辆通向沪南路的交通要道，日常有公交车和大量的社会车辆通行。同时，该道路地下埋设有排水管道、自来水管、通信管、天然气管等城市的基础设施。为此，维护好该道路的管道设施，保证道路交通的畅通是一项重要工作。

2010 年上海市公路管理署对位于该道路的直径 $\phi1400$ 排水管道实施了电视检测,发现管道内发生腐蚀现象,尤其是顶部宽约 30cm 处,由于受到腐蚀性气体的影响,出现严重的混凝土剥离和钢筋外露生锈等现象。根据相关标准判断得到,该污水管道的修复指数达到严重的 3 级。为此,需要对腐蚀破损非常严重的约 1km 管段进行紧急修复。

2. 修复技术方案比选

浦东新区的道路及管道设施伴随着新区的建设有很快的发展,目前,局部的排水管道逐渐进入了老龄化。本次需要修复的浦建路 $\phi1400$ 排水管道埋深约 5m,建设于 20 世纪 90 年代中期,有将近 20 年的使用年数。

该管道从沪南泵站出发至杜鹃路污水干管,是污水泵站的污水输送管。由于污水泵出水污水喷涌出来时,散发出大量的硫化氢(H_2S)气体,并在和空气接触后氧化成二氧化硫(SO_2)、三氧化硫(SO_3)等腐蚀性很强的气体,并与碱性的混凝土管壁起中和反应,引起严重的表面腐蚀,造成了浦建路管道表面的混凝土表层剥落、钢筋外露等问题。

建设单位组织对设计部门提出来的开槽重排修复、钢管内衬修复和翻转法内衬修复的三个方案,从交通影响、施工工期、经济效益和社会效益等多方面进行了综合分析和比较(表 6.11-1)。由于该道路交通繁忙,情况复杂,采用大开挖实施翻挖重新排管必将对周围交通以及生活环境造成重大影响。非开挖钢管内衬施工周期长,在管道内部焊接作业时的质量无法得到保障,CIPP 翻转法内衬修复在管径 $\phi1000$ 以下的小型管道中有很多业绩,但在上海周边用于大管径的成功案例不多。

修复方案的分析比较表 表 6.11-1

方案名称	开槽重排方案	钢管内衬方案	翻转法内衬方案
施工方法说明	在管道的原有位置采用打钢板桩,然后采用大开挖,置换被腐蚀破损的旧管道	打开检查井顶板将钢管管片吊入井内逐片推入管道内部,实施拼装焊接成钢管	利用原有检查井将内衬材料翻转进入旧管后实施加热固化形成连续内衬新管
对交通的影响	需要占据道路 3 条车道,十字路口开挖时对交通影响更大	需要挖开井顶板,堆放材料等占用 2 条车道,对交通影响大	只需要在翻转施工的检查井周边占用 1 条车道,影响小
施工工期	工期较长	工期最长	工期较短
社会经济效益比较	对道路交通影响大,大开挖带来的施工形象和社会效益不好,施工费用与其他相似	管道内部焊接作业的安全和施工质量难以保证,工期长,施工费用与其他相似	对道路交通影响小,施工质量可控,工期短社会效益好,费用与其他相似
比较结果	不采用	不采用	试验段实施

经比选确定:埋深 3m 左右、管径为 1400mm、地下水位-1.0m 以下的该段污水混凝土管,采用翻转法 CIPP 修复工艺,内衬管壁厚设计为 16mm,防腐加固修复长度为 1.41km,工期为 80d。

3. 翻转法内衬修复的施工

（1）管道腐蚀部分预处理

针对管道表面出现的严重腐蚀现象，为了确保 CIPP 翻转法内衬施工前管道内部的平整，并确保原有混凝土管道的强度，需要采用砂浆找平预处理的技术，对腐蚀严重处，尤其是钢筋外露生锈部分进行先期修复，主要步骤如下：

1）采用高压水冲洗车实施冲洗，去除表层污染物。

2）对管道内部腐蚀严重的部位以及因腐蚀而强度降低的表层，采用铁制工具进行敲击剥离处理，露出强度较高的混凝土内层材料。

3）采用具有和混凝土同等强度的快速水泥砂浆，对腐蚀凹陷处进行找平处理，把腐蚀严重和混凝土表面脱落的部位进行表面恢复。这样，可以在增加钢筋的混凝土覆层厚度、提高混凝土管道强度的同时，也使得老管恢复至圆形的状态，确保管道翻转法内衬达到预期的修复效果。

进行预处理前的管道内部情况如图 6.11-1 所示，实施预处理的施工情况和找平处理后的管道内部情况如图 6.11-2 所示。

图 6.11-1　预处理前的管道内部情况　　图 6.11-2　预处理和找平处理后的管道内部情况

在事先已准备的翻转作业台上，把通过保冷运到工地的树脂软管安装在翻转头上，在事先已铺设好的辅助内衬管内，应用压缩空气和水的压力把树脂软管通过翻转送入管内。然后，在管内接入温水输送管。同时把温水泵、锅炉等连接起来，开始对内衬管的加热固化工作。

施工的加热温度是根据工地的气温、管内温度、内衬管的厚度等条件决定。施工的材料加热分三个阶段：第一阶段为升温至 63℃，保温时间为 2h；第二阶段升温至 83℃，保温时间 2h 以上。由于管道直径相对较大，所以升温时间比较长，保温时间也定在了 6～8h；第三阶段的温水泵循环冷却为 30min。工地上采用数字式温度计对管道内衬施工时温度进行了全程检测，确保材料完全固化，达到修复管道的目的。修复施工过程见图 6.11-3～图 6.11-6。

（2）内衬施工后的质量检测

为了对内衬修复后管内的外观情况进行确认，施工结束后，用 CCTV 电视检测设备对内衬管进行外观进行检测。施工监理人员也直接下井进行实地质量检验。经过对内衬管道表面的检测，发现内衬管内部的整个被修复区域光滑连续，无剥落，无凹凸和流通堵塞现象，内衬修复结果良好（图 6.11-7、图 6.11-8）。

图 6.11-3　管道内毒气检测

图 6.11-4　内衬修复的材料运抵工地

图 6.11-5　内衬翻转施工

图 6.11-6　管道内衬材料加热固化

图 6.11-7　采用 CCTV 检测设备实施检测和录像

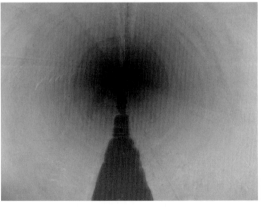

图 6.11-8　内衬修复后的管道内部效果

工程完工后监理单位对管道现场分组取样，每300m采样1组，每组5块样品，共5组，送建设工程质量检测站检测弯曲强度、弯曲弹性模量和第一裂缝时弯曲应力，检测结果分别为59.20 MPa、3280MPa和59.20MPa，符合要求。管道预防性加固后可确保管道正常使用30年以上。

6.11.2 上海北翟路DN1500管道修复工程CIPP翻转法施工

1. 工程概况

北翟高架路道路改建工程外环河西桥新建工程在基础施工时对位于施工范围内的北翟路W30-W31段DN1500污水管道造成一定影响。如果继续施工可能对管道造成较严重损坏，因此需要对该段管道进行加固或更新处理。

2. 修复技术方案确定

因外环河西桥桩位置在DN1500污水管两侧，该污水管道紧邻地铁2号线并受其制约，如果采用顶管改道重建的话，工作井深基坑工程和顶管如施工不当或以后该管道运行中出现质量问题，会给地铁2号线带来运行安全事故，故改道有较大风险。又因附近地下管线众多，施工区域附近道路交通繁忙等诸多原因，规划部门出具意见是不具备管道搬迁的可能性。最终考虑到荷载增加、地面震动、后续维护困难等各种因素，经相关部门讨论研究，决定采用CIPP翻转法非开挖修复技术对原有的DN1500污水管道进行保护性加固修复，以加强管道的整体强度，提高管道的抗沉降能力，确保管道运行安全。

采用翻转法CIPP技术方案参数，设计最大临排污水流量为1.1m³/s，设计计算的内衬壁厚为21mm，预防性加固180m的DN1500污水干管，工期20d，于2014年6月完成，管道加固后的水力复合结果显示管道流速增加13.4%，过流能力增加4.3%。

3. 施工中主要技术关键、难点及采取措施及执行情况

（1）工期紧，防汛排水要求高

此段施工的北翟路W30-W31井位于北翟路污水总管，要进行翻转施工首先要对此段DN1500管道进行架设临排临泵的施工措施，又因施工日期在6月份，即将进入汛期，故对施工工期的要求高。一旦施工进度缓慢进入汛期，临泵的排水量在遇到暴雨等情况下会产生冒溢情况，井下作业危险性会大大增加。

为了确保工期及施工安全，经业主多次召集，监理、总包等各单位积极参与召开了多次的施工协调会，对临排及CIPP翻转施工的方案进行了多次修改，节约了工期，确保了施工安全。

（2）井下作业危险性大，安全要求高

因本工程施工条件限制，原本计划在W30及W31两个井的上、下游井内进行管道封堵，现改为在W30及W31两个井内进行堵墙砌筑，而此方案造成的危险性在于一旦排水量增加，临泵运行故障等因素发生，会产生污水冒溢，污水会翻过堵墙进入施工段管道内，对管道内的人员造成危险。同时，又因此管道为污水管道，长年累积的淤泥会产生大量的硫化氢气体，也会对施工人员造成生命危险。

故考虑到以上种种危险性，在施工前对施工人员进行三级安全教育，特殊工种进行报审并随时检查持证上岗等。施工过程中做好下井作业票，要求施工人员现场佩戴安全防护用品。同时积极做好监理提出的安全整改要求，保证施工安全。

（3）CIPP 翻转长度长，口径大，对质量要求高

该段翻转施工长度达到 179m，口径为 1500mm，长度和口径在翻转施工法上属于超长超大，对材料制作和运输、施工环境温度等要求均很高，在国内也很少有此类工程。所以这次在施工前，为了确保顺利进行，保证施工质量，在原材料、管材制作、运输、施工等各个环节进行了质量控制。例如在运输过程中，由于翻转材料对温度要求高，在工厂制作完成到运输至现场的这段时间内为了将温度降低，保证材料不发生化学反应，首先对管材制作厂到施工工地现场的路线进行了仔细选择并进行了试验，得出了运输的具体时间；其次，运输过程中在材料中加入大量冰块，保证温度不会上升；再次，在材料制作环节针对现场的运输距离、时间、温度等各方面因素改进了固化剂的配比，使固化时间能与施工现场的实际情况相互配合；最后，施工的时间根据几天以来的天气预报温度选择气温最低的时间段进行施工。

（4）质量检验

工程完工后监理单位分别对管道两端取样，每段分别采样 1 组，每组 5 块样品，共 10 块，送建设工程质量检测站检测弯曲强度、弯曲弹性模量和发生第一裂缝时的弯曲应力，检测结果分别为 69.2MPa、3.71GPa 和 69.2MPa，符合要求。管道预防性加固后可确保管道正常使用 30 年以上。

第7章 拉入式紫外光原位固化法修复技术

7.1 技术特点

（1）该工艺适应于非圆形管道和弯曲管道的修复，可修复的管径范围为 $DN150\sim$ $DN1500$。一次修复最长可达 200m，可在一段内进行变径内衬施工。

（2）该工艺的施工过程无须开挖，占地面积小，对周围环境及交通影响小，在不可开挖的地区或交通繁忙的街道修复排水管道具有明显优势。

（3）该工艺施工时间短，管道疏通冲洗后内衬管的固化速度平均可达到 1m/min，修复完成后的管道即可投入使用，极大减小了管道封堵的时间。

（4）该工艺形成的内衬管强度高，壁厚小，与原有管道紧密贴合，加之内衬管表面光滑、没有接头、流动性好，极大减小了原有管道的过流断面损失。Luke S. Lee 和 Michael Baumert（2008）通过计算安全可靠度的方法对玻璃纤维增强材料管道修复后的长期性能进行了评估，结果表明用玻璃纤维增强材料修复管道的安全性和质量与用钢管进行修复的相当。德国产的玻璃纤维内衬材料固化后的初始弹性模量可达 12000MPa，而普通 PE 管的弹性模量为 800MPa，仅相当于玻璃纤维内衬材料的 1/15。

（5）内衬管壁厚 3～12mm。

（6）该工艺修复后的使用年限最少可达到 50 年。

总之，紫外光固化技术相对于传统的热固化工艺，其内衬管刚度大，相同荷载情况下所用内衬管壁厚较小；固化时间短，随着紫外线光源逐渐向前移动，内衬的冷却也随后连续发生，降低了固化收缩在内衬管内引起的内应力；紫外光固化设备上可以安装摄像头，以便实时检测内衬管固化情况；紫外光固化工艺中不用考虑排水管道端口断面高低引起的固化起始端的问题；固化工艺中不产生废水。

7.2 适用范围

（1）紫外光固化内衬修复工艺对待修复管道的长度无限制，可在施工过程中根据待修复管道实际长度进行灵活裁切。

（2）光固化内衬修复工艺主要适用于管径在 150～1600mm 的管道。如管道内径小于 150mm，则受管道内部空间限制，无法进行本工艺的施工；如管道内径大于 1600mm，受内衬材料设备生产能力限制。

（3）光固化内衬修复工艺适用于对多种类型的管道缺陷进行修复，包括管道坍塌、变形、脱节、渗漏、腐蚀等。如管道内部出现大量坍塌、变形等缺陷时，则需要在进行全内衬修复之前，先采用铣刀机器人、扩孔头、点位修复器等辅助设备进行点位辅助修复处理，因此施工进度相对会慢于直接进行全内衬修复的管段。

7.3 工艺原理

紫外光固化是在 20 世纪 90 年代进入市场的。目前紫外光灯链主要采用水银蒸汽灯泡，其波长一般在 200～400nm 范围内。紫外光固化（UV 固化），是指在强紫外光线照射下，体系中的光敏物质发生化学反应产生活性碎片，引发体系中活性单体或低聚物的聚合、交联，从而使体系由液态涂层瞬间变成固态涂层。紫外光固化材料基本组分：光引发剂、低聚物、稀释剂以及其他组分。

光引发剂受光照射时从基态跃迁到激发态而产生化学分解，生成碎片（自由基、离子）。其分为：自由基引发剂、紫外光引发剂、阳离子引发剂和可见光引发剂。自由基引发剂又分为均裂型（苯乙酮衍生物）和提氢型（二苯甲酮/叔胺）。

低聚物是含碳-碳不饱和双键的低分子化合物。包括环氧丙烯酸酯、丙烯酸氨基甲酸酯、聚酯丙烯酸酯、聚醚丙烯酸酯、不饱和聚酯、乙烯基树脂/丙烯酸树脂、多烯/硫醇体系。

稀释剂（单体）是含碳-碳不饱和双键的可聚合单体（丙烯酸酯单体为主）。其分为：单官能单体（$f=1$）（如丙烯酸丁酯）、双官能单体（$f=2$）（如己二醇双丙烯酸酯）、多官能单体（$f>2$）（如三羟甲基丙烷三丙烯酸酯）。

紫外光固化原理图如图 7.3-1、图 7.3-2 所示。

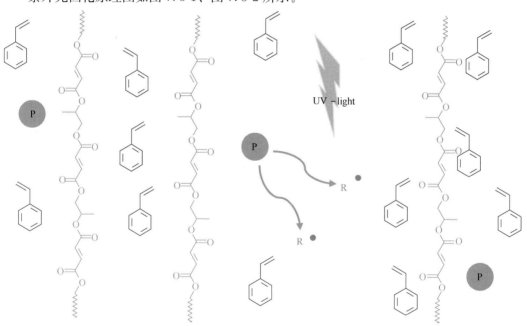

图 7.3-1 紫外光固化原理图一

紫外光固化树脂体系相对于热固性树脂体系具有明显的优点：固化区域定义比较明确，仅在紫外光灯泡照射区域；固化时间短，随着紫外线光源逐渐向前移动，内衬的冷却也随后连续发生，从而降低了固化收缩在内衬管内引起的内应力；紫外光固化设备上可以安装摄像头，以便实时检测内衬管固化情况；紫外光固化工艺中不用考虑排水管道端口断

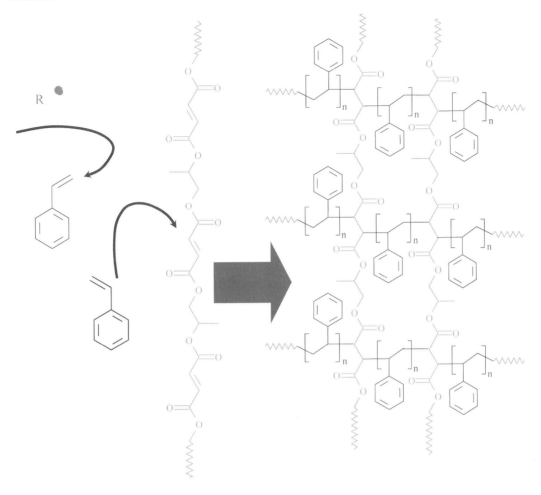

图 7.3-2　紫外光固化原理图二

面高低的问题；固化工艺中不产生废水。但由于内衬管外表面紫外光接收比较少，因此固化效果也相对内表面较差。目前紫外光固化内衬管的最大厚度一般是 3～12mm；固化的平均速度为 1m/min。

内衬管道由内管和外管组成双层构造（三明治结构）（图 7.3-3、图 7.3-4），S 内衬材料弹性模量至少可达到 12000N/mm^2，固化方法为紫外线。

图 7.3-3　玻璃纤维编织带

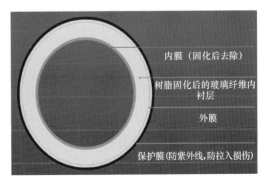

图 7.3-4　紫外光固化内衬管结构示意图

97

紫外光固化技术是原位固化技术的一种。采用此工艺修复过程中，将渗透树脂的玻璃纤维，从检查井口通过专业人员、专用设备拉入所要修复的管道内部，封闭两端管口，在此玻璃纤维内衬管内充压缩空气，再采用紫外线车自动化控制设备进行照射（图7.3-5）。严格控制下仅用3～4h，即可达到修复管道的目的，最终将玻璃纤维管两端封口切除，此段管道便可正常排水。

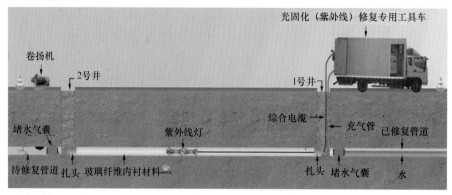

图7.3-5　紫外光固化内衬修复示意图

7.4　施工工艺流程及操作要求

7.4.1　施工工艺流程

紫外光固化内衬修复工艺流程见图7.4-1。

7.4.2　操作要求

1. 对管道进行预处理〔其中第（2）～（4）步根据原管情况确定是否进行〕

（1）上游抽水、堵水或调水，对管道进行清洗。

（2）确定管外覆土的种类，分析变形内凹处原管道切割后是否会引起塌陷。

（3）管道铣刀机器人切除管内脆裂管片，利用液压扩张器和各种尺寸挤压扩头对管内侧塌陷变形位置进行复位，直至挤扩器通过。

（4）确定外壁不完整管段位置，在管壁不完整的管段衬入钢管。

2. 内衬管制做

（1）玻璃纤维软管制作

软管制作方法根据树脂浸胶工艺不同而不同，目前市场上主要有两种浸胶工艺：一种是通过浸胶槽进行浸胶；另一种是通过抽真空碾压的工艺进行浸胶。前者要求先将玻璃纤维布折叠包裹内膜然后缝制成管道形状，最后通过浸胶槽浸胶，然后再将外膜及紫外光防护膜包裹在外面；后者要求先将紫外光防护膜、外膜，玻璃纤维布包裹在内膜上制成干料，然后再通过抽真空灌浆，并通过滚轴挤压使得浸胶均匀。

玻璃纤维软管制作材料要求如下：

1）软管可由单层或多层聚酯纤维毡或同等性能的材料组成，并应与所用树脂兼容，且应能承受施工的拉力、压力和固化温度。

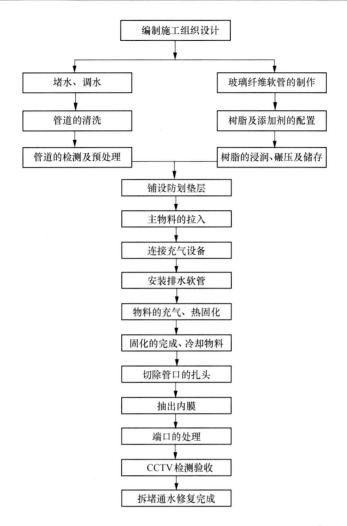

图 7.4-1 紫外光固化内衬修复流程图

2) 软管的外表面应包覆一层与所采用的树脂兼容的非渗透性塑料膜。

3) 多层软管各层的接缝应错开，接缝连接应牢固。

4) 软管的横向与纵向抗拉强度不得低于 5MPa。

5) 玻璃纤维增强的纤维软管应至少包含两层夹层，软管的内表面应为聚酯毡层加苯乙烯内膜组成，外表面应为单层或多层抗苯乙烯或不透光的薄膜。

6) 软管的长度应大于待修复管道的长度，软管直径的大小应保证在固化后能与原有管道的内壁紧贴在一起。

（2）树脂及添加剂配置

紫外光固化树脂主要采用不饱和聚酯树脂或乙烯基树脂为基础树脂，然后通过添加光引发剂以及相关辅助材料进行配置。根据不同应用环境、浸胶工艺、软管厚度，树脂的配方有所区别。一般污水环境主要适用于不饱和聚酯树脂体系，而化学管道修复则宜用乙烯基树脂体系；根据浸胶工艺的不同应考虑增稠剂的类型及添加量；不同厚度的软管应考虑引发剂的类型及添加量。树脂配方制作过程中应满足软管的存储运输。

（3）储存运输

紫外光固化内衬软管应至少能够保证半年的储存期。运输过程中应遮光包装放置在定制的木箱内；天气较热时应在包装箱内防止冰块或其他制冷材料，避免运输过程中软管提前固化。

3. 管道紫外光固化修复

（1）拉入底膜、安装牵拉限制滑轮。拉入软管之前应在原有管道内铺设垫膜，并应固定在原有管道两端，垫膜置于原有管道底部，且应覆盖大于1/3的管道周长。底膜作用是防止内衬软管在拉入旧管时与管底摩擦，保护衬管不受损害。

（2）软管折叠、平整拉入原有管道。软管的拉入应符合下列规定：

1）应沿管底的垫膜将浸渍树脂的软管平稳、缓慢地拉入原有管道，拉入速度不得大于5m/min。

2）拉入软管过程中，不得磨损或划伤软管。

3）软管的轴向拉伸率不得大于2%。

4）软管两端应比原有管道长出300～600mm。

5）软管拉入原有管道之后，宜对折放置在垫膜上。

（3）捆绑扎头。

（4）充气膨胀软管。软管的扩展应采用压缩空气，并应符合下列规定：

1）充气装置宜安装在软管入口端，且应装有控制和显示压缩空气压力的装置。

2）充气前应检查软管各连接处的密封性，软管末端宜安装调压阀。

3）压缩空气压力应能使软管充分膨胀扩张紧贴原有管道内壁，压力值应咨询软管生产商。

（5）安装紫外光灯（根据管径选择不同型号灯架）。

（6）紫外光灯架放入软管内、牵拉至管道另一端。

（7）依次打开紫外光灯、回拉灯架。

（8）固化完后卸掉扎头、回拉内膜。采用紫外光固化时应符合下列规定：

1）应根据内衬管管径和壁厚合理控制紫外光灯的前进速度。

2）紫外光固化的过程中内衬管内应保持一定的空气压力，使内衬管与原有管道紧密接触。

3）树脂固化完成后，应缓慢降低管内压力至大气压。

4）应详细实时地记录固化过程中管内压力、温度和紫外线光发生装置的巡航速度等参数，并提供固化前后过程的影像资料。

（9）端口切割平整、密封内衬管与原有管道间的空隙。

（10）闭气试验（图7.4-2）或闭水试验。

图7.4-2 闭气试验

7.5 材料与设备

7.5.1 材料要求

材料采用定制的浸润树脂作为内衬管道材料，钢管作为临时使用辅助材料。软管的横向与纵向抗拉强度不得低于 5MPa。

热固化性树脂材料必须符合：固化后须达到设计强度；具有良好的耐久性、耐腐蚀、抗拉伸、抗裂性；与聚酯纤维毡内衬软管有良好的相容性。

7.5.2 主要施工设备

采用的机械设备见表 7.5-1。

施工机械设备配置计划表　　　　　　　　　　　　表 7.5-1

序号	设备名称	规格、型号	数量（台）	备注
1	电视检测系统	SINGA	1	管道检测
2	泥浆泵	56L/min、YBK2-112M-4	2	清淤
3	潜水泵	100SQJ2-10、2m³/h	2	调水
4	鼓风机	T35、1224m³/h	2	管道通风
5	紫外光固化车	—	1	内衬管固化
6	切割设备	—	1	切割内衬管材
7	注浆机	C-999	1	渗水堵漏、土体加固
8	提升机	TL10	1	运输污泥和设备

7.6 质量控制

7.6.1 执行的规范

（1）《城镇排水管渠与泵站运行、维护及安全技术规程》CJJ 68—2016。

（2）《城镇排水管道检测与评估技术规程》CJJ 181—2012。

（3）《城镇排水管道非开挖修复更新工程技术规程》CJJ/T 210—2014。

（4）《城镇排水管道非开挖修复工程施工及验收规程》T/CECS 717—2020。

7.6.2 施工质量控制

（1）内衬软管在储存、运输过程中应保持在厂家要求的温度下不会受到阳光照射。

（2）扎头应捆扎牢固。

（3）充气时每分钟加压 10MPa，当气压达到 100MPa 时，每分钟加压 50MPa，当气压到达 200MPa 时保压 40min，同时做好紫外线固化准备。

（4）初始固化阶段紫外线灯行走速度宜控制在 0.2～0.3m/min。软管固化过程中应观察控制台显示屏的紫外灯架行走里程并留意线缆标记。当紫外灯架距离终点 0.5m 时，紫外灯行走速度控制在 0.2～0.3m/min。

（5）紫外线固化速度应按规定进行控制，修复过程中通过安装在紫外线前端的 CCTV 监控测点温度，随时调整温度。如有意外，及时停止进行处理。

（6）原位固化法内衬管的短期力学性能的测试应按表 7.6-1 和表 7.6-2 中的规定进行，并满足其规定的要求。内衬管的长期力学性能应根据业主的要求进行测试，不应小于初始性能的 50％。

不含玻璃纤维原位固化法内衬管的初始结构性能要求　　　　　　　　表 7.6-1

性　能		测试依据标准
弯曲强度（MPa）	＞125	GB/T 9341—2008
弯曲模量（MPa）	＞8000	GB/T 9341—2008
抗拉强度（MPa）	＞80	GB/T 1040.2—2006

注：本表只适用于原位固化法内衬管的初始结构性能的评估。

带玻璃纤维的原位固化法内衬管的初始结构性能要求　　　　　　　　表 7.6-2

性　能		测试依据标准
弯曲强度（MPa）	＞125	GB/T 1449—2005
弯曲模量（MPa）	＞8000	GB/T 1449—2005
抗拉强度（MPa）	＞80	GB/T 1040.4—2006

注：本表只适用于原位固化法内衬管的初始结构性能的评估。

7.7　安全措施

7.7.1　安全总则

（1）施工安全要符合国家现行标准《建筑施工安全检查标准》JGJ 59—2011 的有关规定。

（2）管道修复施工应符合《城镇排水管道维护安全技术规程》CJJ 6—2009 和《城镇排水管渠与泵站运行、维护及安全技术规程》CJJ 68—2016 的规定。

（3）施工机械的使用应符合《建筑机械使用安全技术规程》JGJ 33—2012 的规定。

（4）施工临时用电应符合《施工现场临时用电安全技术规范》JGJ 46—2005 的规定。

（5）操作人员必须经过专业培训，熟练机械操作性能，经考核取得操作证后上机操作。

7.7.2　安全操作要点

（1）按照交通管理部门和道路管理部门的批准，临时占用道路。设置临时交通导行标志、路障、隔离设施。设专职交通疏解员进行交通导引。

（2）施工作业人员在井周边作业应注意检查井位置，避免意外坠落。

（3）施工作业前，必须先进行自然通风或必要的机械强制通风，降低井内和管道内的有毒气体浓度，提高氧气含量。施工人员下井前必须进行气体检测，佩戴防护设备与用品，井上有监护人员。井内水泵运行时严禁下井。

（4）排水。使用泥浆泵将检查井内污水排出至露出井底淤泥。将需要疏通的管线进行分段，分段的办法根据管径与长度分配，相同管径的两个检查井之间为一段。

（5）设置管塞要牢固。将自上而下的第一个工作段处用管塞把井室进水管道口堵死，然后将下游检查井出水口和其他管线通口堵死，只留下该段管道的进水口和出水口。

（6）内衬管充压与扎头必须按照设计要求，防止压力过大，出现意外伤害。

（7）施工前应对电线进行检查、维护，并对电气设备进行试验、检验和调试。

7.8　环保措施

7.8.1　规范及标准

排水紫外光固化施工过程中，环境保护严格执行《中华人民共和国环境保护法》的规定，严格按设计文件、环境保护的要求及建设单位的有关管理要求处理施工中弃渣。施工过程执行下列规范标准：

（1）《建筑工程绿色施工评价标准》GB/T 50640—2010。

（2）《建设工程施工现场环境与卫生标准》JGJ 146—2013 等。

7.8.2　场地布置与管理

（1）认真布置好施工现场规划，场内应整齐，紧凑有序。机械设备应归类并整齐停放，材料物资应分类并及时入库或存放在指定位置。

（2）对进出工地的车辆进行冲洗，保持道路干净、整洁，努力减少施工期间对行人和车辆通行影响。

7.8.3　噪声及振动控制

（1）严格控制各种施工机具（如发电机、喷涂机、吸污车、管道干燥机、鼓风机等）的噪声。

（2）如有必要使用发电机则尽量设置在远离民居的地方，并采用密闭形式，设置消声装置，减少对两侧居民的噪声和废气污染。

（3）切割机、空压机等噪声源设备在使用过程中，严格采取有效的隔声措施，并将噪声源进行单独的围闭隔离。

（4）严格执行相关夜间施工规定，尽量减少夜间施工，若为加快施工进度或其他原因必须安排夜间施工的，须采取措施尽量减少噪声，教育施工人员不准喧哗吵闹，减轻对附近居民的影响。

（5）当施工振动（发电机运转、潜水泵调水、喷涂机工作等施工振动）对敏感点有影响时，应采取隔振措施。

7.8.4 空气污染控制

（1）施工车辆尾气排放满足环保部门的排放标准才能准许使用。

（2）施工内燃机械遵照国家要求进行年审，废气检测合格后才可投入使用。应定期进行检查、维护以及维修工作，防止超标尾烟排放。

（3）严禁在施工现场焚烧任何废弃物和会产生有毒有害气体、烟尘、臭气的沥青、垃圾及废物。

（4）对便道和场外主要道路定期洒水，降低车辆经过时造成的灰尘在空气中飞扬。

（5）合理组织施工、优化工地布局，使产生扬尘的作业、运输尽量避开敏感点和敏感时段。

7.8.5 水质污染控制

（1）施工废水须经现场废水处理系统处理合格后排放。

（2）禁止排放施工油污，溢漏油污立即采取措施处理，避免或者降低污染损害。

（3）排水导流措施应满足原污水管道的通水能力，工地排放的污水、废油等经过处理符合排放标准后排入市政排水管道，严禁有害物质污染土地和周围环境。

7.8.6 固体废弃物处理

（1）对可再利用的废弃物尽量回收利用。各类垃圾及时清扫，不随意倾倒。

（2）保持施工区和生活区的环境卫生，在施工区设置临时垃圾收集设施，防止垃圾流失，定期集中处理。

（3）教育施工人员养成良好的卫生习惯，不随地乱丢垃圾、杂物，保持工作和生活环境的整洁。

（4）严禁垃圾乱倒、乱卸或用于回填。各类生活垃圾按规定集中收集，每班清扫、每日清运。

（5）施工场地内的淤泥、弃土和其他废弃物等及时清除运输至指定地点，做到施工期间现场整洁、运土车辆要采用篷布加以覆盖，防止泥土撒落，进出工地时，进行冲洗，保持道路干净、整洁。施工任务完成退场时，彻底清除必须拆除的临时设施。

7.9 效益分析

紫外光固化内衬法与翻转内衬法、螺旋缠绕法的比较见表 7.9-1。

三种常用非开挖工艺的比较

表 7.9-1

项目	紫外光固化内衬法	翻转内衬法	螺旋缠绕法
设备	只需一台 UV 固化车即可，占地面积小，通常占用一条车道即可	需要特殊的施工设备，占地面积大，现场建造水塔，需业主配合调水；使用锅炉（爆炸源）作为加热设备，存在安全隐患	需要一台缠绕机，占地面积小。适合于修复 $DN200 \sim DN700$ 管道

续表

项目	紫外光固化内衬法	翻转内衬法	螺旋缠绕法
对操作人员的要求	操作人员只需经过一定的培训就可完成整个修复工程，UV设备具有高度自动化、可视化	对工人的经验和技术要求较高，需要经验丰富、用心负责的技术人员现场调配树脂，保证树脂的混合比例	对工人的技术要求较高，操作人员需经过专门的培训
作业时间	固化时间短，施工时间一般3~5h即可，满足在市区的工程施工时间安排。对交通影响时间短	需超过24h的连续施工时间，显然不满足市区的施工时间安排	施工时间一般也要大于12h，现场必须先用专用设备缠绕后再注浆，所需时间较长
进管方式	牵引拉入式进管	利用热水或蒸汽翻转进管	将带状型材螺旋旋转缠绕进管
固化方式和固化时间	利用紫外线光进行加热固化，固化时间只需3~5h即可完成，固化完成后管道可立即投入使用	利用热水或蒸汽翻转，需连续固化20h以上。且完成固化后，需等待几天后，管道才能投入使用。翻转内衬固化具有一定失败率。固化过程中由于管道内局部受热点不均匀，易引起管道破裂或毛毡脱落	新旧管道之间需注浆处理，需等待浆体固化后，才能正常使用。没有达到即修即用的程度
材料	玻璃纤维内衬软管，采用不饱和聚酯树脂，它的耐热性较好，可达到120℃，且具有较高的拉伸、弯曲、伸缩等强度，弹性模量达到12000MPa。抗拉强度设计达到95MPa，同时设计轴向无延伸率，完全适合拉入法，以避免造成过度拉长或破裂。工厂定制	每个工程要求使用不同的编织管。软衬管的主要组成材料：柔性的纤维增强软管或编织物、热固性树脂、催化剂。国内软管采用无纺布（毛毡）粘贴防渗膜（聚氨酯：PU），人工缝制成软管，对缝隙处采用粘贴法处理。这种制作工艺会造成两种无极性薄膜相互粘贴，牢固难以保证，胶粘剂不能适应长期的耐水与耐温要求；弹性模量只有3MPa，不能对原管道起很好的支撑作用	非塑性聚氯乙烯（UPVC），与用于生产普通雨污水管道的聚氯乙烯材料基本相似，但是局限性只是用于大管径，本身没有强度，要注浆填补原管和新成型管的空隙，适用性不强。缠绕完要注浆，注浆固化时间较长
过水能力	璃纤维树脂壁厚只需3~12mm，大大减少了过流面的损失，且材料内壁光滑，几乎不影响过水能力	毛毡材料壁厚6~32mm，过流面损失较大，降低过水能力	新旧管道需注浆，过流面损失较大，降低过水能力
安全性	施工固化过程全自动；可视，可实时观察管道内的材料固化情况；可控，固化速度、固化温度全过程可控，安全可靠	施工固化过程难以判断修复固化情况是否正常，完成固化后停止设备运行才能知晓施工质量。加热设备为锅炉（爆炸源），存在安全隐患	施工过程主要是缠绕前进，施工安全相对可控
价格	紫外光固化工艺是翻转内衬的下一代技术，但是综合费用与翻转内衬相当	综合费用在CIPP非开挖内衬修复价格适中	综合费用偏贵，一般比光固化内衬工艺高出15%左右

7.10　市场参考指导价

紫外光固化修复参考指导价见表7.10-1。

紫外光固化修复参考指导价（元/m）　　　　表7.10-1

壁厚(mm) \ 管径(mm)	300	400	500	600	800	1000	1200	1500
3	2000～2200							
4		2600～2800	3800～4000					
5				5000～5200				
6					7400～7600			
8						11000～11200	13400～13600	17000～17200

注：上述修复单价不含管道清淤、堵水、降水、检测等措施费用，措施费用根据不同现场情况计算。

7.11　工程案例

广州市排水管道非开挖修复试点项目在天河路、长堤大马路、珠江新城花城大道等六处排水管道问题管段成功实施。由于本次试点工程是排水管道非开挖修复技术首次在广东省实施，并且在不增加施工成本的基础上大大减少了对地面交通的不利影响。下面以珠江新城花城大道工程为例介绍修复情况。

1. 管道缺陷

通过CCTV检测，得到管内情况。距Y18检查井2m管口B位置上部塌陷内凹，管道破裂，造成排水堵塞，且存在一处管道变形。对应录像编号为（二）04管内上部塌陷内凹变形情况见图7.11-1、图7.11-2。

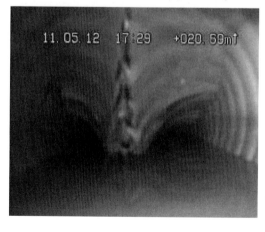　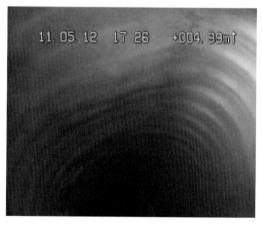

图7.11-1　管内塌陷破裂情况　　　　图7.11-2　管内变形情况

将管道内缺陷沿管道纵向绘制剖面形成图7.11-3。

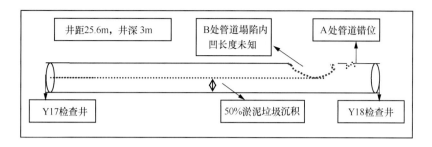

图 7.11-3　管道纵向缺陷与位置示意图

2. 管道修复设计

由于原有管道大部分结构完整，尚能承受地面压力，因此按照半结构性修复来进行壁厚的计算。依据《城镇排水管道非开挖修复更新工程技术规程》CJJ/T 210—2014 计算得到紫外光固化玻璃纤维增强内衬的壁厚应为 2.7mm，所以设计内衬管壁厚为 4mm。

过流能力验算。原有管道内径为 500mm，修复后内径为 492mm。根据标准，原有管道粗糙系数取 0.009，修复后管道的粗糙系数取 0.009，修复后的过流能力比值为 95.8%。

3. 修复效果

破坏处内衬钢管见图 7.11-4，修复后效果见图 7.11-5。

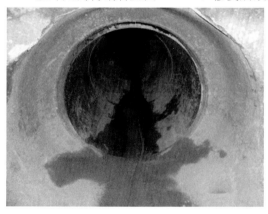

图 7.11-4　破坏处内衬钢管

图 7.11-5　紫外光固化内衬修复后效果

第8章 水泥基材料喷筑法修复技术

8.1 技术特点

（1）永久性、全结构性修复，适用管径为 0.7~4.0m。

（2）CCCP 技术是在 30 年的 CCM 技术经验积累基础上发明的，成熟、可靠。

（3）全自动旋转离心浇筑，内衬均匀、致密。

（4）内衬浆料与结构表面紧密粘合，对结构上的缺陷、孔洞、裂缝等具有填充和修复作用，充分发挥了原有结构的强度。

（5）一次性修复距离长、中间无接缝，不受管道弯曲段制约；内衬层厚度可根据需要灵活选择。

（6）全结构性修复，材料可选方案多，最大限度节约工程成本。

（7）对于超大断面管涵，可在喷内衬之前加筋（钢筋网、纤维网等），增加整体结构强度。

（8）修复结构防水、防腐蚀、不减少过流能力，设计使用寿命可达到 50 年。

（9）设备体积小，专用设备少，一次性投资成本低。

8.2 适用范围

对破损的混凝土、金属、砖砌、石砌及陶土类排水管道进行防渗防水、结构性修复或防腐处理。

8.3 工艺原理

CCCP 技术（Centrifugally Cast Concrete Pipe）是 AP/M 公司针对大直径破损管道开发的原位浇筑灰浆内衬技术，2001 年正式投入管道修复领域。修复时，将配制好的膏状修复浆料泵送到位于管道中轴线上由压缩空气驱动的高速旋转喷头上，材料在高速旋转离心力的作用下均匀甩向管道内壁，同时旋转浇筑设备在牵引绞车的带动下沿管道中轴线缓慢行驶，使修复材料在管壁形成连续致密的内衬层。当 1 个回次的浇筑完成后，可以适时地进行第 2 次、第 3 次浇筑……直到浇筑形成的内衬层达到设计厚度（图 8.3-1、图 8.3-2）。

图 8.3-1 CCCP 技术原理图

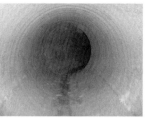

图 8.3-2　CCCP 技术修复后的管道

8.4　施工工艺流程及操作要求

8.4.1　施工工艺流程

CCCP 内衬施工具体工艺流程见图 8.4-1。为保证内衬层与既有管道的良好粘合，首

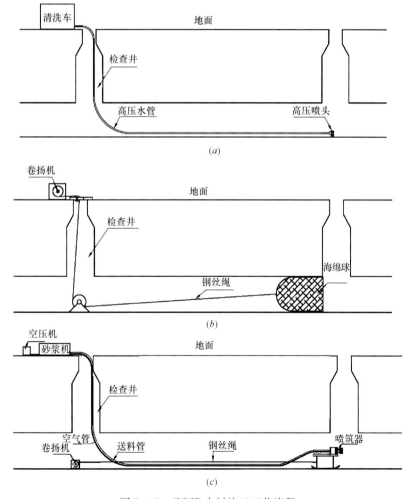

图 8.4-1　CCCP 内衬施工工艺流程

（a）第一步管道高压清洗；（b）第二步用吸水球将清洗后管道内的积水吸干；（c）第三步离心浇筑施工

图 8.4-2 旋转式高压清洗器对管道内壁
进行清洗示意图

先应对管道进行常规高压清洗（图 8.4-2），使管内不得有脏污残留。为将管壁疏松的铁锈冲洗下来，在清洗完泥沙等杂物后，采用 AP/M 专用的高压旋转清洗器对管壁进行更彻底的清洗，如果管道锈蚀严重或有残留的防腐层，通过喷砂方式进行管壁除锈。然后再进行一次高压清洗；清洗完后，采用 CCTV 对管段进行检查，确认管道内壁干净后，采用海绵球对管道进行 1～2 回次的擦拭，将管道及管壁上的明显水珠及管底积水吸走，然后进行 CCCP 内衬施工。CCCP 设备施工及安装示意可参见图 8.4-3。

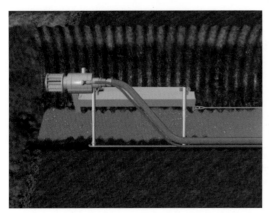
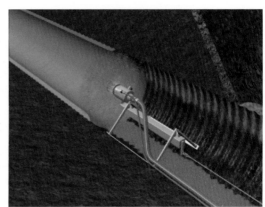

图 8.4-3 CCCP 设备安装及施工示意图

8.4.2 CCCP 施工顺序及场地

为减少场地搬迁次数，相邻管段可共用一个施工场地；也可以一次跨越几个检查井对多段管道进行离心浇筑，标配设备一次最大喷筑长度为 150m。对于小直径管道，采用非标设备时，一次最长喷筑可达 40m 左右。喷筑施工各井段顺序可参见图 8.4-4，场地布置见图 8.4-5。

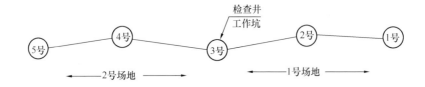

相邻两段管道共用一个工作场地，一段施工完成后，
将卷扬机等相关设备调一个方向再进行下一段的施工

图 8.4-4 喷筑施工顺序示意图

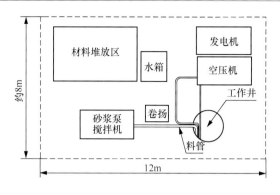

图 8.4-5　CCCP 现场布置图

8.5　材料与设备

8.5.1　CCCP 修复材料及性能

CCCP 管用 PL-8000 材料应具备高强度、刮抹性好、耐磨及耐腐蚀性好等性能，由改性水泥、添加剂（含防锈剂）在工厂混配制成。将该灰浆材料与一定量水充分搅拌后形成一种适宜浇筑或可泵入不小于 6mm 空间的膏状材料。

在配制时，水的加量根据施工方法的不同在流塑和可塑范围内进行。除了良好的可施工性，灰浆即使在潮湿的表面上也有很强的粘附力，不会出现流挂现象；该材料适用于在土体、金属、木材、塑料或其他常见建筑材料的表面上使用。PL-8000 的相关技术参数见表 8.5-1。

PL-8000 的性能参数　　　　　　　　　　　　　　　　　表 8.5-1

初凝时间/终凝时间	约 150min/约 240min
抗压强度 ASTM C-109	
24h/28d	20.7MPa/55.2MPa
抗弯强度 ASTM C-293	
24h/28d	4.1MPa/7.4MPa
28d 斜向剪切强度 ASTM C-882	14.5MPa
抗拉强度 ASTM C-496	4.7MPa
抗冻融性	300 次循环无破坏迹象
28d 弹性模量 ASTM C-469	2.46×10^4 MPa

注：上述参数是按 ASTM 标准测得，由于国内外检测方式上的差异，实际数值可能会有所不同。

8.5.2　排水管道微生物腐蚀（MIC）防护

（1）防微生物腐蚀材料应为液态、符合 ASTM C-494 标准的混凝土或灰浆微生物腐蚀防护添加剂，且在市政混凝土排水管道设施中能成功抵御 MIC 腐蚀至少 10 年。添加剂应在灰浆搅拌过程中加入，形成不适合微生物生长的环境，添加剂宜选用混凝土盾

（ConShield®）产品或性能相当的其他产品。

（2）混凝土盾在加入后，成为水泥浆的一部分，它不会被冲洗掉、脱落或因冲蚀而降低效力。刮蚀或侵蚀混凝土表面，只会让内部的混凝土盾添加剂更多地暴露出来，并更好地阻止微生物的繁殖。当微生物不再生长，管道底部释放出来的 H_2S 气体便不会在微生物新陈代谢时转化为硫酸，H_2S 将不再对混凝土造成腐蚀。

（3）这类添加剂非常适合混凝土制品商在生产预制混凝土排水管、检查井及其他面临微生物腐蚀的混凝土预制件时使用，从而彻底消除混凝土预制件使用时的微生物腐蚀问题；相关试验研究表明，加入混凝土盾 24h 后，混凝土试样内部的微生物可被完全杀灭。

8.5.3 管道离心浇筑修复需准备的设备和机具

表 8.5-2 列出了实施 CCCP 内衬修复所需要用的基本设备和机具。在一些特殊的工程中，可能还需要根据现场情况增加额外的设备和机具。

CCCP 施工设备机具一览表　　　　　　　　　　　　表 8.5-2

序号	设备名称	型号	规格	数量	备注
1	离心浇筑器	RPC～1.5	1英寸	1	适用管径：750～2000mm
2	喷筑器机架		1.0～2.0m	1	机架高度可调
3	砂浆泵	XHB4.0D	10～70L/min	1	电动机，全液压
4	立式搅拌机	UJL200	容量 200L	1	电机驱动
5	液压卷扬	JY-165	$\phi 8.0 \times 165m$	1	
6	输送料管		1.5 英寸	160m	20m 1 根，快速接头
7	空气管		0.5 英寸	160m	20m 1 根，快速接头
8	井底导绳架			1	400mm 以上管径适用
9	井口导绳架		0.6～1.2m	1	伸缩式，适合常规井口
10	空压机		排量≮10m³/min	1	用于驱动喷筑器
11	水箱		2m³	1	卧式塑料水箱
12	泡沫清管球		1400mm	1～2	用于吸收管内残留积水
13	叉车		2～3t	1	现场装卸货用
14	高压清洗机			1	现场清洗设备用
15	抹子			1～2	管子与井结合部位修补
16	对讲机			3～5	现场各工位调度
17	高压清洗车			1辆	
18	综合工具车			1辆	
19	喷砂机			1台	

注：现场需准备熟石灰粉用于料管的润滑减阻。

除了上述设备机具，在施工现场还需要有足够的施工作业区，包括材料堆放区域。同时要确保材料输送胶管、供气管以及卷扬钢丝长度满足待喷筑修复管道的长度要求。现场水箱是用于储存配置灰浆用的水，对讲机能使地面操作人员和管内照看离心浇筑器的人员能够及时沟通。料管清扫枪是专门清洗料管配备的工具，将它连接到空压机上并通过快速接头与料管连接，清扫枪上设有球阀，在需要对料管进行清洁时，打开球阀，使高压空气从料管进入，用高压空气将残留在料管内的浆料冲出。

施工现场人员配备见表 8.5-3

CCCP 施工人员需求一览表（每班组）　　　　　　表 8.5-3

序号	岗位名称	人数	岗位责任
1	修复技术员	1	负责现场施工组织以及卷扬机和空压机的操作
2	泵送、混料	2	负责材料的混配和泵送
3	引管工	1	负责将带出管道的料管和气管引出地面，避免在井下堆积
4	管内引导	1	在管道内部照看设备，应对突发情况
5	普通工人	2	协助设备安装、管道连接、材料搬运、操作工程车辆及叉车等
6	司机	3	
7	共计	10	

8.6　质量控制

8.6.1　执行的规范

（1）《城镇排水管渠与泵站运行、维护及安全技术规程》CJJ 68—2016。

（2）《城镇排水管道检测与评估技术规程》CJJ 181—2012。

8.6.2　施工质量控制

（1）灰浆搅拌机、压缩机及泵是标准配置；高速旋转喷头用于在基体表面形成致密的、厚度均匀的内衬层。

（2）灰浆搅拌：

1）每小袋（22.5kg）干料加入推荐的清水，在高速剪切搅拌作用下制得稠度均匀的灰浆。在使用过程中，应持续搅拌以保持灰浆有足够的流动性，防止在使用过程中灰浆变硬；灰浆的有效时间视现场情况不同控制在 30min 以内。

2）混凝土盾仅在排水管设施中使用。只需要在最后一道喷筑时，加入内衬灰浆材料体积的 5‰，即可达到 MIC 腐蚀防护的效果，未经批准的情况下，现场无须使用其他添加剂。

（3）使用方法：

1）将喷筑器机架摆设在待修复管段的末端部位，同时将喷筑器在机架上面固定好，调整喷筑器轴线高度，使其高出管道中心线 25～75mm（取决于管径）。根据管道实际尺寸及灰浆的泵送排量，调节喷筑器的旋转速度，从而保证在离心力作用下浇筑到管道内壁的灰浆形成稳定、均匀、平整的内衬层；不论何种原因造成供浆短暂中断，只需停止回拉原地等待直至恢复供浆。

2）每次浇筑内衬层的厚度受管道直径、灰浆泵的排量及喷筑器行走速度共同影响；

由于喷筑在圆周方向上是均匀的，因此可在管道任何部位检测喷筑层厚度。

3）如果局部管道需要增加厚度，只需减慢该部位的行走速度或多浇筑一层即可。

4）在高速离心力的压力作用下，灰浆内衬形成了极为细腻的鱼鳞状光滑表面，从而无须对内衬表面进行额外的抹平或收浆。

（4）高温作业（大于 26℃）：

1）在环境温度或管道表面温度超过 37℃时，不应进行喷筑施工。将材料应放置在阴凉处保存，保持待喷筑管道清凉。

2）在环境温度超过 26℃但不到 37℃时，若需延长灰浆的使用时间，工程施工人员可使用凉水或冰水搅浆。在这类高温环境中进行施工，工程人员应确保修复基体表面处于饱和-干燥（SSD）状态。

3）喷筑后保持内衬管具有合适的养护环境，在热天尤其重要，可参照本书 6.4.6 节材料养护一节。

（5）低温作业（大于 7℃）

1）在进行喷筑作业之前，作业人员应确保在喷筑后 72h 内，环境温度不会降低到 7℃以下；在施工过程中，环境温度和基体表面温度均不得低于 7℃。

2）低温将延缓材料的凝固及强度的增长。当环境温度低于 18℃时，施工人员应考虑对材料、水及基体表面进行加热，管道加热时应进行适当通风。严禁喷筑好的内衬管出现结冰现象。

（6）养护

使用符合 ASTM C1315 养护剂，并使用 CS IDENTIFIER™ 或类似产品进行强化处理。

8.6.3　使用注意事项

（1）PERMACAST 内衬材料无须提供特殊的注意事项要求，仅需注明防尘要求。材料安全性数据表（MSDS）有详细说明。

（2）Con^{mic} Shield 无毒，不含酚类、氮化物、重金属、铅、汞或甲醛等成分。它含有一种在美国环保署（EPA）注册的抗微生物成分（注册号：75174-2-47000），该成分在紫外线下稳定，且一旦使用后不可提取。材料安全性数据表（MSDS）有详细说明。

（3）工程施工方须严格遵守 OSHA 作业规范。在涉及有限空间作业时，须严格遵守相关安全条款。

8.6.4　质量保证与验收

（1）施工过程中，应在监理工程师的见证下进行随机取样，每个工程至少制作两个立方试块用于强度检测。内衬厚度检测可采用测厚仪在新形成的内衬层上进行随机检测；一旦发现有厚度不够的地方，应及时补喷。外观检查主要排查内衬层是否有微裂缝、涂层是否均匀。

（2）材料供应商应具备至少 10 年的工程使用经验或 16km 以上的管道 CCCP 内衬修复业绩。

8.6.5　施工资料

（1）按合同要求提交相关的施工资料。

（2）所有的施工资料应符合本规范及相关标准的要求。如果在一些地方对施工记录没有明确要求，施工方应至少向业主提供以下资料：

1）资格证明：

① 施工方的认证证书。

② 内衬管系统认证证书（含第三方证明）。

③ 制造商资格证书：制造商应具备 20 年以上的离心浇筑内衬材料施工经验。

2）材料相关文件：

① 修补材料：含材料技术参数表。

② 内衬管材料：含技术参数表及第三方检测报告。

8.7　安全措施

8.7.1　安全总则

（1）施工安全要符合国家现行标准《建筑施工安全检查标准》JGJ 59—2011 的有关规定。

（2）管道修复施工应符合《城镇排水管道维护安全技术规程》CJJ 6—2009 和《城镇排水管渠与泵站运行、维护及安全技术规程》CJJ 68—2016 的规定。

（3）施工机械的使用应符合《建筑机械使用安全技术规程》JGJ 33—2012 的规定。

（4）施工临时用电应符合《施工现场临时用电安全技术规范》JGJ 46—2005 的规定。

（5）操作人员必须经过专业培训，熟练机械操作性能，经考核取得操作证后上机操作。

8.7.2　安全操作要点

（1）按照交通管理部门和道路管理部门的批准，临时占用道路。设置临时交通导行标志，设置路障，隔离设施。设专职交通疏解员进行交通导引。

（2）施工作业人员在井周边作业应注意检查井位置，避免意外坠落。

（3）施工作业前，必须先进行自然通风或必要的机械强制通风，降低井内和管道内的有毒气体浓度，提高氧气含量。施工人员下井前必须进行气体检测，佩戴防护设备与用品，井上有监护人员。井内水泵运行时严禁下井。

（4）排水。使用泥浆泵将检查井内污水排出至露出井底淤泥。将需要疏通的管线进行分段，分段的办法根据管径与长度分配，相同管径的两个检查井之间为一段。

（5）设置管塞要牢固。将自上而下的第一个工作段处用管塞把井室进水管道口堵死，然后将下游检查井出水口和其他管线通口堵死，只留下该段管道的进水口和出水口。

（6）内衬管充压与扎头必须按照设计要求，防止压力过大，出现意外伤害。

（7）施工前应对电线进行检查、维护，并对电气设备进行试验、检验和调试。

8.8 环保措施

8.8.1 规范及标准

排水管道 CCCP 修复施工过程中，环境保护严格执行《中华人民共和国环境保护法》的规定，严格按设计文件、环境保护的要求及建设单位的有关管理要求处理施工中弃渣。并执行下列规范标准：

(1)《建筑工程绿色施工评价标准》GB/T 50640—2010。

(2)《建设工程施工现场环境与卫生标准》JGJ 146—2013 等。

8.8.2 场地布置与管理

(1) 认真布置好施工现场规划，场内应整齐，紧凑有序。机械设备应归类并整齐停放，材料物资应分类并及时入库或存放在指定位置。

(2) 对进出工地的车辆进行冲洗，保持道路干净、整洁，努力减少施工期间对行人和车辆通行影响。

8.8.3 噪声及振动控制

(1) 严格控制各种施工机具（如发电机、喷筑器、吸污车、管道干燥机、鼓风机等）的噪声。

(2) 如有必要使用发电机则尽量设置在远离民居的地方，并采用密闭形式，设置消声装置，减少对两侧居民的噪声和废气污染。

(3) 切割机、空压机等噪声源设备在使用过程中，严格采取有效的隔声措施，并将噪声源作单独的围闭隔离。

(4) 严格执行相关夜间施工规定，尽量减少夜间施工，若为加快施工进度或其他原因必须安排夜间施工的，须采取措施尽量减少噪声，教育施工人员不准喧哗吵闹，减轻对附近居民的影响。

(5) 当施工振动（发电机运转、潜水泵调水、喷筑器工作等施工振动）对敏感点有影响时，应采取隔振措施。

8.8.4 空气污染控制

(1) 施工车辆尾气排放满足环保部门的排放标准才能准许使用。

(2) 施工内燃机械遵照国家要求进行年审，废气检测合格后才可投入使用。应定期进行检查、维护以及维修工作，防止超标尾烟排放。

(3) 严禁在施工现场焚烧任何废弃物和会产生有毒有害气体、烟尘、臭气的沥青、垃圾及废物。

(4) 对便道和场外主要道路定期洒水，降低车辆经过时造成的灰尘在空气中飞扬。

(5) 合理组织施工、优化工地布局，使产生扬尘的作业、运输尽量避开敏感点和敏感时段。

8.8.5　水质污染控制

（1）施工废水须经现场废水处理系统处理合格后排放。

（2）禁止排放施工油污，溢漏油污立即采取措施处理，避免或者降低污染损害。

（3）排水导流措施应满足原污水管道的通水能力，工地排放的污水、废油等经过处理符合排放标准后排入市政排水管道，严禁有害物质污染土地和周围环境。

8.8.6　固体废弃物处理

（1）对可再利用的废弃物尽量回收利用。各类垃圾及时清扫，不随意倾倒。

（2）保持施工区和生活区的环境卫生，在施工区设置临时垃圾收集设施，防止垃圾流失，定期集中处理。

（3）教育施工人员养成良好的卫生习惯，不随地乱丢垃圾、杂物，保持工作和生活环境的整洁。

（4）严禁垃圾乱倒、乱卸或用于回填。各类生活垃圾按规定集中收集，每班清扫、每日清运。

（5）施工场地内的淤泥、弃土和其他废弃物等及时清除运输至指定地点，做到施工期间现场整洁、运土车辆要采用篷布加以覆盖，防止泥土撒落，进出工地时，进行冲洗，保持道路干净、整洁。施工任务完成退场时，彻底清除必须拆除的临时设施。

8.9　效益分析

武汉某污水压力钢管因常年使用发生严重腐蚀，半年前发生过一次爆管事故，为预防后续类似事故的发生，业主计划对腐蚀严重的 167m 钢管断进行整体修复，管道为 $DN1420 \times 12mm$。拟修复管段在距两端各 15m 范围内均有两个 $45°$ 的空间转角，使很多常用的修复方法无法完整实施。为此，业主先后召开了两轮方案评审，参与评审的方案对比见表 8.9-1。

修复方案对比 表 8.9-1

方案对比	CCCP 修复	Sprayroq 喷涂方案	UV-CIPP＋Sprayroq 喷涂方案	U 形折叠内衬修复方案
材料种类	纤维水泥砂浆	专用聚氨酯材料	玻璃纤维增强软管	HDPE
材料防腐性能	混凝土盾（ConShield®），具有良好的防腐性能	防腐性能好	防腐性能好	防腐性能好
材料强度	24h 抗压强度 20.7MPa 28d 抗压强度 55.2MPa	弯曲模量 5944MPa	弯曲模量 17900MPa（抗外压、内压效果均较好）	弯曲模量 800MPa
内衬厚度	20mm	6mm	8mm	20mm
材料环刚度	刚性内衬	0.09kPa	0.23kPa	0.08kPa
与原有管道接触	与原管道粘结共同承受荷载	与原管道粘结共同承受荷载	紧密贴合，不存在空隙	贴合，存在空隙

续表

方案对比	CCCP 修复	Sprayroq 喷涂方案	UV-CIPP＋Sprayroq 喷涂方案	U 形折叠内衬修复方案
弯管适应性	适宜	适宜	适应（单独使用光固化工艺，45°转角处有少许褶皱，因此采用 Sprayroq 喷涂技术修复弯管段）	不适宜
施工占地	小	小	小	管道连接铺设占用较大场地
开挖工作坑	两个	两个	两个	为进行弯管修复需开挖四个工作坑，并对弯曲管道进行更换处理
施工控制	可通过 CCTV 监测控制	可视	可通过 CCTV 监测控制	不可监测
是否人员进入管道施工	不需	需	光固化不需要；喷涂施工需要进入	不需
施工时间	10d	30d	12d	15d
工程造价（元）	1505004.00	1976493.10	2139552.83	不具备实施条件

通过对比，CCCP 修复方案因在施工周期、报价、内衬连续等方面具有显著优势，最终赢得业主选择。

8.10　市场参考指导价

CCCP 修复技术市场参考指导价见表 8.10-1。

CCCP 修复参考指导价 表 8.10-1

序号	项　　目	综合单价[元/（m²·cm）]
1	管道离心浇筑特种灰浆内衬修复	1100～1300
2	管（涵）人工喷射浇筑特种灰浆内衬修复	1300～1400
3	检查井离心浇筑特种灰浆内衬修复	1000～1200

注：上述修复单价不含管道清淤、堵水、降水、检测等措施费用，措施费用根据不同现场情况计算。

8.11　工程案例

8.11.1　萨宾河雨水管 CCCP 修复（美国）

美国路易斯安那州萨宾河管理局（SRA）于 1949 年成立，其职责是为了公平地分配萨宾河及其支流水域，水通过倒虹吸管跨越道路和铁轨。虹吸管是钢筋混凝土管，随着时间的推移，泄漏和结构性裂缝时有发生。这大部分混凝土管早在 20 世纪 70 年代建设，而现在我们看到的管道有很多渗漏，管道可能对公众和铁路构成危险。所以必须解决这些问题。修复前现场见图 8.11-1。

1. 实施方案

首选的方法是原位固化法（CIPP），SRA 有着使用这种方法的悠久历史。但 CIPP 还没有在大口径管道修复中成功运用，甚至发生过修复失效，对固化内衬切除和清除的情况。一个是 180 英尺（约 55m）长、直径为 84 英寸（约 2137mm）的虹吸管；另一个是铁路道口运行的 185 英尺（约 56m）长、直径为 78 英寸（约 1981mm）的虹吸管。两个管道都使用 CIPP 修复，结果却并不满意。

CIPP 在大直径管道修复中价格昂贵。因此采用 AP/M Permaform 公司的 CCCP 技术。操作员和喷筑设备进入管道，然后由绞车以设计速度回拖，快速旋转的喷头在管道内喷筑 PL-8000，一种纤维增强的高强度水泥砂浆。

2. 修复效果

CCCP 可以应用到大多数基材（砖、混凝土、金属等），具有防水、耐腐蚀、结构完整等特性。即使旧管道表面潮湿，喷筑时也粘结紧密。修复后的管道表面光滑，结构性增强，过流能力并没有降低。相比 CIPP，这种方法效果好，成本低。修复后管道见图 8.11-2。

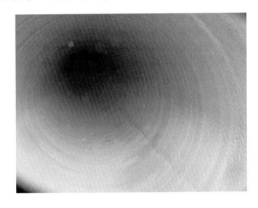

图 8.11-1　修复现场　　　　　　　　　图 8.11-2　修复后管道

8.11.2　顶级滑雪胜地采用顶级排水管修复技术（美国）

美国佛蒙特州杰弗逊附近峡谷滑雪胜地成立于 1956 年，是新英格兰地区的第四大度假区。峡谷雪融化的水通过两个 72 英寸（约 1829mm）的涵洞排出，每个 130 英尺（约 40m）长。这两个涵洞出现孔洞和裂缝。管道在洪水的冲刷下有些侧壁倒塌，并有腐蚀和严重磨损；滑雪场主需要在来年春季解冻之前对涵洞进行修复。

最初考虑插管法，但因其对过水断面减小过大，影响过流而放弃。修复工作只能在每年的 10 月底至 11 月进行，这时候涵洞里的水量最小。最后选择 AP/M Permaform 公司的 CCCP 技术。修复前，在上游修筑围堰，通过一个 10 英寸（约 254mm）的 PVC 管道把水排向其他地方，为修复涵洞做准备。先对涵洞塌陷、破损及出席孔洞裂隙的地方进行修补，使其与原有管道内部平齐。然后再将 CCCP 设备安装到管道内，然后由绞车以设计

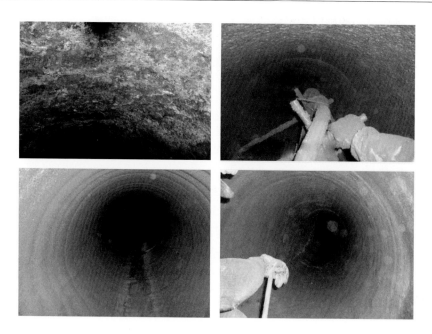

图 8.11-3　CCCP 内衬修复步骤

速度回拖，高速旋转喷头在管道内均匀喷筑 PL-8000 纤维增强水泥砂浆并形成均匀的内衬层。

CCCP 内衬修复技术具体按以下步骤（图 8.11-3）实施：

（1）查明原有管道的实际状况、内部尺寸、埋深、管外地质及地下水位等。

（2）对管道内部进行彻底清理和清洗，且应对管道破损、缺失部位采用 PL-12000 特种灰浆材料进行补平。

（3）将 SpinCast 旋转喷筑设备安装好，置于管道下游起始位置，并连接好供浆管、供气管、注浆泵及空压机等。

（4）按操作规范启动喷筑设备，以预定的回拖速度进行喷筑作业，确保喷筑层达到预设要求。

（5）一层喷筑完成后，等待喷筑层凝固（视具体情况，不少于 2h）后，按第（4）步进行第二次、第三次……喷筑，直至喷筑层达到设计的厚度。

该管道设计的内衬厚度为 1.5 英寸（约 38mm），分 4 层喷筑，两条管道包括前期准备工作，共耗时 7d。修复时没有封路不影响交通；因为 PL-8000 固化快，涵洞修复后第 2 天即可投入使用。通过成本核算，CCCP 修复最终的成本比当初预算的 HDPE 穿插法修复略低。

8.11.3　大断面方涵内衬修复技术

美国佛罗里达州马纳提县 64 号公路底下有一处方涵破损严重，亟待修复，但由于地下交通量大，一直找不到合适的修复方式。该方涵建于 20 世纪 20 年代，方涵断面尺寸为 6ft×6.75ft（1829mm×2057mm），长 61ft（18.6m）。由于当时在搅拌混凝土时常常什么水都用，这导致该方涵混凝土含盐量很大。经过多年的运行，目前该方涵出现了严重的损坏，已经不能维持结构的稳定和整体性。

佛罗里达州交通运输部（FDOT）曾设想了很多修复方案，但均遭否决。如重建方涵，地面交通显然不允许；而采用穿插拱形 CMP 管，并对间隙浇筑混凝土填充，但是原方涵内有多处接入的支管，在拱形管上开洞可能影响管道的整体结构稳定，更为重要的是，该方法极大地缩小了过水断面，影响过流能力。

FDOT 后来从 Gibbs & Register Inc.（G&R 公司）的分包商 TV Diversifed Inc.（TVD 公司）那里获悉 AP/M 公司具有大直径管道 CCCP 修复技术，或许能在该工程中使用。

FDOT 通过与 AP/M 公司工程技术人员谈论，认为采用 AP/M 的相关技术和材料对该方涵进行内衬修复是完全可行的。设计选用 60 号钢筋进行挂网并喷射 MS-10000 高强度水泥浆；方涵顶部转角施工成半径为 18cm 的圆弧过渡，从而增加方涵的抗荷载能力，方涵侧壁喷射 5cm 厚混凝土衬层（该厚度远超出实际需要）。方涵修复前后对照见图 8.11-4、图 8.11-5。

该方涵的修复在美国具有重要意义，因为很多类似的方涵都已经十分破旧，结构发生了严重破坏，重建或更换极为困难；而本次修复后，使方涵的实际结构强度超过了原始的新方涵强度，修复后的使用寿命比按原方案新建一个方涵还要长。

图 8.11-4　修复前

图 8.11-5　修复后

第9章 聚氨酯等高分子喷涂法修复技术

9.1 技术特点

（1）对于各种形状的结构体，不论是平面、立面还是顶面，不论是圆形、球形还是其他不规则形状的复杂物体，都可以直接实施喷涂加工，不需昂贵的模具制造费用。

（2）喷涂修复后，喷涂材料和原结构体形成一个结构整体，无接缝。

（3）生产效率高，尤其适用于大面积、异形物体的处理，成型速度快，生产效率高。

（4）粘结能力强，能在混凝土、砖石、木材、钢材等表面粘结牢固。

（5）密封性能优越，无空腔、无接缝，将建筑外围护结构完全包裹，有效地阻止了风和潮气通过缝隙流动进出管道，实现完全密封，在密封要求高的工况下，喷涂表面可以通过电火花方法检测肉眼无法观察到的针孔，从而实现 100%的密封。

（6）强度高，在需要结构性修复的情况下，选用抗弯模量超过 5000MPa 的产品，可以满足全结构修复的强度要求；在柔韧性要求较高的工况下（如管道接口的修复），可选用延展率较大的产品（延展率可超过 100%）。

（7）抗化学腐蚀性能好，高分子材料的抗腐蚀性能远高于其他金属类和水泥类管材，材料的抗化学腐蚀性适用于常规污水环境。

（8）产品可用于供水，通过国家卫健委和国际饮用水卫生标准鉴定。

（9）修复方式灵活，可用于整体修复，也可用于局部修复和点修复。

（10）抗风性能：抗压强度大于 300kPa，抗拉强度大于 400kPa，有很强的抗风性，且其发泡可钻入墙体缝隙，增加其抗剪性能。

（11）采用 CCTV 检测对管道喷涂修复施工过程进行全程监控，既能及时发现管道病害点，又保证施工人员安全。

9.2 适用范围

（1）适用于管材为钢筋混凝土管、砖砌管、陶土管、铸铁管、钢管的情况。

（2）适用于局部修复和点修复。

（3）用于直径大于 800mm 的管道，高和宽都大于 800mm 的渠箱，特别是受交通条件及周边管网等复杂因素影响、采用开挖方法无法实现目标的工程。

9.3 工艺原理

采用专用设备将材料加热，在加热的同时给材料加压，用高速气流将其雾化并喷到管道表面，形成覆盖层，以提高管道抗压、耐蚀、耐磨等性能的新兴非开挖修复工程技术。

由催化剂组分（简称 A 组分）与树脂组分（简称 B 组分）反应生成的一种弹性/刚性体材料。

通过喷涂设备将 A 料和 B 料加温加压，通过专用软管连接到喷枪，在喷出前一刹那 A 料和 B 料形成涡流混合，A 料和 B 料在混合后即喷涂在基体表面，发生快速的化学反应。固化的同时产生大量的热量。化学反应中产生的热量将大大提高喷涂材料和基体的粘结程度。

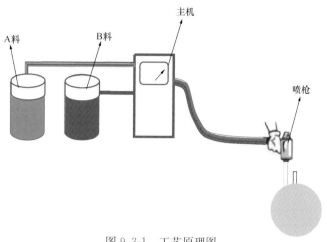

图 9.3-1　工艺原理图

整个聚氨酯喷涂系统包括主机、喷涂枪、加热管路、提料泵以及各部件之间的连接管、备用零件、相关工具、空气压缩机（图 9.3-1）。

9.4　施工工艺流程及操作要求

9.4.1　施工工艺流程

病害管道进行预处理修复施工完毕后，即可开始进行管道喷涂修复施工。本施工工艺流程如图 9.4-1 所示。

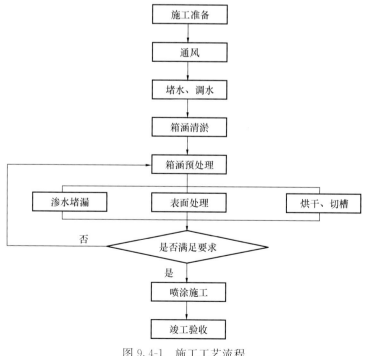

图 9.4-1　施工工艺流程

9.4.2 操作要点

1. 施工准备

（1）搜集以下资料：

1）搜集检测范围内道路箱涵管线竣工图及相关技术资料，应将管线范围内的泵站、污水处理厂等附属构筑物标注在图纸上。

2）搜集检测范围内其他相关管线的图纸资料。

3）搜集检测范围内污水管理部门、泵/厂站负责人及值班人员的联系方式，并制成表格以便联络。

4）搜集检测范围内道路排水管道检测或修复的历史资料，如检测评估报告或修复施工竣工报告。

5）搜集待检测管道区域内的工程地质、水位地质资料。

6）搜集评估所需的其他相关资料。

7）搜集当地道路占用施工的法律法规。

8）将搜集到的资料整理成册，并编制目录。

（2）根据箱涵线图纸核对检查井位置、编号、管道埋深、管径、管材等资料，对于检查井编号与图纸不一致或混乱的应重新编号，并用红笔标注在图纸上。

（3）查看待检测管道区域内的地物、地貌、交通状况等周边环境条件，并对每个检查井现场拍摄照片。

（4）根据检测方案和工作计划配置相应的技术人员、设备、资金，整理施工设备合格证报监理审批。

（5）施工前项目部进行书面技术交底，明确各小组的任务，检测视频质量要求，施工质量控制过程程序、相关技术资料的填写和整理要求，各技术人员应在书面交底记录上签字。

（6）施工前进行书面安全交底，明确各环节安全保障措施及相关安全控制指标，责任到人，各技术人员应在书面交底记录上签字。

（7）施工班组长填写《下井作业申请表》（见《城镇排水管道维护安全技术规程》CJJ 6—2009 表 A-1），并报项目部审批。

（8）各组施工人员对配置的设备进行试运行，确保设备能正常运行。

（9）人员进场后应立即摆放围挡，围挡采用路锥及警示杆。

（10）将所用工具依次卸下，并整齐摆放在指定位置。

2. 通风

（1）井下气体浓度应满足《城镇排水管道维护安全技术规程》CJJ 6—2009 表 5.3.3 中的规定。

（2）井下作业前，应开启作业井盖和其上、下游井盖进行自然通风，且通风不应少于30min。

（3）当排水管得到经过自然通风（图 9.4-2）后，则应进行机械通风，机械通风应

图 9.4-2 地下管道通风现场照片

采用2台鼓风机，一台吹气，另一台在另一端吸气；

（4）管道机械通风的平均速度不应小于0.8m/s。

3. 堵水、调水（图9.4-3）

（1）避开雨天进行施工。

（2）由于待修复箱涵内过水量很小，修复期间可在上、下游箱涵采用堵水气囊或砂袋进行临时封堵，以防止上游来水流入待修复管道。

（3）当上游来水量相对较大时，采用泥浆泵将上游箱涵中的雨水调入下游排水箱涵，需配备2台7.5kW泥浆泵，一台备用，见图9.4-4。

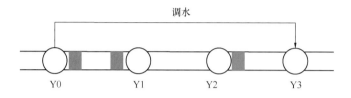

图9.4-3 堵水、调水示意图

4. 渠箱清淤

（1）当沉积物松散且厚度小于400mm时，采用大流量水人工进入箱涵进行疏通，同时在另一端采用泥浆泵进行抽水，堆积在检查井口的沉积物采用人工清理。

（2）当沉积物密实且厚度大于400mm时，人工进入箱涵进行疏通。

（3）清理出来的淤积物装袋堆放，并清运至指定填埋地点。

5. 预处理

（1）渗水堵漏（图9.4-5）

1）水流较小的渗漏点采用快干水泥进行堵漏。

2）水流较大的渗漏点或涌漏采用聚氨酯发泡树脂进行堵漏。

（2）侧面两处倾斜墙体处理

图9.4-4 调水现场照片

1）墙壁每次掏挖进尺0.3m，掏挖后马上砌回新的墙体，然后依次进行，直到所有墙体全部修正。

2）掏挖过程如发现墙体内有树根，将其切除后，回填砂浆，然后再砌墙。

（3）箱涵塌陷处理

1）钻孔施工及塌陷处理施工时，应采用组装型修复台架作为保护设备，整个塌陷处理过程中应保证人员头部在台架内。

2）塌陷部位掏挖过程前应先将塌陷部位的土掏出一小块，观察上方土体是否会掉落，如果不掉落则采取如下开挖措施：

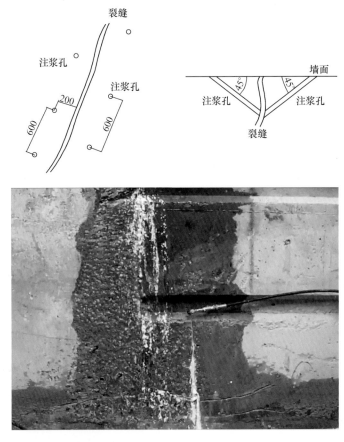

图 9.4-5　渗水堵漏示意图和现场图片

① 塌陷处理每次掏挖进尺 0.3m，依次进行。

② 掏挖过程中，应先用千斤顶支护第一个掏挖进尺范围内后掏挖的半侧，然后掏挖第一进尺范围内先掏挖的半侧，待开挖完成后，内衬弧形钢板及支撑（临时及永久性支撑），永久性支撑每隔 100mm 设置一根。

③ 进行第一掏挖进尺范围内后掏挖一侧的掏挖，并内衬弧形钢板及永久性支撑。

④ 待完成第一个掏挖进尺内衬弧形不锈钢后，将修复台架推进 0.3m，并进行下一掏挖进尺的掏挖及内衬弧形不锈钢及支撑。

3）以上过程依次进行直至塌陷处理完成。

4）如果塌陷部位上方土体无法自稳，则掏挖前应采取以下注浆措施：

① 采用小导管注浆加固技术对塌陷部位上部土体进行注浆加固。

② 注浆材料采用 SPETECH100 与 H40 两种材料，注浆设备采用电动高压无气喷涂机 980。

③ 注浆角度为 10°。

（4）表面修补

1）采用高压清洗机喷出高压水清洗，清理井壁基底上所有残渣浮土或杂质。

2）由于旧管道年代久远，为了使喷涂材料可以跟管道壁紧密贴合，喷涂前需用水泥砂浆对整个箱涵进行抹平（图 9.4-6），形成一个加强性的支撑力，修复硬角时注意进行弧面处理。

（5）烘干、切槽

1）采用间接式加热器对箱涵内部进行烘干。

2）表面应进行切槽，纵向切槽应在 0.6m 高度处进行，切槽方向为 45°向下切割；横向切槽应每隔 1m 进行环向切槽，与表面呈 45°角进行切割。

6. 基面处理要求

（1）箱涵内表面平整，无凸起；

（2）箱涵表面无渗水；

（3）箱涵表面应烘干（图 9.4-7），并保持干燥。

图 9.4-6　渠箱表面修补后的现场图片　　　　图 9.4-7　管道烘干过程现场照片

7. 喷涂施工

（1）采用加热循环泵对 A 和 B 聚氨酯喷涂材料预热 4h。

（2）材料预热结束后，将材料通过专用导管连接至喷涂设备（图 9.4-8），待设备 A、B 材料对应的温度仪表分别达到 36℃和 71℃时、压力表达到 1150Pa 后，稳定 30min 进行

图 9.4-8　喷涂加热循环泵和喷涂设备现场照片

预喷涂试验。

（3）每个工作日正式喷涂作业前，在施工现场先喷涂一块150mm×300mm、不同厚度的样块（图9.4-9），由施工技术主管人员进行外观质量评价并留样备查。当涂层外观质量达到要求后，方可确定工艺参数并开始喷涂作业。

图9.4-9　喷涂试验现场照片

图9.4-10　喷涂管移入修复管道的现场照片

（4）现场喷涂试验结束后，待喷涂成型的材料冷却后，检查其喷涂的厚度、色泽、光滑度和力学强度是否满足要求。若不满足要求，表明材料的预热时间或喷涂设备的参数设置不满足设计要求，应进行检查核对，并再次进行喷涂试验；若满足要求，则由工人将喷涂管转移（图9.4-10）至待修复管道中。

（5）在喷涂操作开始时，采取快速扫枪动作，间隔时间以表干时间为准（简单方法为触觉感受），不一定有固定的间隔时间。经过多次类似喷涂后，直到见不到基底。快速扫枪的目的是避免基底可能滞留的极少水分或其他杂质与产品发生反应，避免发生起泡、针孔等不良结果，特别是在没有明确清楚底材是否完全干燥时。

（6）平面喷涂（图9.4-11），喷枪宜垂直于待喷基底，距离宜适中，匀速移动。喷涂开始时一定要采取扫枪方法，避免不良效果出现。然后按照先细部后整体的顺序连续作业，一次多遍、交叉喷涂至设计要求的厚度。

（7）阴角处理，在遇到角落处喷涂的情况下，采取甩小臂/腕喷涂，从角的一段实施到另一段，并以扫枪方式结束。

图 9.4-11 管道喷涂过程现场照片

（8）正常情况下，产品的重涂时间在 15min 内，并且不会出现断层现象，但当超过重涂时间、需要二次喷涂时，打磨并清理待喷面，并应用专用层间处理剂，采取措施防止灰尘、溶剂、杂物等的污染直到烘干，继续喷涂。两次喷涂作业面之间的接槎宽度不小于 200mm。

（9）喷涂施工完成并经检验合格后，如有特殊要求，可对表面施作保护层。例如抗紫外线能力，可在涂层表涂抹面漆。喷涂后 2s 开始固化，2min 达到不脱落状态，4～6h 完全固化，应用后 30min 可通水施工。管道喷涂后效果如图 9.4-12 所示。

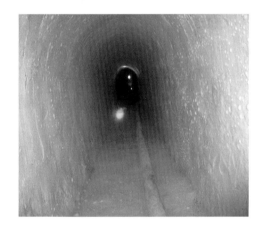

图 9.4-12 管道喷涂后的效果图

9.5 材料与设备

9.5.1 材料

高分子材料性能见表 9.5-1、表 9.5-2。

高分子材料喷涂固化后的短期力学性能　　　　　　　　　表 9.5-1

检验项目	单位	性能要求	测试方法
弯曲强度	MPa	＞90	《塑料 弯曲性能的测定》GB/T 9341—2008
弯曲模量	MPa	＞5000	
抗拉强度	MPa	＞50	《塑料 拉伸性能的测定 第2部分：模塑和挤塑塑料的试验条件》GB/T 1040.2—2006

高分子喷涂材料的粘结性能　　　　　表 9.5-2

检验项目	单位	性能要求	检验方法
混凝土基体	MPa	>1，或试验时基体破坏	《色漆和清漆拉开法附着力试验》GB/T
金属基体	MPa	>1	5210—2006

此外，高分子材料在耐腐蚀性方面也具有优良的性能，可承受以下腐蚀性流体：硫化氢、硫酸 20%、氯 6%、铬盐。

9.5.2　设备

采用的机械设备见表 9.5-3。

主要施工设备表　　　　　表 9.5-3

施工机械设备配置计划表				
序号	设备名称	规格、型号	数量（台）	备　注
1	电视检测系统	SINGA	1	管道检测
2	泥浆泵	56L/min、YBK2-112M-4	2	清淤
3	潜水泵	100SQJ2-10、2m³/h	2	调水
4	鼓风机	T35、1224m³/h	2	管道通风
5	发电机	TQ-25-2	1	设备供电
6	喷涂机	—	1	管道喷涂
7	热风机	HAM-G3A-11	1	管道烘干
8	注浆机	C-999	1	渗水堵漏、土体加固
9	提升机	TL10	1	运输污泥和设备

9.6　质量控制

9.6.1　执行的规范

（1）《城镇排水管渠与泵站运行、维护及安全技术规程》CJJ 68—2016。

（2）《城镇排水管道检测与评估技术规程》CJJ 181—2012。

9.6.2　施工质量控制

1. 材料质量控制

（1）聚氨酯喷涂涂层的组成材料有：组分 A 和组分 B。两种材料必须有产品合格证和生产日期，使用时间必须在原材料的保质期内。

检验数量：进一批，查一批。

检验方法：检查产品的合格证、生产日期，核对保质期。

（2）膨胀材料：膨胀材料必须有产品合格证和生产日期，使用时间必须在原材料的保质期内。

检验数量：检查产品的合格证、生产日期，核对保质期。

（3）喷涂设备在喷涂试验开始前必须有足够的开机时间，保证喷涂材料的温度和喷涂管的压力达到设计要求并保持稳定。

　　检验方法：检查喷涂设备上温度计和压力计读数是否在设定范围。

2. 施工质量控制

质量验收标准及允许偏差应符合表 9.6-1 的规定。

施工质量和控制　　　　　　　　　　　　　　　　　表 9.6-1

序号	检查项目	单位	规定值及允许偏差值	检验频率	检验方法
1	厚度	mm	符合设计要求	每段管道不少于1个点	预先钉入设计长度的钢钉观测
2	粘结度	每道	无空壳声	每段管道不少于喷涂管道的 50%	用木榔头随机敲击
3	平整度	每道	表面平整、无毛刺，具有微度粗糙感	每段管道不少于内衬膜的 50%	手摸
4	抗拉强度	MPa	$\geqslant 2.4$	每段管道不少于一块样品试块，送至有资质的试验室做拉伸试验	
5	断裂伸长率	%	$\geqslant 200$	每段管道不少于一块样品试块，送至有资质的试验室做拉伸试验	

9.6.3　验收标准

1. 工程外观检查

喷涂材料和待修结构体之间需无任何间隙，喷涂材料不能有任何局部脱落和坍塌。喷涂材料的表面应当连续、均匀、光滑，不能出现肉眼可以观察到的气泡、水泡。整个喷涂表面不能出现任何形式的裂缝。

2. 喷涂厚度检查

喷涂材料的厚度可以通过超声波，或者从喷涂工程上取样检查，厚度不能小于设计规定，也可以在喷涂时通过计量钉来检验喷涂的厚度。

3. 喷涂材料的物理力学特性

材料供应商将向工程方提供第三方试验室检测的试验数据。在工程验收方认为有必要的情况下，喷涂材料的物理力学特性需要取样检查。物理力学特性的试验样本在实际喷涂之前的试验喷涂过程中取得。

9.7　安全措施

9.7.1　安全总则

　　（1）施工安全要符合国家现行标准《建筑施工安全检查标准》JGJ 59—2011 的有关规定。

　　（2）管道修复施工应符合《城镇排水管道维护安全技术规程》CJJ 6—2009 和《城镇排水管渠与泵站运行、维护及安全技术规程》CJJ 68—2016 的规定。

(3) 施工机械的使用应符合《建筑机械使用安全技术规程》JGJ 33—2012 的规定。

(4) 施工临时用电应符合《施工现场临时用电安全技术规范》JGJ 46—2005 的规定。

(5) 操作人员必须经过专业培训，熟练机械操作性能，经考核取得操作证后上机操作。

9.7.2 安全操作要点

排水管道喷涂修复施工过程需在井下进行操作，管道中可能存在有毒有害气体，容易造成操作工人中毒、窒息事故；病害管道在修复工程中容易发生坍塌，对操作人员人身安全造成危害；喷涂修复施工现场存在较多机械使用的电线和电缆，容易造成触电事故。

实际施工中，可能会发生中毒、管道坍塌和触电事故，因此，排水管道喷涂修复的施工必须建立完整的安全制度，不仅要做好防工伤事故，还要做好防火、防毒、防触电事故等工作。

(1) 根据设计文件及施工组织设计要求，认真进行技术交底，施工中应明确分工，统一指挥并严格遵守有关安全规程。

(2) 严格执行有关安全施工生产的法规与规定。

(3) 安全宣传、安全教育、安全交底要落实到每个班组、个人，施工现场必须按规定配有足够数量的显眼安全标志牌。严格做到安全交底在前，施工操作在后。工人进场前，必须先进行安全教育交底。

(4) 按照交通管理部门和道路管理部门的批准，临时占用道路。设置临时交通导行标志、路障、隔离设施。设专职交通疏解员进行交通导引。

(5) 施工作业人员在井周边作业应注意检查井位置，避免意外坠落。

(6) 下井作业前使用检测设备检测管道内毒气含量，并做好下井记录，严禁随意下井作业。

(7) 井下作业时必须采用通风设备对管道进行持续通风。

(8) 下井前必须查清管径、水深、流速及附近工厂废水排放情况。

(9) 井上必须有人监护，且监护人员不得擅离职守。

(10) 严禁进入直径小于 0.8m 的管道作业。

(11) 下井时必须佩戴安全帽，配备符合国家标准的悬托式安全带。

(12) 每次下井连续作业时间不得超过 1h。

(13) 井下安全注浆过程中人员应尽可能在检查井口观察注浆效果。

(14) 注浆钻孔施工及塌陷处理施工时，应采用组装型不锈钢支架作为保护设备，整个塌陷处理过程中应保证人员头部在保护架内。

(15) 排水。使用泥浆泵将检查井内污水排出至露出井底淤泥。将需要疏通的管线进行分段，分段的办法根据管径与长度分配，相同管径的两个检查井之间为一段。

(16) 设置管塞要牢固。将自上而下的第一个工作段处用管塞把井室进水管道口堵死，然后将下游检查井出水口和其他管线通口堵死，只留下该段管道的进水口和出水口。

(17) 喷管压力必须按照设计要求，防止压力过大，出现意外伤害。

(18) 施工前应对电线进行检查、维护，并对电气设备进行试验、检验和调试。

9.8　环保措施

9.8.1　规范及标准

排水管道喷涂修复施工过程中，环境保护严格执行《中华人民共和国环境保护法》的规定，严格按设计文件、环境保护的要求及建设单位的有关管理要求处理施工中弃渣。并执行下列规范标准：

（1）《建筑工程绿色施工评价标准》GB/T 50640—2010；

（2）《建设工程施工现场环境与卫生标准》JGJ 146—2013 等。

9.8.2　场地布置与管理

（1）认真布置好施工现场规划，场内应整齐，紧凑有序。机械设备应归类并整齐停放，材料物资应分类并及时入库或存放在指定位置。

（2）对进出工地的车辆进行冲洗，保持道路干净、整洁，努力减少施工期间对行人和车辆通行影响。

9.8.3　噪声及振动控制

（1）严格控制各种施工机具（如发电机、喷涂机、吸污车、管道干燥机、鼓风机等）的噪声。

（2）如有必要使用发电机则尽量设置在远离民居的地方，并采用密闭形式，设置消声装置，减少对两侧居民的噪声和废气污染。

（3）切割机、空压机等噪声源设备在使用过程中，严格采取有效的隔声措施，并将噪声源作单独的围闭隔离。

（4）严格执行广州市夜间施工规定，尽量减少夜间施工，若为加快施工进度或其他原因必须安排夜间施工的，须采取措施尽量减少噪声，教育施工人员不准喧哗吵闹，减轻对附近居民的影响。

（5）当施工振动（发电机运转、潜水泵调水、喷涂机工作等施工振动）对敏感点有影响时，应采取隔振措施。

9.8.4　空气污染控制

（1）施工车辆尾气排放满足环保部门的排放标准才能准许使用。

（2）施工内燃机械遵照国家要求进行年审，废气检测合格后才可投入使用。应定期进行检查、维护以及维修工作，防止超标尾烟排放。

（3）严禁在施工现场焚烧任何废弃物和会产生有毒有害气体、烟尘、臭气的沥青、垃圾及废物。

（4）对便道和场外主要道路定期洒水，降低车辆经过时造成的灰尘在空气中飞扬。

（5）合理组织施工、优化工地布局，使产生扬尘的作业、运输尽量避开敏感点和敏感时段。

9.8.5　水质污染控制

（1）施工废水须经现场废水处理系统处理合格后排放。

（2）禁止排放施工油污，溢漏油污立即采取措施处理，避免或者降低污染损害。

（3）排水导流措施应满足原污水管道的通水能力，工地排放的污水、废油等经过处理符合排放标准后排入市政排水管道，严禁有害物质污染土地和周围环境。

9.8.6　固体废弃物处理

（1）对可再利用的废弃物尽量回收利用。各类垃圾及时清扫，不随意倾倒。

（2）保持施工区和生活区的环境卫生，在施工区设置临时垃圾收集设施，防止垃圾流失，定期集中处理。

（3）教育施工人员养成良好的卫生习惯，不随地乱丢垃圾、杂物，保持工作和生活环境的整洁。

（4）严禁垃圾乱倒、乱卸或用于回填。各类生活垃圾按规定集中收集，每班清扫、每日清运。

（5）施工场地内的淤泥、弃土和其他废弃物等及时清除运输至指定地点，做到施工期间现场整洁、运土车辆要采用篷布加以覆盖，防止泥土撒落，进出工地时，进行冲洗，保持道路干净、整洁。施工任务完成退场时，彻底清除必须拆除的临时设施。

9.9　效益分析

9.9.1　经济效益

广州市起义路渠箱位于广州市的老城区，该路段交通流量大、建筑密集，周围管线较多，主要分布有500mm的供水管、300mm的燃气管和21孔的电力电缆。

采用喷涂修复工艺对越秀区起义路渠箱进行非开挖修复，计划54m投资总额为60.9万元。与开挖施工方法相比工期可缩短1个月左右，而且工程总造价相当。

排水管道喷涂修复工艺、管道开挖修复工艺和离心喷涂修复工艺的施工总价对比见表9.9-1。

管道配套修复法与管道开挖修复工艺及离心喷涂修复成本造价对比表　　　表9.9-1

序号	项目	长度（m）	喷涂修复		离心喷涂修复		开挖修复	
			单价（元/m）	总价（元）	单价（元/m）	总价（元）	单价（元/m）	总价（元）
1	管道预处理	50	1590/点	3188	1590/点	31880	—	—
2	其他管线迁移	50	—	—	—	—	4860	243000
3	修复/开挖工程造价	50	10530	526500	14624	731200	7000	350000
总　计			—	558380	—	763080	—	593000

9.9.2 社会效益

1. 施工功效高、质量好

（1）采用自动化管道喷涂修复施工技术进行大管径管道的非开挖修复，自动化程度高、施工速度快，有效节省施工时间、提高施工效率。

（2）采用聚氨酯膨胀材料对管道渗漏点进行堵漏，及时有效地消除渗水对施工环境的影响，提高施工效率，节省施工时间。

（3）采用聚氨酯膨胀材料对管道坍塌部位进行处理，不仅填堵了管道周边的细小空隙，并能够稳固周边土体，保证施工环境安全，提高施工质量。

2. 绿色施工、节能环保

（1）喷涂修复施工主要在地下对排水管道进行原位修复，不需要开挖路面，只需在检查井处设置数个临时块状围栏，对周边交通、附近管线和建筑物几乎无影响，施工期间仍维持原有交通运行方向。

（2）施工作业部分主要在地下管道内进行，并且不需要使用大型的使用机械设备，施工过程噪声低，对周边居民生活影响较小。

（3）使用聚氨酯膨胀材料堵漏，其最大膨胀倍数为 50，该类材料不但可以有效地封堵渗漏点，并可节省材料。

3. 经济、社会效益显著

（1）喷涂修复施工技术操作简单，施工速度快，机械操作自动化程度高，有效地提高管道非开挖修复的施工效率。

（2）采用喷涂修复施工工艺，具有高强坚韧抗拉特性的衬层厚度仅为 4.5～6.0mm，并且喷涂面较为光滑，所以管道过水断面几乎没有缩小，排水流量没有减少，维持了原管道排水设计流量的功能。

9.10　市场参考指导价

聚氨酯喷涂修复技术（工作内容包括清洗、勾缝、抹灰、烘干和喷涂）参考指导价见表 9.10-1。

聚氨酯喷涂修复技术参考指导价(元/(m² · mm))　　　　　表 9.10-1

项目编码	项目名称	管道非开挖修复：斯普瑞洛克喷涂修复，厚度每增减 1mm		计量单位	m²
单价组成明细					

序号		定额编码	名称及规格	单位	数量	金额（元）	
						单价	合价
1	人工		综合工日	工日	0.050	58.00	2.90
			人工费小计				2.90

序号	定额编码	名称及规格	单位	数量	金额（元）	
					单价	合价
2	材料	SPRAYWALL A 料	kg	0.539	262.00	141.22
		SPRAYWALL B 料	kg	1.078	262.00	282.44
		其他材料	％	2.000		7.40
		材料费小计				431.05
3	机械	2.5t 载重汽车	台班	0.008	384.47	3.08
		5t 载重汽车	台班	0.008	440.43	3.52
		7.5kW 空压机	台班	0.008	448.24	3.59
		喷涂设备	台班	0.008	2166.00	17.33
		50kW 移动式柴油发电机	台班	0.008	842.96	6.74
		鼓风机	台班	0.016	165.50	2.65
		污水泵	台班	0.016	307.09	4.91
		长管呼吸器	台班	0.008	150.00	1.20
		电动葫芦	台班	0.008	30.24	0.24
		机械费小计				43.26
4		直接工程费（1＋2＋3）				477.21
5	规费	劳保费 4.86％				23.19
		危险作业意外伤害保险费 0.19％				0.91
		价格调节基金 0.2％				1.00
		规费小计				25.10
6		税金 3.477％				17.47
7		直接工程费（5＋6）				42.57
8		总计（4＋7）				519.78

9.11 工程案例

1. 工程概况

广州市越秀区起义路渠箱非开挖修复工程，该项目位于广州市越秀区起义路，道路为单向四车道，人流量和交通车流量较大。修复渠箱长度 H_1 计划为 54m，是 20 世纪 30 年代修建的砖砌式渠箱。2011 年经 CCTV 检测发现，该段渠箱存在严重的淤积、渗漏、坍塌、墙体腐蚀等功能性和结构性病害。

广州起义路渠箱涵位于广州市老城区，道路为双向四车道，人流量以及交通车流量均较大。待修复箱涵的平面位置如图 9.11-1 所示，管道周边环境如图 9.11-2 所示。

检测发现，渠箱发生了不同程度的淤积（图 9.11-3），总长度为 54m，淤积物主要为泥沙，淤积深度主要在 0.5～0.7m，部分渠箱淤积深度甚至为 1.0m。

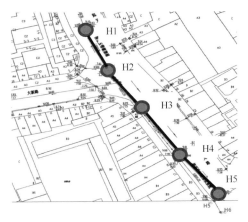

图 9.11-1　待修复箱涵的平面位置

图 9.11-2　管道周边环境

图 9.11-3　渠箱内淤积图片

检测发现，部分渠箱墙体发生严重侧滑（图 9.11-4）。经过分析，墙体发生侧滑主要原因为地面荷载过大，导致渠箱上部断裂将渠箱分为左、右两侧，右侧墙体在地面荷载的作用下发生侧向滑动。渠箱上部多处出现坍塌和裂缝（图 9.11-5）。

图 9.11-4　渠箱墙体侧滑

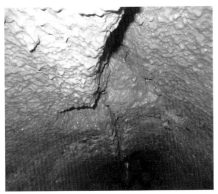

图 9.11-5　渠箱顶部坍塌与开裂

2. 聚氨酯喷涂非开挖修复方案

本工程采用 Sprayroq 技术进行修复，该技术所用喷涂产品为快速固化的聚氨酯系列产品。本工程中存在严重结构性缺陷，因此选用喷涂后具有较好抗压、抗腐性能的 Sprayroq Wall 产品，它可以很好地为地下箱涵提供结构修复、结构补强、防渗和防腐性能改善。喷涂后 2s 开始固化，2min 达到不脱落状态，4～6h 完全固化，应用后 30min 可通水施工。

3. 渠箱喷涂施工与效果

将设备调节至各种材料要求的温度和压力参数，进行预热。每个工作日正式喷涂作业前，应在施工现场先喷涂几块 150mm×300mm、不同厚度的样块，由施工技术主管人员进行外观质量评价并留样备查。当涂层外观质量达到要求后方可确定工艺参数并开始喷涂作业。渠箱喷涂后的效果如图 9.11-6 所示。

图 9.11-6　渠箱喷涂前后对比图

第 10 章　机械制螺旋管内衬法修复技术

10.1　技术特点

（1）机械制螺旋管内衬修复技术是一种排水管道非开挖内衬整体修复方法。该技术是通过螺旋缠绕的方法在旧管道内部将带状型材通过压制卡口不断前进形成新的管道，新管道卷入旧管道后，通过扩张贴紧旧管壁或以固定口径在新旧管之间注浆形成新管。

（2）螺旋管分为独立结构管和复合管两种。独立结构管是指新管完全不依靠原有的管道，单独承担所有的荷载；复合管是指螺旋管承担一部分荷载，另一部分荷载由新、旧管之间的结构注浆承担。螺旋管内衬修复工艺分为扩张法和固定口径法。

（3）该技术具有占地面积较小、组装便捷、移动速度快等优点，适合在复杂地理环境下施工，适合长距离的管道修复。一般情况下，由于型材的厚度的影响，原管道口径会缩小5％～10％。但是，由于管道修复后内壁光滑，粗糙系数低，整体过水能力损失不大。

（4）管道可在通水的情况作业，管道充满度30％通常可正常作业。新管道与原有管道之间可不注浆或注浆。

（5）在排水管道非开挖修复中，通常与土体注浆技术联合使用。

10.2　适用范围

（1）适用于母管管材为球墨铸铁管、钢筋混凝土管和其他合成材料的雨污排水管道的局部和整体修复。

（2）适用于大型的矩形箱涵和多种不规则排水管道的局部和整体修理。

（3）扩张法适用于管径为150～800mm排水管道的整体修理；固定口径法适用于管径为450～3000mm排水管道局部和整体修理。

（4）适用管道结构性缺陷呈现为破裂、变形、错位、脱节、渗漏、腐蚀且接口错位应小于等于3cm，管道基础结构基本稳定、管道线形没有明显变化。

（5）适用于对管道内壁局部沙眼、露石、剥落等病害的修补。

（6）适用于管道接口处在渗漏预兆期或临界状态时预防性修理。

（7）不适用于管道基础断裂、管道破裂、管道脱节呈倒栽状、管道接口严重错位、管道线形严重变形等结构性缺陷损坏的修理。

（8）不适用于严重沉降、与管道接口严重错位损坏的窨井。

10.3　工艺原理

1. 螺旋缠绕工艺分类

螺旋缠绕工艺分为扩张法和固定口径法。

（1）扩张法：该工艺是将带状聚氯乙烯（PVC）型材放在现有的人井底部，通过专用的缠绕机，在原有的管道内螺旋旋转缠绕成一条新管。所用型材外表面布满 T 形肋，以增加其结构强度；而作为新管内壁的内表面则光滑平整。型材两边各有公母边，型材边缘的锁扣在螺旋旋转中互锁，在原有管道内形成一条连续无缝的结构性防水新管。当一段扩张管安装完毕后，通过拉动预置钢线，将二级扣拉断，使新管开始径向扩张，直到新管紧紧地贴在原有管道的内壁上，见图 10.3-1。

（2）固定口径法：固定口径法按照施工工艺主要分为钢塑加强型技术和机头自行走型技术。钢塑加强型技术的缠绕设备安装在检查井内，施工时设备不动，新管在原管道内旋转缠绕前行，缠绕的过程中带状聚氯乙烯（PVC）或聚乙烯（PE）型材公母锁扣互锁，并将不锈钢带压在互锁处，直至新管到达下一检查井，见图 10.3-2、图 10.3-3；机头自行走型技术是设备在管道内行走，新管成型后即固定在原管内，直至机头到达下一检查井，见图 10.3-4。两者均需在新管和旧管之间的空隙灌入水泥浆。

2. 螺旋缠绕管分类

螺旋缠绕管主要有独立结构管和复合结构管两种。

（1）独立结构管：PVC、PE 或带钢 PVC、PE 型材螺旋缠绕的新管能独立承受外部荷载。

（2）复合结构管：PVC、PE 型材螺旋缠绕的新管不能独立承受全部外部荷载，新旧管之间的空隙需要填充结构灌浆，形成一条新的复合结构管，见图 10.3-5。

（3）PVC 或 PE 的带状型材以螺旋缠绕的方式在原管内形成一条新的管道，带状型材螺旋缠绕的连接方式主要有公母锁扣互锁和 PE 热熔焊接两种。

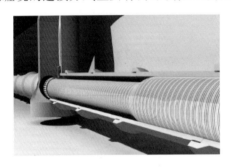 

图 10.3-1　扩胀螺旋管　　　　　图 10.3-2　钢塑加强型等口径螺旋管断面

图 10.3-3　钢塑加强型施工　　　　　图 10.3-4　机头自行走行施工

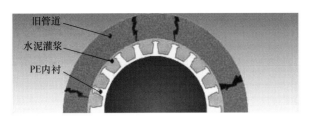

图 10.3-5　新管与原管之间可不注浆或注浆

10.4　施工工艺流程及操作要求

10.4.1　施工工艺流程

施工工艺流程如图 10.4-1 所示。

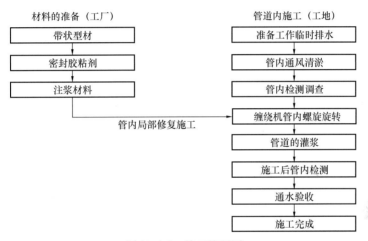

图 10.4-1　施工流程图

10.4.2　工艺操作要求

1. 钻孔注浆管周隔水帷幕和加固土体

在机械制螺旋管内衬修复前应对管周土体进行注浆加固，注浆液充满土层内部及空隙，形成防渗帷幕，加强管周土体的稳定，防止四周土体的流失，提高管基土体的承载力，再通过机械制螺旋管内衬修复技术进行修理，达到排水管道长期正常使用。

2. 机械制螺旋管内衬法工艺操作要求

（1）管道清淤和检测：通过人工清淤或高压水清洗的方式，清除管道内所有可能影响新管成形的污垢、垃圾、树根和其他明显坚硬障碍物，清理后管壁的残留物（如稀泥、局部污垢等）不得超过 10mm。采用闭路电视检测技术清晰地观察、记录和定位管道内情况（如破裂、变形、错位、脱节、渗漏、腐蚀、水泥硬块、支管位置等）。

（2）水流改道：通常情况下，螺旋缠绕管技术可以带水作业，施工中并不需要特别泵水来改变水流。当水流过大或过急会影响工人安全时，需要进行水流改道或泵水。水流改道的方法有多种，例如可以在上游人孔井内用管塞将管道堵住或在必要情况下将水抽到下游人孔井，坑道或其他调节系统。另外，螺旋缠绕管技术可以允许在施工过程中暂停，让水流通过，见图 10.4-2 和图 10.4-3。

图 10.4-2　螺旋管带水状态下作业图　　图 10.4-3　非正圆管道内的螺旋管作业图

（3）扩张法管道成形过程

1）管道的初步缠绕成形

在机器的驱动下，PVC 型材被不断地卷入缠绕机，通过螺旋旋转，使型材两边的主次锁扣互锁，从而形成一条比原管道小的、连续的无缝新管。当新管到达另一人孔井（接收井）后，缠绕停止。

2）在缠绕过程中，缠绕机不停地重复以下动作：

① 将润滑密封剂注入主锁的母扣中（这种润滑密封剂在缠管和扩张过程中起润滑作用，在扩张结束衬管成形后起密封作用）。

② 卷入高抗拉的预埋钢线。这条钢线被拉出时将割断次锁扣使新管能够扩张。

③ 但是在新管缠绕成形过程中，钢线并不往外拉。

④ 带状型材被卷成一条圆形衬管。

3）管道的扩张最后成形

缠绕初步成形完成后，缠绕机停止工作。然后在终点处新管上钻两个洞并插入钢筋以防新管在接下来的扩张中旋转。一切就绪后，启动拉钢线设备和缠绕机，随着预埋钢止线被缓缓拉出，在缠绕成形过程中互锁的次扣被割断，从而在缠绕机的驱动下使型材沿着主锁的轨迹滑动，并不断地沿径向扩张，直到非固定端（缠绕机端）的新管也紧紧地贴在原管道管壁。通常，在新管扩张完成后，对新管两端进行密封（密封材料通常是与新管材料相熔的聚乙烯泡沫或聚氨酯）。

（4）固定口径法管道成形过程

1）管道的缠绕

固定口径法新管的缠绕过程与扩张法类似，也是当新管到达另一人孔井后，缠绕成形过程停止。但是，用于螺旋缠绕固定口径管的聚氯乙烯型材可以通过电熔机进行电熔对焊，这样每次缠绕管的施工长度可以更长。

2）管道的灌浆

按固定尺寸缠绕新管完成后，在母管和新管之间可能会留有一定的间隙（环面），必要的话，这一间隙可以用水泥浆来填满。由于缠绕完成的新管已经设计好能承受所有的水流力、土壤、交通载荷以及外部地下水压，因此水泥浆本身并不需要用来增强新管的强度，只是起到将荷载传递到衬管上的作用。

（5）管道缠绕成形时间和后续处理

根据以往的经验，如果所有的电视闭路电视检测和清洗工作已经完成，根据管径、长度和施工现场情况的不同，通常一个管段（约 50m，直径 $DN1000$）的缠绕过程仅需约 3h，每台班可以做 2～3 段。其他施工工序，如注浆、支管切割等可以在缠绕完成后马上进行。

10.5　材料与设备

10.5.1　主要施工材料

1. 带状型材

（1）带状型材是一种以 PE 或 PVC 加工成型的有不同宽度、高度的产品，里层光滑，外层有肋条状纹理，通过公母锁扣或 PE 热熔焊接可互相紧密连接。为了提高强度，有的 PE 带状型材内部含钢（图 10.5-1）。

（2）带状型材在滚筒上卷成一卷，便于运输和存放。型材上要印有生产日期和米数，以确保材料在使用期内使用。PVC 带状型材的原材料是 PVC-U。

（3）PE 带状型材的原材料是 HDPE，带 PE 保护层的钢等级为 CA3SN-G，没有 PE 保护层或注浆保护的必须是不锈钢。

（4）型材的公母锁扣所承受的压力必须大于 74kPa。单扣 PE 型材如图 10.5-2 所示，双扣 PE 型材如图 10.5-3 所示。

图 10.5-1　里面含钢的 PE 型材

图 10.5-2　单扣 PE 型材

图 10.5-3　双扣 PE 型材

2. 密封粘结剂

（1）部分型材在出厂时本身带有见水膨胀橡胶条和挤压成型弹性体，在公母锁扣连接时起到密封作用。

（2）有些型材是在缠绕施工的同时不断加入硅胶类胶粘剂，起到密封作用。

（3）有些型材是以 LDPE 材料作为焊条通过 PE 热熔焊接来连接的。

3. 注浆材料

（1）当螺旋缠绕管作为能独立承压的独立结构管时，可以不灌浆或选择流动性好的普通水泥浆填充新旧管之间的空隙即可。

（2）当螺旋缠绕管不能完全独立承压，需要通过灌浆形成复合管来承压时，水泥浆必须满足以下的要求：不易散开；同衬管和旧管之间有很好的粘结强度；固化后的收缩性很小；较小的隔水性；高抗压强度，7d 至少达到 20MPa，28d 至少达到 40MPa。

10.5.2 主要施工设备

螺旋缠绕法施工时有一些是常规设备，有一些是专用设备，根据施工现场的情况需要进行必要的调整和配套。主要的施工设备见表 10.5-1。

主要施工设备 表 10.5-1

序号	机械或设备名称	数量	主要用途
1	闭路电视检测系统	1 套	用于施工前后管道内部的情况确认
2	发电机	1 台	用于施工现场的电源供应
3	鼓风机	1 台	用于管道内部的通风和散热
4	空气压缩机	1 台	用于施工时压缩空气的供应
5	液压动力装置	1 台	用于向专用缠绕机提供动力
6	密封剂泵	1 台	用于将润滑密封剂注入主锁的母扣中
7	专用缠绕机	1 台	用于在人孔井中制作新管
8	缠绕模具	多头	用于控制不同口径的新管
9	电子自动控制设备	1 台	用于控制设备
10	输送型材装置	1 台	用于输送型材
11	拉钢线设备	1 台	用于卷入高抗拉的预埋钢线
12	滚筒和支架	1 台	用于放置型材
13	钢带机	1 台	用于钢带的制作（仅用于钢塑加强型）
14	电动提升机	1 台	用于缠绕模具下井安装
15	三相水泵	2 台	用于水位过高时临时降水
16	其他设备	1 套	用于施工时的材料切割等需要
17	长管呼吸装置	1 套	用于保证施工人员安全

注：缠绕机等主要井下设备由于常年在水中或潮湿环境下工作，应主要由不锈钢材质的机件组成。在每次施工结束后应及时擦洗，并涂抹防锈剂，以确保日后机械的正常使用。

10.6 质量控制

10.6.1 执行的规范

（1）《城镇排水管渠与泵站运行、维护及安全技术规程》CJJ 68—2016。

（2）《城镇排水管道检测与评估技术规程》CJJ 181—2012。

（3）《城镇排水管道非开挖修复更新工程技术规程》CJJ/T 210—2014。

10.6.2 施工质量控制

1. 安装质量控制

（1）做好开工前的信息收集工作：工程开工前的信息收集十分重要，是所有前期准备工作中的重中之重，需要收集的主要信息有：相邻检查井最大长度、管道直径、管道是否弯曲、管道是否错台、人孔尺寸、人孔底部情况等。以上信息十分重要，将直接关系到内衬管管径的确定、设备能否入井和安装，应由有经验、有责任心人员收集，并认真填写项目信息收集表。

（2）每次在缠绕施工前检查所用型材的质量保证书、型材规格、生产日期和使用期限，以确保材料的品质以及所用材料的规格同设计相符。

（3）在缠绕过程中，应有专人检查型材是否有破损、弯曲等现象，及时修补小的缺陷；如有较为严重的情况应及时通知现场专业技术人员采取相应的措施；遇到个别特别严重的情况，应停止施工，以确保每次缠绕的质量。

（4）在缠绕中操作人员要特别注意公母锁扣的连接、锁扣内的注胶和 PE 热熔焊接。

（5）注浆应根据设计的配比分批分段进行。

2. 检测质量控制

（1）螺旋缠绕管在使用前应根据不同的管道状况和设计要求提供该技术的各项检测和评估报告，报告主要内容有型材的抗化学性报告、型材的耐磨损性报告、成管的水密性报告、成管的抗压性报告以及注浆材料的强度报告等。

（2）为确保独立结构螺旋缠绕管工艺的可靠性，相关工艺必须在国内外经过水密性试验并提供相关的测试报告。管道样品水密性试验是在直线、10°弯曲和 5％剪切变形的情况下分别进行的。分别施加 74kPa 的正压和负压，维持 10min 后观察有无渗水现象发生。

（3）工程竣工应提交竣工报告，电视检测报告和全程录像是主要竣工资料之一。

（4）在有条件的情况下，选择相邻检查井之间的管道进行闭水试验。

3. 质量验收标准

（1）主控项目

1）工程原材料、成品、半成品的产品质量应符合国家（行业）相关标准规定和设计要求。

检查方法：检查产品的质量合格证、出厂检验报告。

2）管道的刚度应符合设计要求。

检查方法：检查产品的环刚度或刚度系数检测报告。

3）修复后的管道不得有滴漏和线流现象。

检查方法：修复完成后采用 CCTV 闭路电视进行检查，修复后管径大于 800mm 时也可进入管道检查。

（2）一般项目

1）管道修复后管道内应线形平顺，无突变、变形现象。

检查方法：采用 CCTV 闭路电视进行检查。

2）型材上应当标明材料的生产日期，无破损、弯曲等现象。

检查方法：查询施工日志。

3）管道环形间隙封堵严密。

检查方法：进入检查井检查。

4）管道注浆充满度检查。

检查方法：查阅注浆记录。

10.6.3 验收文件和记录

验收文件和记录见表 10.6-1。

表 10.6-1

验收文件和记录

序号	项 目	文 件
1	设计文件	设计图及会审记录、设计变更通知和材料规格要求
2	施工方案	施工方法、技术措施、质量保证措施
3	技术交底	施工操作要求及注意事项
4	材料质量证明文件	出厂合格证、产品质量检验报告、试验报告
5	中间检查记录	分项工程质量验收记录、隐蔽工程检查验收记录、施工检验记录
6	施工日志	—
7	施工主要材料	符合材料特性和要求，应有质量合格证及试验报告单
8	施工单位资质证明	资质复印件
9	工程检验记录	抽样质量检验及观察检查
10	其他技术资料	质量整改单、技术总结

10.7 安全措施

10.7.1 安全总则

（1）施工安全要符合国家现行标准《建筑施工安全检查标准》JGJ 59—2011 的有关规定。

（2）管道修复施工应符合《城镇排水管道维护安全技术规程》CJJ 6—2009 和《城镇排水管渠与泵站运行、维护及安全技术规程》CJJ 68—2016 的规定。

（3）施工机械的使用应符合《建筑机械使用安全技术规程》JGJ 33—2012 的规定。

（4）施工临时用电应符合《施工现场临时用电安全技术规范》JGJ 46—2005 的规定。

（5）操作人员必须经过专业培训，熟练机械操作性能，经考核取得操作证后上机操作。

10.7.2　安全操作要点

（1）按照交通管理部门和道路管理部门的批准，临时占用道路。设置临时交通导行标志、路障、隔离设施。设专职交通疏解员进行交通导引。

（2）施工作业人员在井周边作业应注意检查井位置，避免意外坠落。

（3）进入施工现场人员佩戴好安全帽。必须正确使用个人劳保用品，如安全带、反光背心等。

（4）使用砂轮机时，先检查砂轮有无裂纹、是否有危险。切割材料时用力要均匀，被切割件要夹牢。

（5）严禁使用过滤式防毒面具和隔离式供氧面具。必须使用供压缩空气的隔离式防护装具。

（6）作业前，应提前 1h 打开工作面及其上、下游的窨井盖，用排风扇、轴流风机强排风 30min 以上，检测应在通风后进行。

（7）在有毒有害气体较严重的作业现场或者作业时间较长的项目，应采取连续监测的方式，随时掌握气体情况，排放规律并采取有效的防护措施，一旦气体超标立即停止作业，保证下井作业人员的安全。连续监测可采用两种方式：①专业监测人员现场连续监测的方式；②作业人员随身佩戴微型监测仪器报警监测方式。一旦井内产生硫化氢气体超标报警，作业人员应及时撤离。

（8）排水。使用泥浆泵将检查井内污水排出至露出井底淤泥。将需要疏通的管线进行分段，分段的办法根据管径与长度分配，相同管径的两个检查井之间为一段。

（9）设置管塞要牢固。将自上而下的第一个工作段处用管塞把井室进水管道口堵死，然后将下游检查井出水口和其他管线通口堵死，只留下该段管道的进水口和出水口。

（10）注水压力和注浆压力必须按照设计要求，防止压力过大，出现意外伤害。

（11）施工前应对电线进行检查、维护，并对电气设备进行试验、检验和调试。

（12）当需要下井抢救时，抢救人员必须在做好个人安全防护并有专人监护下进行下井抢救，必须佩戴好便携式空气呼吸器、悬挂双背带式安全带，并系好安全绳，严禁盲目施救。

（13）施工机械、电气设备及施工用金属平台要有可靠接地，不得带病运转和超负荷使用。

10.8　环保措施

10.8.1　规范及标准

排水管道螺旋缠绕修复施工过程中，环境保护严格执行《中华人民共和国环境保护法》的规定，严格按设计文件、环境保护的要求及建设单位的有关管理要求处理施工中弃渣，并执行下列规范标准：

（1）《建筑工程绿色施工评价标准》GB/T 50640—2010。

（2）《建设工程施工现场环境与卫生标准》JGJ 146—2013 等。

10.8.2　场地布置与管理

（1）认真布置好施工现场规划，场内应整齐、紧凑有序。机械设备应归类并整齐停放，材料物资应分类并及时入库或存放在指定位置。

（2）对进出工地的车辆进行冲洗，保持道路干净、整洁，努力减少施工期间对行人和车辆通行影响。

10.8.3　噪声及振动控制

（1）严格控制各种施工机具（如发电机、喷涂机、吸污车、管道干燥机、鼓风机等）的噪声。

（2）如有必要使用发电机则尽量设置在远离民居的地方，并采用密闭形式，设置消声装置，减少对两侧居民的噪声和废气污染。

（3）切割机、空压机等噪声源设备在使用过程中，严格采取有效的隔声措施，并将噪声源作单独的围闭隔离。

（4）严格执行相关夜间施工规定，尽量减少夜间施工，若为加快施工进度或其他原因必须安排夜间施工的，须采取措施尽量减少噪声，教育施工人员不准喧哗吵闹，减轻对附近居民的影响。

（5）当施工振动（发电机运转、潜水泵调水、喷涂机工作等施工振动）对敏感点有影响时，应采取隔振措施。

10.8.4　空气污染控制

（1）施工车辆尾气排放应满足环保部门的排放标准才能准许使用。

（2）施工内燃机械遵照国家要求进行年审，废气检测合格后才可投入使用。应定期进行检查、维护以及维修工作，防止超标尾烟排放。

（3）严禁在施工现场焚烧任何废弃物和会产生有毒有害气体、烟尘、有臭气的沥青、垃圾及废物。

（4）对便道和场外主要道路定期洒水，降低车辆经过时造成的灰尘在空气中飞扬。

（5）合理组织施工、优化工地布局，使产生扬尘的作业、运输尽量避开敏感点和敏感时段。

（6）使用切割锯切割 PVC 型材时，应当做好防护罩，防止飞溅物飞扬。

10.8.5　水质污染控制

（1）施工废水须经现场废水处理系统处理合格后排放。

（2）禁止排放施工油污，溢漏油污立即采取措施处理，避免或者降低污染损害。

（3）排水导流措施应满足原污水管道的通水能力，工地排放的污水、废油等经过处理符合排放标准后排入市政排水管道，严禁有害物质污染土地和周围环境。

10.8.6　固体废弃物处理

（1）对可再利用的废弃物尽量回收利用。各类垃圾及时清扫，不随意倾倒。

（2）保持施工区和生活区的环境卫生，在施工区设置临时垃圾收集设施，防止垃圾流失，定期集中处理。

（3）教育施工人员养成良好的卫生习惯，不随地乱丢垃圾、杂物，保持工作和生活环境的整洁。

（4）严禁垃圾乱倒、乱卸或用于回填。各类生活垃圾按规定集中收集，每班清扫、每日清运。

（5）施工场地内的淤泥、弃土和其他废弃物等及时清除运输至指定地点，做到施工期间现场整洁、运土车辆要采用篷布加以覆盖，防止泥土撒落，进出工地时，进行冲洗，保持道路干净、整洁。施工任务完成退场时，彻底清除必须拆除的临时设施。

10.9　效益分析

（1）螺旋缠绕管技术主要有以下特点：

1）强度高：不考虑注浆的强度，$DN1200$ 管道的强度即可达到 $8kN/m^2$。

2）口径大，可修复范围为 $15\sim3000mm$。

3）可带水作业，管内有部分水流（最高达 50%）亦可继续施工。

4）不需要洁净的原管壁，简单清理即可施工。

5）一般情况下无须开挖，只需利用现有检查井。

6）所需设备可固定在卡车上，便于移动，施工快。

7）适合于在地理位置复杂的地方施工。

8）占用路面少。

9）无养护过程，用户支管可在施工后立即打通。

10）在损坏严重的管道内能穿过断管处和接头断开处。

11）柔韧度好，即使在地层运动的情况下新管也能正常工作。

12）抗化学腐蚀能力，材料的属性和质量不受环境影响。

13）完全不依赖原管道的独立承载性，设计使用寿命达 50 年以上。

14）内表面十分光滑，粗糙系数 $n=0.001$，能提高水流能力。

15）施工安静，安全（施工中没有加热过程或化学反应过程），无噪声，对周围环境没有污染和损害。

（2）与传统开挖方式相比，螺旋缠绕管技术还具有以下无法比拟的综合优势：

1）施工工期极短。

2）施工对交通的影响很小。

3）施工对周边环境的影响小。

4）能解决繁忙的市区道路根本无法开挖的情况。

5）能在不影响原管道正常使用的情况下进行施工（带水作业）。

6）间歇式的施工方式。

10.10 市场参考指导价

螺旋缠绕技术市场参考指导价见表10.10-1。

螺旋缠绕技术市场指导价

表 10.10-1

原管径	市场指导价（元/m）	原管径	市场指导价（元/m）
DN600	3500	DN1400	9800
DN700	4000	DN1500	11200
DN800	4600	DN1600	12600
DN900	5200	DN1700	14500
DN1000	5800	DN1800	15500
DN1100	6400	DN1900	16900
DN1200	7000	DN2000	18500
DN1300	8300		

注：上述修复单价不含管道清淤、堵水、降水、检测等措施费用，措施费用根据不同现场情况计算。

10.11 工程案例

10.11.1 案例1：天津昆仑桥桥下抢险修复

1. 工程概况

（1）位置：天津昆仑桥。

（2）管径：DN1200。

（3）修复长度：220m。

（4）工期：疏通加修复共计20d。

（5）工程概况：排水管道始建于1958年，管道埋深5m，共2段，其中W3-W4段长150m，需要穿过一座暗井，W4-W5段长70m，有支管暗接，总长度为220m（图10.11-1、图10.11-2）。

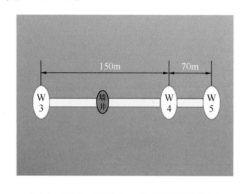

<table>
<tr><td>图 10.11-1　DN1200 管道平面示意图</td><td>图 10.11-2　井位现场示意图</td></tr>
</table>

管道上方及周边有管线密布，W3井井墙已经坍塌（图10.11-3）。顺着管道方向右上方有一根DN300的自来水管道，岌岌可危，如不及时进行抢修，裸露面会进一步加大，

直接威胁自来水管道的运行安全（图 10.11-4）。

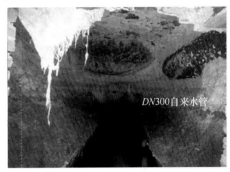

图 10.11-3　管道破损严重　　　　　　图 10.11-4　岌岌可危的自来水管

在 W3 井内进行观测时发现：

（1）管道内严重淤塞，淤塞高度达到了管径的 80%，且淤塞物较坚硬（图 10.11-5）。

（2）管道破损十分严重，上管皮已经局部脱落，仅靠道路结构层进行支撑，随时可能引发坍塌危险。

相关管理部门对周边区域进行了紧急围挡，要求立即进行抢修（图 10.11-6）。

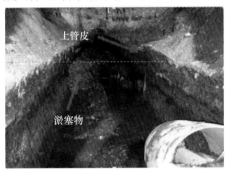

图 10.11-5　管道内堵塞严重　　　　　　图 10.11-6　紧急围护

2. 技术要求分析

根据 W3-W4 的探测记录，结合检查井和地面情况，进行了技术要求分析：

（1）管道的结构性已经破坏，需要新管有很高的自身强度。

（2）原管壁无法清理洁净，需要在夹泥的工况下进行修复。

（3）原管内的积水无法完全排除干净，需要带水作业。

（4）必须穿越暗井，进行一次性长距离修复。

（5）需要内衬管的使用寿命长。

（6）施工需要在桥下进行，地面与桥底面之间的高度低，施工车辆和设备无法进入，地理环境复杂。

3. 技术适用性分析

针对以上困难，进行了技术适用性分析：

（1）经计算，DN1200 内衬管的自身强度达到了 $8kN/m^2$ 以上，自身有很高的强度，可以替代原管道。

（2）内衬管的修复过程均为物理过程，两侧的淤泥和积水不影响修复工作，可以进行带水作业。

（3）国际上曾有过一次性修复 DN2400 管道 633m 的成功案例，可以穿越暗井进行长距离施工。

（4）PVC-U 材料的使用寿命在 50 年以上，满足修复使用要求。

（5）所使用的原材兼有刚性和柔性的优势，可以顺利进入工作面，在施工空间限制的情况下进行修复。

4. 修复过程

（1）将分片的缠绕笼在 W3 井内进行组装（图 10.11-7、图 10.11-8）。

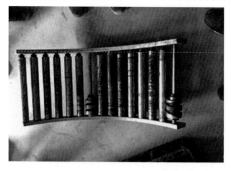

图 10.11-7　分片的缠绕笼　　　　　　　图 10.11-8　井内安装

（2）对 W3-W4 段穿越暗井进行修复（图 10.11-9～图 10.11-11）。

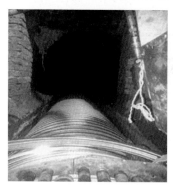 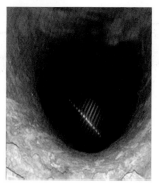 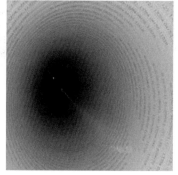

图 10.11-9　新管外壁　　　　图 10.11-10　穿越暗井　　　　图 10.11-11　新管内壁

（3）对 W4-W5 段通过检查井进行修复（图 10.11-12、图 10.11-13）。

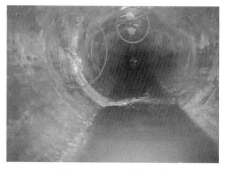 

图 10.11-12　支管暗接　　　　　　　图 10.11-13　通过检查井进行修复

10.11.2　案例2：北京西外大街修复工程

1. 工程概况

（1）位置：北京动物园地铁站西侧。

（2）管径：DN1000。

（3）修复长度：46m。

（4）工期：3d。

（5）工程概况：

北京西外大街 DN1000 污水管道抢险工程位于地铁动物园站西侧，管道埋深为 4m，横穿西外大街主干道，总长度为 46m，为特殊条件下保障工程（图 10.11-14）。

根据北京市关于占道施工的相关规定，允许的作业时间为每日 0 时～6 时，且施工期间可能有特殊情况发生，需要施工单位随时退场，待条件具备后施工方可继续（图 10.11-15）。

施工期间正值雨季，为保证不因管道封堵出现内涝，甲方要求在不断流的情况下进行修复工作，需要带水作业。

图 10.11-14　管道横穿主干道

图 10.11-15　布设好的施工现场

2. 技术要求分析

（1）原管道不断流，需要带水作业。

（2）需要修复后的管道有足够的强度。

（3）有效施工时间短，要求快速完成施工。

（4）要保证能够随时退场。

3. 技术可行性分析

（1）内衬管的修复过程均为物理过程，不断流不影响修复工作，可以进行带水作业。

（2）经计算，采用 91 型材，0.9mm 钢带，修复后的新管自身环刚度可以达到 8.6kN/m²，可以满足修复后的强度。

（3）预计修复完成该段的作业时间为 3h，在有效的作业时间内可以完成修复。

（4）PVC 和钢带可以随时截断和再连接，将所有设备安装在车上，可以快速退场，施工条件具备后，施工可继续。

4. 修复过程 (图 10.11-16～图 10.11-19)

图 10.11-16　设备下井安装

图 10.11-17　缠绕作业

图 10.11-18　临时中断，切断型材

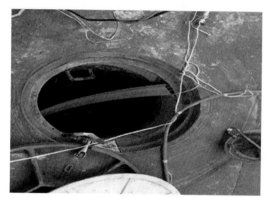

图 10.11-19　型材放入井内

第 11 章 管道衬垫法修复技术

11.1 技术特点

（1）采用衬垫法对病害排水、供水管道或箱涵等进行修复，在不开挖路面、绿地、耕地的条件下实现管道功能的恢复。

（2）采用灌浆料对管道或涵洞空洞、破损部位进行填充修复，封闭渗漏点，又加固了周边基层。

（3）采用速格垫材料作为原管道或涵管内壁层，修复管道的渗漏，防止管道腐蚀。

（4）采用速格垫及配套灌浆料对管道或涵管等进行整体修复，恢复其正常使用功能，并保证其结构稳定。

（5）工程无须人员进入管道或涵管内，既能保证质量又同时保证了施工人员安全。

11.2 适用范围

适用于管径为 250～2000mm 的各种管道的衬砌，适用管道断面为圆形、蛋形或特殊几何形状的管道非开挖修复。同时适用混凝土管、波纹管、钢管、玻璃夹砂管等不开挖修复改造。

11.3 工艺原理

采用速格垫制作成内衬，加工成需要的规格、长度。通过卷扬机牵引安装进旧管道，通过内衬内充水支撑成形，然后进行灌浆，形成新的管壁结构，以提高管道抗压、耐蚀、耐磨等性能的新兴非开挖修复工程技术（图 11.3-1、图 11.3-2）。

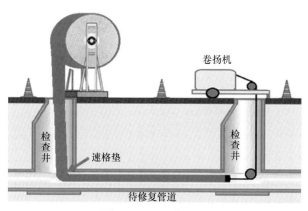

图 11.3-1 工艺原理

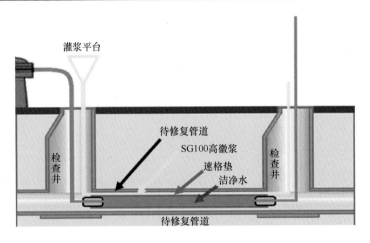

图 11.3-2　工艺原理图

11.4　施工工艺流程及操作要点

11.4.1　施工工艺流程

病害管道进行预处理修复施工完毕后,即可开始进行管道衬法修复施工。施工工艺流程如图 11.4-1 所示。

11.4.2　操作要点

1. 施工准备

搜集以下资料:

(1) 搜集检测范围内道路箱涵管线竣工图及相关技术资料,应将管线范围内的泵站、污水处理厂等附属构筑物标注在图纸上。

(2) 搜集检测范围内污水管理部门、泵/厂站负责人及值班人员的联系方式,并制成表格以便联络;搜集检测范围内道路排水管道检测或修复的历史资料,如检测评估报告或修复施工竣工报告。

(3) 搜集待检测管道区域内的工程地质、水文地质资料;搜集评估所需的其他相关资料;搜集当地道路占用施工的法律法规;将搜集到的资料整理成册,并编制目录。

(4) 根据箱涵线图纸核对检查井位置、编号、管道埋深、管径、管材等资料,对于检查井编号与图纸不一致或混乱的应重新编号,并用红笔标注在图纸上。

(5) 查看待检测管道区域内的地物、地貌、交通状况等周边环境条件,并对每个检查井现场拍摄照片。

(6) 根据检测方案和工作计划配置相应的技术人员、设备、资金,整理施工设备合格证报监理审批。

(7) 施工前项目部进行书面技术交底,明确各小组的任务,检测视频质量要求,施工质量控制过程程序、相关技术资料的填写和整理要求,各技术人员应在书面交底记录上签字。

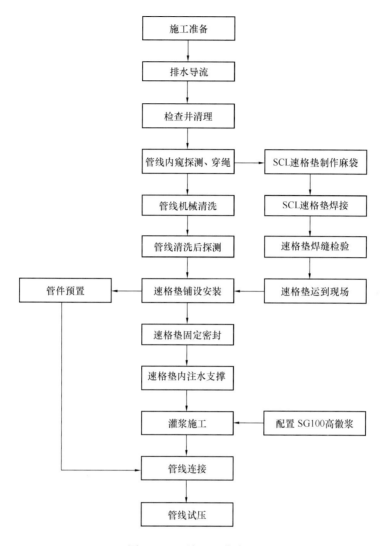

图 11.4-1　施工工艺流程

（8）施工前进行书面安全交底，明确各环节安全保障措施及相关安全控制指标，责任到人，各技术人员应在书面交底记录上签字。

（9）各组施工人员对配置的设备进行试运行，确保设备能正常运行。

（10）人员进场后应立即摆放围挡，围挡采用路锥及警示杆。

（11）将所用工具依次卸下，并整齐摆放在指定位置。

2. 通风

（1）井下气体浓度应满足《城镇排水管道维护安全技术规程》CJJ 6—2009 表 5.3.3 中的规定。

（2）井下作业前，应开启作业井盖和其上、下游井盖进行自然通风，且通风不应小于 30min。

（3）排水管经过自然通风后，则应进行机械通风，机械通风应采用 2 台鼓风机，一台吹气，另一台在另一端吸气。

（4）管道机械通风的平均速度不应小于 0.8m/s。

3. 堵水、调水

（1）根据现场实际调查观测，在夜间居民用水量最大时测算现况管道排水流量，确定导流管管径。

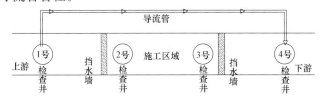

图 11.4-2　排水导流示意图

（2）导流管采用 PE 管或 PVC 管，强度与规格应满足工程导流需要。导流时，应安排专人看管。

（3）如图 11.4-2 所示，要对 2 号检查井与 3 号检查井之间管道进行软衬法修复处理，先在 1 号检查井下游管口 0.5m 处用充气气囊临时堵水（目的是方便在 2 号检查井上管口采用封堵墙进行截水封堵）。

（4）在 2 号检查井上管口及 4 号检查井上管口采用排水堵头、红砖、堵漏材料等砌筑封堵墙进行截流。对施工区域内进行围堰截水工程，DN1000 以上采用砌筑封堵墙，不宜采用气囊封堵，要保证施工区域内操作人员的安全。采用气囊充气堵塞时，应随时检查气囊的气压，当气压降低时应及时充气。

（5）当封堵墙砌筑完成后，可将气囊临时封堵拆除，导流管在 1 号检查井与 4 号检查井之间连接，上游段宜设泵排水，保证通水流畅。

4. 检查井清理

（1）一般利用现有检查井作为施工操作坑，对修复管道两端的检查井进行评估，若满足要求，可直接利用检查井进行施工。

（2）必须对检查井内气体进行检测，强制通风 30min 以上，并保持连续通风，作业人员必要时可穿戴防毒面具、防水衣、防护靴、防护手套、安全帽等，穿上系有绳子的防护腰带，配备无线通信工具和安全灯等。

（3）对不满足要求的检查井进行开挖改造，也可加内衬进行施工。

（4）改造检查井作为施工操作坑时，注意检查管线是否在坑中心位置，管底尺寸是否满足要求，坑内是否无塌方、无积水、无各种油类及杂物，宽度、深度应符合设计要求。

（5）清理检查井采用人工清掏作业方法（图 11.4-3、图 11.4-4）。

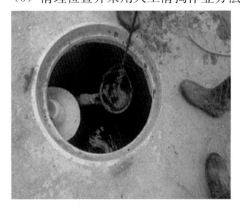

图 11.4-3　检查井清掏作业

图 11.4-4　检查清理效果

5. 管道内窥探测、穿绳

（1）采用 CCTV 管道内窥系统（图 11.4-5)对管道内状况进行观察。该管道摄像机能够清晰地反映管道内壁结垢、腐蚀等现象，并将录像资料传输到地面接收系统进行整理和保留。CCTV 内窥检测为制定、调整施工方案提供依据，也为修复前后效果比较提供资料。

图 11.4-5　管道内窥探测

（2）采用自动爬行器将钢丝绳从管道内一端拖到另一端，为管道清洗做好准备。这是最为重要的第一步。管道的除垢与清洗、内衬的牵引等工作，都得依赖这一钢丝绳。

（3）当管道内沉积物多、穿绳困难时，可采用空压机送双胶塞带钢丝绳穿绳。

6. 管道机械清洗

（1）对将清理的管道进行充分通风，需要时可用直径约为 0.5m 的风管风机进行通风。用毒性（易燃易爆）气体测量仪测试至少 5min，5min 内都在爆炸极限的 1/4（约 100ppm）以下，要用测氧仪测试至少 5min，5min 内需要氧气含量都在 18% 以上，作业人员方可下井作业。

（2）下井作业（低于 2m）要佩戴安全带等劳保用品，以防不测。非专业人员不得下井，现场要有安全员监督。

（3）降水、排水。使用泥浆泵将检查井内的污水排出至露出井底淤泥。将需要疏通的管线进行分段，分段的办法根据管径与长度分配，相同管径的两个检查井之间为一段。

（4）稀释淤泥，高压水车向分段的两个检查井井室内灌水，使用管道清淤装置使淤泥稀释，清洗管壁。

（5）清洗后的泥水从下游检查井水泵排到下段检查井。

（6）将两个检查井内的淤泥抽吸干净，用高压水枪向井室内两个检查井中剩余的少量淤泥进行冲击，再一次进行稀释，然后进行抽吸。

图 11.4-6　管道机械清洗

（7）使用高压清洗车进行管道疏通，将高压清洗车水管伸入上游检查井底部，把喷水口向着管道流水方向对准管道进行喷水（图 11.4-6)，污水管道下游检查井继续对室内淤泥进行吸污。

（8）在下井施工前对施工人员安全措施做好安排后，对检查井内剩余的砖、石、部分淤泥等残留物进行人工清理，直到清理完毕为止。管内影响内衬施工的障碍宜采用专用工具或局部开挖的方式进行清除。

（9）对预处理后的原有管道进行清洗，之后再次探测，检查清洗效果。清洗后的管道应无沉积物、垃圾及其他障碍物，不应有影响施工的积水；管道表面应洁净，应无影响衬入的附着物、尖锐毛刺、突起现象。

7. 速格垫铺设安装

（1）安装速格垫前，应对待修复管道内部情况进行复查。

（2）速格垫根据实际情况，按照设计要求和施工方案提前预制焊接成型，速格垫焊接应通过测量及计算，确定管径、长度、弯曲，其内径比原有管道内径小 3cm，焊缝满足质量要求。

（3）速格垫内衬采用卷筒形式包装运输，施工前采用钢架支撑，钢支架应搭设牢固，支架滚轮应坚固、光滑。

（4）速格垫和气囊可同时安装，也可先安装速格垫后再安装气囊，据实际情况而定，优先选用同时安装，其通过牵引的方法置入原有管道。气囊只作管道两端堵头用，气囊进入管道前应进行检查，确保其不漏气。漏气检查方法应根据气囊的使用说明确定。

（5）牵引速格垫前，先用无纺布类材料将速格垫进行包裹保护，用钢丝将包裹的速格垫绑扎好，牵引时钢丝绳与绑扎的钢丝连接，不得直接与速格垫连接。

（6）置入速格垫（图 11.4-7）时，应控制好速度，不超过 0.2m/s，以免过急致使其损坏；进入管道的速格垫应尽量保持平整，不可扭曲。

（7）牵拉操作应一次完成，不应中途停止。速格垫伸出原有管道端口的距离应满足内衬管应力恢复和热胀冷缩的要求。

（8）速格垫安装（图 11.4-8）好后，宜经过 24h 的应力恢复后再进行后续操作。将速格垫内衬与原有管道的结构基层固定，在管道两端进出口处安装密封条，并通过锚固板及螺栓将速格垫端口固定在管道壁上，同时安装好灌浆管、回浆管、排水排气管等预埋件并封堵。

图 11.4-7　速格垫铺设

图 11.4-8　速格垫安装

（9）对于多个井段连续修复施工的，施工后切割中间井的井内内衬部分；对于两井之间修复施工的，施工后切割同步施工的伸出工作井井壁多余内衬部分。

8. 速格垫固定密封及注水支撑

（1）速格垫内衬两端应使用法兰盘进行封口（图 11.4-9），也可采用压条和堵漏材料等其他方式封口。

（2）封口完成后，气囊两端应用挡板将其固定（图 11.4-10），气囊内应充满水，将速格垫内衬管支撑成满管，且气囊膜内的压力应保持恒定。充气压力根据管径不同确定，见表 11.5-1。

图 11.4-9　速格垫固定密封　　　　　　　　图 11.4-10　气囊挡板固定

（3）注水压力将管道封闭后在速格垫内注入水并控制其注水高度，水位高度至少控制在 7.5m 以上（高度的起始位置为上游顶部管口），利用水的重力和压力支撑速格垫，使其填满整个管道。

9. 灌浆施工

（1）灌浆施工工艺流程见图 11.4-11。

（2）灌浆前，管道内壁应保持湿润状态，便于灌浆料的流动。

（3）灌浆平台控制高度根据管道长度确定，长度在 50m 以内的管道，灌浆平台高度为 5m，超过 50m 以上的管道，平台高度相应提高（管道增加 10m，灌浆平台相应增加 1m）。然后制备浆料，从灌浆孔中注入 SG100 高徽浆，使 SG100 高徽浆填充速格垫与混凝土管道之间的间隙，从而使速格垫与管道形成一个整体。灌浆结束后，进行闭浆，闭浆管高度比上游管口顶部高出 1.5m，待闭浆管出浆即可。

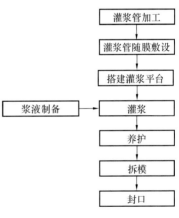

图 11.4-11　灌浆施工工艺流程

（4）灌浆采用水平衡原理，利用灌浆料的自重推动浆料流动并充满管道。

（5）制浆机容量不小于 200L，转速 1440r/min，搅拌时间 5~6min。

（6）灌浆时，应符合下列要求：

1）灌浆压力根据管道长度、地质特征等因素确定，其按下式进行计算：

$$P = 5 + (L - 50) \times 0.1 \tag{11.4-1}$$

式中　P'——灌浆压力（以灌浆料高度表示，m）；

　　　L——管道长度（m）。

2）气囊膜内的水压应与灌浆压力保持平衡，保证灌浆厚度均匀，其按下式进行计算：

$$P' = (i \cdot L + 1.5) \times 1.7 + 5 \tag{11.4-2}$$

式中　P'——气囊膜内水压（以水柱高表示，m）；

　　　i——待修复管道坡度；

　　　L——管道长度（m）。

3）灌浆料与水按材料说明的比例进行调配（图11.4-12），应在搅拌机中高速搅拌5min，搅拌后的灌浆料应在20min内用完（或按灌浆料的技术要求执行）。

4）灌浆过程（图11.4-13）中，灌浆应快速持续进行，使灌浆密实。闭浆管反出浆料并保持在一定高度即可闭浆，闭浆管高度应高出进浆口1.5m。

图11.4-12　配制SG100高徽浆　　　　　　图11.4-13　灌浆施工

（7）灌浆完成后，一段时间后方可将气囊膜拆除。这个时间与环境温度、湿度等因素有关。一般情况下，夏季至少为24h，冬季至少为48h，实际应根据现场做的灌浆料试块确定，一般24h的抗压强度应不小于30MPa。

（8）拆除气囊膜后，应进行端部处理，灌浆管、排气管等管件端部切口应平整，并与法兰平齐，达到设计效果（图11.4-14）。

图11.4-14　完成修复后效果图

（9）速格垫端部切口必须用快速密封胶（或树脂混合物）封闭速格垫与老管内壁的间隙。

10. 管道连接

管段修复后，对中间操作坑内的管件进行 PE 法兰焊接/管件安装。连接方式如图 11.4-15 所示。管件连接准备工作在待修管线断管后可进行管件的预制，可先把三通和一端的钢法兰焊接完成，精确的连接长度在 PE 法兰焊接完成后确定。

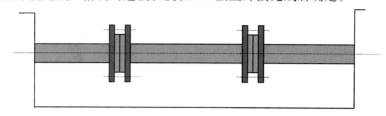

图 11.4-15　连接示意图

11. 管道严密性试验

（1）市政管道中，速格垫内衬管灌浆拆膜后应进行闭水试验，检查管道严密性。

（2）闭水试验按现行国家标准《给水排水管道工程施工及验收规范》GB 50268—2008 无压管道闭水试验的有关规定进行。实测渗水量应小于或等于下式中的允许渗水量：

$$Q_e = 0.0046 D_L \tag{11.4-3}$$

式中　Q_e——允许渗水量 $[\text{m}^3/(24\text{h}\cdot\text{km})]$；

　　　D_L——试验管道内径（mm）。

（3）当管道处于地下水位以下，管道内径大于 1000mm，试验用水源困难或管道有支管、连管接入，且临时排水有困难时，可按现行国家标准《给水排水管道工程施工及验收规范》GB 50268—2008 混凝土结构无压管道渗水量测与评定方法的有关规定进行检查，并做好记录。经检查，修复更新管道应无明显渗水，严禁有水珠、滴漏、线漏等现象。

（4）局部修复管道可不进行闭水试验。

12. 施工监控量测

（1）施工前对需要修复段管道长度、内径进行测量。

（2）根据测量结果制作内衬，并对内衬进行检查测量，确定内衬符合管道修复需要。

（3）灌浆施工时对注水管内水位高度（即压力）进行监测，确保达到设计要求。

（4）灌浆料配制时应对水灰比进行监测，用电子秤对原材料、用水量进行准确称量后进行配比，并对搅拌时间进行监测，不得少于 5min。

（5）内衬施工完成后，采用 CCTV 检测对管内内衬安装情况进行检测。

11.5　材料与设备

11.5.1　材料

选用速格垫作为内衬管道材料，其抗拉强度、伸长率等应符合相关标准规定。具体性能指标要求见表 11.5-1。

速格垫物理性能表 表 11.5-1

项 目		要 求
物理性能	抗拉强度	$L\geqslant21\text{N/cm}$, $T\geqslant21\text{N/cm}$
	拉断伸长率	$L\geqslant500\%$, $T\geqslant800\%$
	撕裂强度	$L\geqslant100\text{kN/m}$, $T\geqslant100\text{kN/m}$
	固定键拉拔强度	$\geqslant170\text{N/cm}^2$

灌浆料选用的是高徽浆,其应以满足施工和固化后强度要求为前提,具体性能指标要求见表 11.5-2。

灌浆料性能表 表 11.5-2

项 目		要 求
凝胶时间(h)	初凝	$\geqslant5$
	终凝	$\leqslant24$
流动度(s)	30min 流动度	$10\sim20$
泌水率(%)	24h 自由泌水率	0
抗压强度(MPa)	7d	$\geqslant40$
抗折强度(MPa)	7d	$\geqslant6$
自由膨胀率	24h	$0\sim3$
氯离子含量(%)		$\leqslant0.06$
对钢筋锈蚀作用		无锈蚀

11.5.2 设备

本工艺现场施工主要机械设备按单机配备,其主要施工机械、设备配置见表 11.5-3。

施工主要机械、设备配置 表 11.5-3

设备名称	品牌型号	功率	数量
自动焊机	LLINSS	2.3kW	1
热风焊枪	LEISTER	1.6kW	2
卷扬机	JM2	5.5kW	2
空压机	V-0.6/10	5.5kW	1
制浆机	CHIDGEZT-200L	7.5kW	1
CCTV 检测设备	SINGA 200		1
电锤	Z1C-SID-20	0.5kW	2
单相污水泵	WQD7-15-1.1	1.1kW	2
单相潜水泵	QDX40-9-1.5	1.5kW	2
皮尺	RA-50	10m	1

11.6 质量控制

11.6.1 执行的规范

(1)《城镇排水管渠与泵站运行、维护及安全技术规程》CJJ 68—2016。

(2)《城镇排水管道检测与评估技术规程》CJJ 181—2012。

11.6.2　管道预处理质量控制措施

（1）原有管道经检查，其损坏程度经设计认可，修复施工方案满足设计要求。对照设计文件检查施工方案，按现行标准进行 CCTV 检查，同步形成原有管道 CCTV 检测与评估报告、与设计的洽商文件记录等。

（2）原有管道经预处理后，应无影响修复施工工艺的缺陷，管道内表面全数观察（CCTV 辅助检查）应全部合格，预处理施工记录、相关技术处理记录符合规范要求。

（3）对影响修复施工的缺陷进行修补处理，必要时对周边土体进行加固、改良处理，施工设备就位并经检查满足施工要求。

11.6.3　速格垫焊接质量控制措施

（1）速格垫焊接（图 11.6-1）应尽量减少弯管处和零星膜的焊接。速格垫表面应清除油脂、水分、灰尘、垃圾和其他杂物。

（2）施焊的焊工必须持有质量技术监督局颁发的"锅炉压力容器焊工合格证"且施焊项目与证书规定项目相一致。在焊接操作时应有一位焊接主管人员进行监督。

（3）如果焊接是在夜间操作，应有充足的照明。当环境温度和不利的天气条件严重影响速格垫焊接时，应停止作业。

（4）应对焊接机定时保养，要经常清理焊接机设备中的残留物。

（5）速格垫焊缝检测（图 11.6-2）方法：

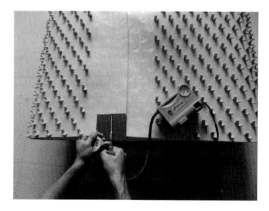

图 11.6-1　速格垫焊接　　　　图 11.6-2　速格垫焊缝检验

1）充气法

焊接为双条，双条之间留有 10mm 的空腔，将待测段两端封死，插入气针，充气至 0.15～0.20MPa，静置 5min，观察真空表，如气压无下降，表明不漏。

2）充水法

焊接为双条，双条之间留有 10mm 的空腔，将待测段两端封死，插入气针，充气至 0.05～0.20MPa，如无水从孔腔漏出表明焊缝合格，否则要查找原因及时修补。充水法的优点：直观性好，便于及时发现问题。

11.6.4 速格垫敷设质量保证措施

（1）速格垫敷设前，应保证管道预处理效果，原有管道内壁无裸露的具有刺破速格垫的物质。

（2）卷扬机牵引置入速格垫时，速度应在 0.2m/s，牵拉过程中牵拉力不应大于内衬管允许拉力的 50%，以免过急致使其损坏；应尽量保持平整，不可扭曲。

（3）管道封闭后，从下游端注水孔内注水，达到相应压力，压力水头应在上游端管口位置加上 7.5m 计算，并保证压力水头在拆除气囊前的恒定压力。

（4）专人监管施工，发现速格垫破损，要及时修补或更换。

11.6.5 灌浆质量保证措施

（1）浆液应具有较强的流动性、固化过程收缩小、放热量低的特性，固化后应具有一定的强度。

（2）注浆过程中，严格控制注浆压力，注浆终压必须达到设计要求，并稳压，防止出现压力偏小注浆不饱满或压力偏大速格垫内陷的情况。

（3）根据进浆量来检查注浆效果，当注浆量出现过大异常现象时，应停止注浆，检查速格垫情况，必要时应及时调整浆液配合比，改善注浆工艺。

（4）注浆完成后应密封内衬管上的注浆孔，且应对管道端口进行处理，使其平整。

11.6.6 材料质量保证措施

（1）进入施工现场所用的主要原材料的规格、尺寸、性能等应符合工程的设计要求，每一个单位工程的同一生产厂家、同一批次产品均应按设计要求进行性能检测，速格垫焊接完成后应进行焊缝检测，符合要求后方可使用。

（2）速格垫的外观质量应符合下列规定：

1）表面无破损。

2）表面无较大面积褶皱。

（3）垫衬法施工应做好焊接温度、搭接宽度、气囊内水压、灌浆压力、灌浆用量、灌浆用时、拆膜时间等记录和检验。竣工验收时应提供下列资料：

1）速格垫与修复后管内壁的外观检查记录。

2）原材料的质量合格证及性能检测记录。

3）施工过程记录影响资料。

4）管道功能性试验记录。

衬法管道修复工艺对施工过程中需要检查验收的资料应进行核实，符合设计、施工要求的管道方可进行管道功能性试验。

（4）修复更新后的管道内应无明显湿渍、渗水，严禁滴漏、线漏等现象。

（5）修复更新管道内衬管表面质量应符合下列规定：

1）内衬管表面应光洁、平整，无局部划伤、裂纹、磨损、孔洞、起泡、干斑、褶皱、拉伸变形和软弱带等影响管道结构、使用功能的损伤和缺陷。

2）内衬管应与原有管道贴附紧密，管内无明显突起、凹陷、空鼓等现象。

（6）工程完工后应按现行行业标准《城镇排水管道检测与评估技术规程》CJJ 181—2012 等有关规定对修复更新管道进行检测。

11.7　安全措施

11.7.1　安全总则

（1）施工安全要符合国家现行标准《建筑施工安全检查标准》JGJ 59—2011 的有关规定。

（2）管道修复施工应符合《城镇排水管道维护安全技术规程》CJJ 6—2009 和《城镇排水管渠与泵站运行、维护及安全技术规程》CJJ 68—2016 的规定。

（3）施工机械的使用应符合《建筑机械使用安全技术规程》JGJ 33—2012 的规定。

（4）施工临时用电应符合《施工现场临时用电安全技术规范》JGJ 46—2005 的规定。

（5）操作人员必须经过专业培训，熟练机械操作性能，经考核取得操作证后上机操作。

11.7.2　安全操作要点

（1）按照交通管理部门和道路管理部门的批准，临时占用道路。设置临时交通导行标志、路障、隔离设施。设专职交通疏解员进行交通导引。

（2）施工作业人员在井周边作业应注意检查井位置，避免意外坠落。

（3）施工作业前，必须先进行自然通风或必要的机械强制通风，降低井内和管道内的有毒气体浓度和提高氧气含量。施工人员下井前必须进行气体检测，佩戴防护设备与用品，井上有监护人员。井内水泵运行时严禁下井。

（4）速格垫和气囊膜在贮存、制作、运输施工过程中应远离明火。速格垫进行焊接制作时，应做好防护措施，避免发生烫伤事故。灌浆管、排气管等管件端部切割时，施工作业人员应佩戴防护工具。

（5）注水压力和注浆压力必须按照设计要求，防止压力过大，出现意外伤害。

（6）注浆作业过程中，压力连接管路应连接牢固，防止浆液喷出伤人。注浆作业过程中，应防止浆液外溢。整个施工过程，施工现场设专人统一指挥，调度协调。

11.8　环保措施

11.8.1　规范及标准

排水管道衬法修复施工过程中，环境保护严格执行《中华人民共和国环境保护法》的规定，严格按设计文件、环境保护的要求及建设单位的有关管理要求处理施工中弃渣，并执行下列规范标准：

（1）《建筑工程绿色施工评价标准》GB/T 50640—2010。

（2）《建设工程施工现场环境与卫生标准》JGJ 146—2013 等。

11.8.2　场地布置与管理

（1）认真布置好施工现场规划，场内应整齐，紧凑有序。机械设备应归类并整齐停放，材料物资应分类并及时入库或存放在指定位置。

（2）对进出工地的车辆进行冲洗，保持道路干净、整洁，努力减少施工期间对行人和车辆通行影响。

11.8.3 噪声及振动控制

（1）严格控制各种施工机具（如发电机、喷涂机、吸污车、管道干燥机、鼓风机等）的噪声。

（2）如有必要使用发电机则尽量设置在远离民居的地方，并采用密闭形式，设置消声装置，减少对两侧居民的噪声和废气污染。

（3）切割机、空压机等噪声源设备在使用过程中，严格采取有效的隔声措施，并将噪声源作单独的围闭隔离。

（4）严格执行相关夜间施工规定，尽量减少夜间施工，若为加快施工进度或其他原因必须安排夜间施工的，须采取措施尽量减少噪声，教育施工人员不准喧哗吵闹，减轻对附近居民的影响。

（5）当施工振动（发电机运转、潜水泵调水、喷涂机工作等施工振动）对敏感点有影响时，应采取隔振措施。

11.8.4 空气污染控制

（1）施工车辆尾气排放满足环保部门的排放标准才能准许使用。

（2）施工内燃机械遵照国家要求进行年审，废气检测合格后才可投入使用。应定期进行检查、维护以及维修工作，防止超标尾烟排放。

（3）严禁在施工现场焚烧任何废弃物和会产生有毒有害气体、烟尘、有臭气的沥青、垃圾及废物。

（4）对便道和场外主要道路定期洒水，降低车辆经过时造成的灰尘在空气中飞扬。

（5）合理组织施工、优化工地布局，使产生扬尘的作业、运输尽量避开敏感点和敏感时段。

11.8.5 水质污染控制

（1）施工废水须经现场废水处理系统处理合格后排放。

（2）禁止排放施工油污，溢漏油污立即采取措施处理，避免或者降低污染损害。

（3）排水导流措施应满足原污水管道的通水能力，工地排放的污水、废油等经过处理符合排放标准后排入市政排水管道，严禁有害物质污染土地和周围环境。

11.8.6 固体废弃物处理

（1）对可再利用的废弃物尽量回收利用。各类垃圾及时清扫，不随意倾倒。

（2）保持施工区和生活区的环境卫生，在施工区设置临时垃圾收集设施，防止垃圾流失，定期集中处理。

（3）教育施工人员养成良好的卫生习惯，不随地乱丢垃圾、杂物，保持工作和生活环境的整洁。

（4）严禁垃圾乱倒、乱卸或用于回填。各类生活垃圾按规定集中收集，每班清扫、每日清运。

（5）施工场地内的淤泥、弃土和其他废弃物等及时清除运输至指定地点，做到施工期间现场整洁、运土车辆要采用篷布加以覆盖，防止泥土撒落，进出工地时，进行冲洗，保持道路干净、整洁。施工任务完成退场时，彻底清除必须拆除的临时设施。

11.9　效益分析

11.9.1　社会效益

在传统的排水管道修复施工中，维修已损坏的下水管道一般的施工方法是开挖路面，把旧管改换成新管，不仅影响城市交通运行，而且施工工期长、所需费用大。施工期间污水不能正常排放，尤其是施工现场位于城市交通要道或重要商业地段时开挖路面施工会更加困难。

与传统工艺相比，本施工技术在保证施工安全前提下，降低了工程成本，加快了施工进度，是一套安全高效的施工技术。它既满足了排水管道修复的安全性要求，又节约了成本，提高了施工效率，加快了修复进度，更加灵活适用，可操作性更强，还具有工程进度快、安全文明施工好等优点。由于城市复杂的地下条件及施工环境，作为非开挖修复技术的代表，排水管道非开挖垫衬法再生修复施工新技术有着很大的推广价值。

11.9.2　经济效益

以深圳市布龙路（S360 核龙线）龙景立交至大发埔段城市化公路改造工程的 W01-2～W01-3 长 30m 污水管道修复为例进行经济效益分析。

1. 给水排水管道非开挖垫衬法再生修复施工工法

管道冲洗：$38.32 \times 30 = 1149.6$ 元

软衬法修复—速格垫：$2425 \times 30 = 72750$ 元

软衬法修复—高徽浆灌浆：$1256.4 \times 30 = 37692$ 元

坑槽、井下作业抽水：$362.93 \times 4 = 1451.72$ 元

封堵墙（围堰）：$1477.15 \times 2 = 2954.3$ 元

气囊临时封堵：$3415 \times 1 = 3415$ 元

分部分项工程费：119412.62 元

措施费：$119412.62 \times 1.3\% = 1552.37$ 元

合计：120964.99 元

2. 开挖法施工

$DN500$ 钢筋混凝土管道：$360 \times 30 = 10800$ 元

HDPE 中空壁缠绕管：$646 \times 30 = 19380$ 元

管件：$591 \times 3 = 1773$ 元

砌筑井：$3000 \times 2 = 6000$ 元

拆迁破路费用（包括基层和面层）：$(160 + 20) \times 30 = 5400$ 元

挖方（埋深2m，含废土弃运）：32.26×230＝7419.8元

回填沙：202×69.6＝14059.2元

回填石粉：114.49×120＝13738.8元

恢复基层：37×150＝5550元

恢复面层：（101.67＋103.183＋62.55＋9）×150＝41460.45元

分部分项工程费：125582.45元

措施费：125582.45×2%＝2511.45元

其他隔离围挡：40×70＝2800元

合计：130894.1元

由此可见，30m的排水管道应用本工法施工后，费用可降低1万元左右，排水管道的缺陷得到很好修复，使排水管道恢复了正常的输水功能，增强了管道的耐久性，而且该工法施工速度快、工程占地小，对交通影响小，在城市管道修复工程中应用有明显优势，具有较好的综合经济效益，在管道修复工程中具有广泛的应用前景。

11.10 市场参考指导价

衬法修复参考指导价见表11.10-1。

衬法修复参考指导价　　　　　　　　　　　表11.10-1

序　号	项　目	综合单价（元/m²）
1	衬法修复	2300.00～2600.00

注：上述修复单价不含管道清淤、堵水、降水、检测等措施费用，措施费用根据不同现场情况计算。

11.11 工程案例

案例：湖南省芷江污水管道防渗处理工程。

芷江侗族自治县县城排污管道位于县城境内沅水河东岸，全长3730m，防渗处理工程量11233.8m。经多年运营，管道接头缝出现严重的渗漏水现象，对该管道进行了防渗加固施工处理（图11.11-1～图11.11-3）。

图11.11-1　管道接头缝渗漏

图 11.11-2　管道连接井渗漏

图 11.11-3　防渗处理施工后效果

第 12 章 碎（裂）管法管道更新技术

12.1 技术特点

碎（裂）管法管道更新技术与开挖法相比具有施工速度快、效率高、造价低、对环境更加有利、对地面干扰少等优势。

与其他管道修复方法相比，碎（裂）管法的优势在于它是目前唯一能够实现扩径置换的非开挖修复施工方法，从而可以增加管道的过流能力。研究表明，碎（裂）管法非常适合更换破裂变形的管道和管壁腐蚀超过壁厚80％（外部）及60％（内部）的管道。

碎（裂）管法技术应用的局限包括如下方面：

(1) 需要开挖地面进行支管连接。

(2) 当原管道周围其他管线等设施安全距离不足时，容易造成周围设施的损坏。

(3) 需对进行过点状修复的位置进行处理。

(4) 对于严重起伏的原有管道，新管道也将会产生严重起伏现象。

(5) 需要开挖起始工作坑和接收工作坑。

(6) 当原管道夹角超过8°时，须分段进行置换更新。

12.2 适用范围

美国路易斯安娜理工大学非开挖技术中心（TTC）在《碎（裂）管法技术指南》(Guidelines for Pipe Bursting) 中规定：碎（裂）管法管道更新技术通常用于管道直径范围为 50～1000mm 的修复更新，理论上碎（裂）管法可施工的管道最大直径可达1200mm。碎（裂）管法一般用于等管径管道更换或增大直径管道更换。更换的管道直径大于原有管道直径的30％的施工是比较常见的。扩大原有管道直径3倍的管道更换施工已经有了成功的案例，但需要适宜的地质条件和更大的回拖力，并可能出现较大的地表隆起。

管道埋深不大于 0.8m 时，建议不要使用该方法，如要采用该方法，应采取相应的保护措施，且需满足待修管道管顶距地面的距离应大于 2～3 倍的管道直径。

12.3 工艺原理

用碎（裂）管设备从内部破碎或割裂原有管道，将原有管道碎片挤入周围土体形成管孔，并同步拉入新管道的管道更新方法。

碎（裂）管法根据动力源可分为静拉碎（裂）管法和气动碎管法两种工艺。静拉碎（裂）管法是在静拉力的作用下利用胀管头破碎原有管道，或通过切割刀具切开原有管道，然后再利用膨胀头将其扩大，并同步拉入新管；气动碎管法是靠气动冲击锤产生的冲击力作用破碎原有管道，并同时带入新管道。新管的铺设方法有以下三种：①拉入长管，一般为 PVC、HDPE 管；②拉入短管，PVC、PE 管；③顶入短管，一般为陶土管、玻璃钢管、石棉水泥管或者加筋混凝土管。目前常用的是拉入连续的 HDPE 管道。

　　静拉碎（裂）管施工如图 12.3-1 所示。施工过程中应根据管材材质选择不同的碎（裂）管设备。图 12.3-2 为一种适用于延性破坏的管道或钢筋加强的混凝土管道的碎（裂）管工具，由裂管刀具和胀管头组成，该类管道具有较高的抗拉强度或中等伸长率，很难破碎成碎片，得不到新管道所需的空间，因此需用裂管刀具沿轴向切开原有管道，然后用胀管头撑开原有管道形成新管道进入的空间。

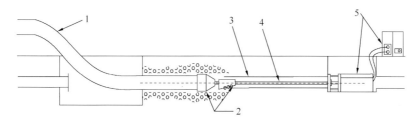

图 12.3-1　静拉碎（裂）管法示意图

1—内衬管；2—静压碎（裂）管工具；3—原有管道；4—拉杆；5—液压碎（裂）管设备

　　气动碎管法中，碎管工具由锥形胀管头和气动锤组合，气动锤由压缩空气驱动在 180～580 次/min 的频率下工作，产生向前的冲击力。图 12.3-3 为气动碎管法示意图。气动锤对锥形胀管头的每一次冲击都将使管道产生一些小的破碎，因此持续的冲击将破碎整个原有管道。气动碎管法

图 12.3-2　静拉碎（裂）管工具

1—裂管刀具；2—胀管头；3—管道连接装置

一般适用于脆性管道，如混凝土管道、铸铁管道和陶土管道等。

　　气动碎管法施工过程中由于气动锤的敲击，对周围地面造成震动。为了防止对周围管道或建筑造成影响，美国路易斯安那理工大学非开挖技术中心（TTC）制定的《碎（裂）管法技术指南》（Guidelines for Pipe Bursting）对碎（裂）管设备与周围管道和设施的安全距离做了规定，超过该距离应采取相应的措施，如开挖待修复管道与原有管道之间的土层，卸除对周围管道的应力。

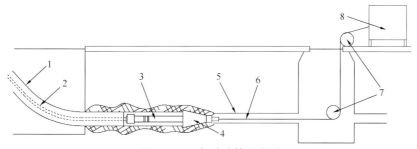

图 12.3-3　气动碎管示意图

1—内衬管；2—供气管；3—气动锤；4—膨胀头；5—原有管道；6—钢丝绳；7—滑轮；8—液压牵引设备

气动锤和胀管头的连接一般有两种：内置式和外置式，如图 12.3-4、图 12.3-5 所示。图 12.3-6 为外置式气动锤实物。

图 12.3-4　内置式

图 12.3-5　外置式

图 12.3-6　外置式气动锤实物

12.4　工艺流程与操作要点

12.4.1　工艺流程

1. 静拉碎（裂）管施工工艺流程

施工准备→管道污水封堵导流→管道疏通清淤、清洗→CCTV 内窥检查→操作坑及回拖坑开挖制作→新管道焊接及试压→碎（裂）管设备安装→穿送拉杆→连接碎裂管装置及新管道→碎（裂）管置换施工→拆除施工设备→管头及支线处理→CCTV 内窥检测→检查井修补→管道密闭性试验→清理验收。

2. 气动碎管施工工艺流程

施工准备→管道污水封堵导流→管道疏通清淤、清洗→CCTV 内窥检查→操作坑及回拖坑开挖制作→新管道焊接及试压→安装牵拉设备及穿引牵拉绳→安装气动碎管装置并连接新管道→气动碎（裂）管置换施工→拆除施工设备→管头及支线处理→CCTV 内窥检测→检查井修补→管道密闭性试验→清理验收。

12.4.2　操作要点

1. 静拉碎（裂）管法施工操作要点

（1）采用静拉碎（裂）管法同径置换施工时，待更新管道与周围其他管道和设施的安全距离不小于 300mm，实施扩径置换时安全距离不小于 600mm，同时须大于 2～3 倍原管道直径。当安全距离不足时须局部开挖释放土层应力，并对管道实施保护加固。

（2）在利用静拉碎（裂）管法对排水管道更新时，更新段中间的检查井无须整体拆除，但需从检查井内对原管道外围结构和溜槽进行破除，否则，有可能会破坏原有检查井或造成管道局部高程起伏。

（3）静拉碎（裂）管法置换更新施工时，新管材多为 HDPE 管，管道热熔连接须确保接口质量，并要对焊口外卷边进行剔除，以减少回拖阻力。

（4）在碎（裂）管机安装时，须保证拉杆处于原管道中心位置，且保证拉杆与原管道轴线夹角不应大于 2°。

（5）在碎（裂）管机前端须制作可靠的靠背墙，靠背墙与拉杆呈 90°垂直，偏差不应大于 2°，靠背墙的结构及尺寸须依据管道置换中最大的回拖力设计，确保施工时不发生位移或破损。

（6）碎（裂）管施工时，须确保各装置连接正确可靠，否则，拉力链节点容易脱开，导致置换施工失败。关键连接节点为：新管道与胀管头之间连接，胀管头与割裂刀之间的连接、割裂刀与拉杆之间的连接、拉杆与拉杆之间的连接等。

（7）当管道周围为坚硬土质或砂卵砾石地质条件时，一般情况下无法实施扩径置换，但同径置换往往可以实施。

（8）利用静拉碎（裂）管法置换更新 HDPE 双壁波纹排水管，若原管道周围为淤泥、流沙等松软地质条件时，由于受管道周围土体附着力不足的因素影响，往往会出现原管道在裂管刀前端堆积无法割裂，从而造成裂管失败。因此，在设计阶段选择该工艺须提前进行试验段施工。

（9）管道拉入过程中通常要采用注浆润滑措施，其目的是为了降低新管道与土层之间的摩擦力。应参考地层条件和原有管道周围的环境，来确定润滑泥浆的混合成分、掺加比例以及混合步骤。一般来说，膨润土润滑剂用于粗粒土层（砂层和砾石层），膨润土和聚合物的混合润滑剂可用于细粒土层和黏土层。

（10）拉入过程中应时刻监测拉力的变化情况，为了保障施工过程中的安全，当拉力突然陡增时，应立即停止施工，查明原因后才可继续施工。

（11）在排水管道置换施工中，新管道拉入就位后，在新管道进检查井及出检查井位置，应对新管道与土体之间的环状间隙进行密封、防水处理，密封长度不应小于 200mm，确保新管道与检查井壁恰当连接。按原检查井设计恢复溜槽等井内附属设施。

（12）静拉碎（裂）管法无法实现钢带增强型 HDPE 波纹管、预应力混凝土管和钢筋缠绕混凝土圆管的置换施工。

2. 气动碎管法施工操作要点

（1）采用气动碎管法进行管道更新施工时，应符合下列规定：

1）采用气动碎管法同径置换时，待修复管道与周围其他管道距离不应小于600mm；实施扩径置换时，待修复管道与周围其他管道距离不应小于900mm，同时须大于2~3倍原管道直径。与周围其他建筑设施的距离不应小于2500mm，否则应采取保护措施。

2）气动碎管工具应与钢丝绳或拉杆连接。碎管过程中，应通过钢丝绳或拉杆对碎管头施加一个恒定的拉力。

3）在碎管工具到达出管工作坑之前，施工不宜终止。

（2）在利用气动碎管法对排水管道更新时，更新段中间的检查井无须整体拆除，但需从检查井内对原管道外围结构和溜槽进行破除，否则，有可能会破坏原有检查井或造成管道局部高程起伏。

（3）气动碎管法置换施工时，新管材多为 HDPE 管，管道热熔连接须确保接口质量，并要对焊口外卷边进行剔除，以减小回拖阻力。

（4）新管道与气动锤和胀管头连接须牢靠，且在每个螺栓连接点处加缓冲套，避免置换过程中因气动锤的冲击力造成管道头撕裂脱开。

（5）气动碎管施工时，须确保各装置连接正确可靠，否则，脱开容易拉力链节点，导致置换施工失败。关键连接节点为：新管道与碎管头之间连接，卷扬机钢丝绳与碎管装置之间的连接、气动锤与压缩机送气管之间的连接等。

（6）管道拉入过程中通常要采用注浆润滑措施，其目的是降低新管道与土层之间的摩擦力。应参考地层条件和原有管道周围的环境，来确定润滑泥浆的混合成分、掺加比例以及混合步骤。一般来说，膨润土润滑剂用于粗粒土层（砂层和砾石层），膨润土和聚合物的混合润滑剂可用于细粒土层和黏土层。

（7）在排水管道置换施工中，新管道拉入就位后，在新管道进检查井及出检查井位置，应对新管道与土体之间的环状间隙进行密封、防水处理，密封长度不应小于200mm，确保新管道与检查井壁恰当连接。并按原检查井设计恢复溜槽等井内附属设施。

12.4.3 静拉碎（裂）管法施工拉力计算

静拉碎（裂）管所受最大拉力是摩擦力、爆破力和地层压力的函数，基于现场具体参数，可采用下列简化模型来计算静拉爆管工程施工中的拉力。

$$\Phi_P F_P = \alpha_k (C_f F_f + C_b F_{bp} + C_{sc} F_{scp}) \tag{12.4-1}$$

$$F_f = \mu_{sp} \cos\left[\arctan\left(\frac{D_{pf} - D_{ps}}{L_P}\right)\right] \times \left[\sigma_T \frac{\pi d_{or} L_P}{1000} + \frac{\pi(d_{or}^2 - d_{ir}^2)}{4 \times 1000^2} L_P \gamma_{pr}\right] \tag{12.4-2}$$

$$F_{bp} = \frac{\tan(\theta_h/2)\sigma_{1e} f_{np} f_{bl} t_{pe}^2}{1000} \tag{12.4-3}$$

$$F_{scp} = f_{scl} \tan \frac{\theta_h}{2} \times \cos \left(\arctan \frac{D_{pf} - D_{ps}}{L_P} \right) \times$$

$$\sigma_T \left\{ \pi (d_{or} + 2L_{os}) \left[f_{bl} t_{pe} + \frac{\dfrac{d_{or}}{2} + L_{os} - \dfrac{d_{oe}}{2}}{\tan \dfrac{\theta_h}{2}} \right] / 1000^2 \right\} \qquad (12.4-4)$$

式中　F_P——最大静拉力；

$\quad\quad\ F_f$——摩擦力；

$\quad\quad\ F_{bp}$——爆破力平行于管道方向的分力；

$\quad\quad F_{scp}$——土层压力平行于管道方向的分力；

$\quad\quad\ \Phi_P$——拉力降低因子，一般等于 0.9；

$\quad\quad\ \alpha_k$——荷载不确定因子，一般等于 1.1；

C_f、C_b、C_{sc}——分别为摩擦力、爆破力和土层压力修正系数；

$\quad\quad \mu_{sp}$——管土表面摩擦系数；

$\quad\quad\ \sigma_T$——土层压力；

$\quad\quad\ \gamma_{pr}$——更换管道重度；

$\quad\quad\ \sigma_{1e}$——旧管材料强度；

$\quad\quad\ f_{np}$——管片破碎系数；

$\quad\quad\ f_{bl}$——经验破管长度因子；

$\quad\quad\ f_{scl}$——土体压缩受限因子。

其他参数见图 12.4-1。

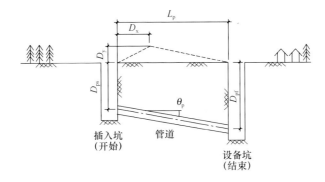

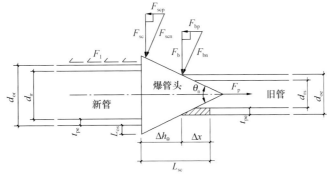

图 12.4-1　爆管路径和受力分析图

12.5 主要材料与设备

12.5.1 材料

管材应选择 PE80 或 PE100 及其改性材料；管材规格尺寸应满足设计要求，尺寸公差应符合现行国家标准《给水用聚乙烯（PE）管道系统 第 2 部分：管材》GB/T 13663.2—2018 的相关规定；管材力学性能应符合表 12.5-1 的要求。

内衬 PE 管材力学性能要求 表 12.5-1

检验项目	单位	MDPE PE80 及其改性材料	HDPE PE80 及其改性材料	HDPE PE100 及其改性材料	试验方法
屈服强度	MPa	>18	>20	>22	《热塑性塑料管材 拉伸性能测定 第 3 部分：聚烯烃管材》GB/T 8804.3—2003
断裂伸长率	%	≥350	≥350	≥350	《热塑性塑料管材 拉伸性能测定 第 3 部分：聚烯烃管材》GB/T 8804.3—2003
弯曲模量	MPa	>600	>800	>900	《塑料 弯曲性能的测定》GB/T 9341—2008
耐慢速裂纹增长（管材切口试验）（SDR11，e_n≥5mm）	h	≥8760	≥8760	≥8760	《流体输送用聚烯烃管材耐裂纹扩展的测定慢速裂纹增长的试验方法(切口试验)》GB/T 18476—2019

12.5.2 设备

采用的机械设备见表 12.5-2，推荐裂管设备规格及适用管径见表 12.5-3，不同管材推荐适用的裂管刀（工）具见表 12.5-4。

施工机械设备配置计划表 表 12.5-2

序号	设备名称	规格、型号	数量	备注
1	管道 QV 检测仪	X1-H	1 台	管道初检
2	电视（CCTV）检测系统	X5-HS	1 台	管道检测
3	水准仪	DSZ-1	1 台	测量管道高程
4	经纬仪	FDTL2CL	1 台	测量管线夹角
5	高压清洗车	56/min、YBK2-112M-4	1 台	清洗、清淤
6	吸污车	5300L/min WZJ5070GXWE5	1 台	清淤

续表

序号	设备名称	规格、型号	数量	备注
7	渣浆泵/潜水泵	100SQJ2-10、2m³/h	若干	调水
8	反铲挖掘机	210 型	1 台	工作坑、回拖坑开挖
9	汽车吊	25t	1 辆	设备安装拆除
10	渣土运输车	16～20m³	1 辆	施工余土弃置
11	碎（裂）管机	TT800G/TT1250G/TT2500G	1 套	静拉碎裂管施工
12	卷扬机	5t	1 套	气动碎管施工
13	气动锤	TT180/TT270/TT350/TT450/TT600	1 套	气动碎管施工
14	管道热熔机	ABBD300-600	1 台	新管道连接
15	轴流风机	1.5kW，1224m³/h	2 台	管道通风换气
16	发电机	TQ-50-2	2 台	施工临时供电
17	"四合一"气体检测仪	Lumidoi mini max X4	2 台	有害气体检测
18	风镐	B-10	1 套	拆除检查井内设施
19	导流管	$\phi110/\phi160/\phi200$	若干	调水
20	封堵气囊	多种规格	若干	主管、支管封堵

推荐裂管设备规格及适用管径　　　　　　　　　　　表 12.5-3

裂管机回拖力（kN）	工作坑/工作坑	适用管径范围（mm）
200	√	50～150
400	√	50～300
770	√	65～450
1250	√	150～600
2500	√	300～1000

注：200kN 及 400kN 裂管机也可用于检查井之间的裂管作业。"√"表示适用。

不同管材推荐适用的裂管刀（工）具　　　　　　表 12.5-4

液压/气动	静液压	静液压	静液压	静液压	气动
滚刀类型/管材类型	滚刀	铅皮管切刀	塑料管切刀	带胀头切刀	带胀头切刀
铸铁管（CIP）	√	—	—	√	√
球墨铸铁管（DIP）	√	—	—	√	√
钢管	√	—	—	√	√
PE/PP 管	—	—	√	√	√
PVC 管	—	—	—	√	√
石棉水泥管（ACP）	—	—	—	√	√
铅皮管	—	√	—	—	—
陶土管（VCP）	—	—	—	√	—

续表

液压/气动	静液压	静液压	静液压	静液压	气动
混凝土/钢筋混凝土管（CP/RCP）	✓	—	✓	✓	✓
玻璃纤维聚酯管（GRP）	✓	—	—	✓	✓
砖管	—	—	—	✓	✓

注："✓"表示适用；"—"表示不适用。

12.6　质量控制

1. 执行标准

《城镇排水管道非开挖修复工程施工及验收规程》T/CECS 717—2020。

2. 施工质量控制措施

（1）碎（裂）管法施工前，应认真做好地下相邻管线及构筑物调查。调查内容应详尽，包括：待修管道管径、走向、埋深、检查井的位置、管道接头及分支、相邻管线及地下设施的分布、地表设施调查等，并依据调查信息绘制待修管道平面图和剖面图；对管道内部进行内窥检测，获取管道缺陷的详尽信息。

（2）碎（裂）管法施工前，应依据待修管道调查结果认真做好施工计划和专项施工方案，其重点为施工段的划分、操作坑和回拖坑位置的确定、管道缺陷的预处理方案及与相邻管线和设施的保护方案等。

（3）置换施工主材的质量是关系到碎（裂）管法施工能否成功的关键因素，因此，施工主材要严格依据现行国家标准《给水用聚乙烯（PE）管道系统 第 2 部分：管材》GB/T 13663.2—2018 的相关规定进行验收，在施工前送具备相关资质的第三方检测机构检测，检测合格后方可用于施工。

（4）新管道热熔连接须符合现行国家标准《给水排水管道工程施工及验收规范》GB 50268—2008 标准规定，管道热熔完成后须依据管道试验规范进行打压试验，合格后方可用于置换施工。

（5）当排水管道存在严重起伏、倒坡、管道严重脱节等缺陷时，需要对缺陷部位进行开挖处理后再实施置换，否则，新管道也将会出现起伏、倒坡等严重的高程缺陷。

（6）碎（裂）管施工要严格控制地面隆起和沉降，施工前须在原管道上方地表设置高程监测点，施工前实施测量、记录；施工中实施动态监测，当发现地表高程变化超过设计预警值时，应及时终止施工；施工完成后 30d 对高程检测点进行复核。

（7）当原管道周围土质或管道腐蚀不均匀时，碎管施工容易出现新管道高程起伏或整体抬高等现象，此时，应当在碎裂管割裂刀和胀管头前部加接引导器，引导器前部为梭形，后部为圆柱体，后部长度不小于 500mm 为宜，引导器的外径应略小于原管道内径，一般小于 3~5cm 为宜。

12.7 安全措施

12.7.1 安全总则

（1）施工安全要符合国家现行标准《建筑施工安全检查标准》JGJ 59—2011 的有关规定。

（2）管道修复施工应符合国家现行标准《城镇排水管道维护安全技术规程》CJJ 6—2009 和《城镇排水管渠与泵站运行、维护及安全技术规程》CJJ 68—2016 的规定。

（3）施工机械的使用应符合《建筑机械使用安全技术规程》JGJ 33—2012 的规定。

（4）施工临时用电应符合《施工现场临时用电安全技术规范》JGJ 46—2005 的规定。

（5）操作人员必须经过专业培训，熟练机械操作性能，经考核取得操作证后上机操作。

12.7.2 安全操作要点

采用碎（裂）法管道置换施工过程中，有些工序需在井下操作，管道中可能存在有毒有害气体，容易造成操作工人中毒、窒息事故；操作坑和回拖坑在施工作业中容易发生坍塌，对操作人员人身安全造成危害；碎（裂）管法施工现场存在较多机械使用的电线和电源，容易造成触电事故；排水管道封堵导流失败后会造成施工作业面透水，造成人员溺水、设备损坏等事故。因此，管道碎（裂）管法施工必须建立完整的安全制度，不仅要做好防工伤事故，还要做好防水、防火、防毒、防触电事故等工作。

（1）根据设计文件及施工组织设计要求，认真进行施工技术交底，施工中应明确分工，统一指挥并严格遵守有关安全规程。

（2）严格执行有关安全施工生产的法规与规定。

（3）安全宣传、安全教育、安全交底要落实到每个班组、个人，施工现场必须按规定配有足够数量的显眼安全标志牌。严格做到安全交底在前，施工操作在后。工作人员进场前，必须先进行安全教育和安全交底。

（4）按照交通管理部门和道路管理部门的批准，临时占用道路时，须设置临时交通导行标志、路障、隔离设施。须设专职交通疏解员进行交通导引。

（5）操作坑和回拖坑宜采用人工开挖方式，若要采用机械开挖，必须先人工开挖探坑确认无地下设施方可实施机械开挖，操作坑和回拖坑须进行可靠的安全支护。

（6）操作坑、回拖坑及施工作业区须设置安全围挡和临边防护，避免闲杂人员进入作业区，避免施工作业人员意外坠落。

（7）工作人员下井作业前须使用检测设备检测管道内毒气含量，并做好下井记录，严禁随意下井作业。

（8）井下作业时必须采用通风设备对管道持续通风 30min 以上。

（9）下井前必须查清管径、水深、流速及附近工厂废水排放情况。

（10）井上必须有人监护，且监护人员不得擅离职守。

（11）下井时必须戴安全帽，配备符合国家标准的悬托式安全带。

（12）每次下井连续作业时间不得超过 1h。

（13）在进行排水管道置换施工时，须对原排水管道及施工段分支管道中的污水进行封堵和导流，封堵措施要牢固，导流措施须可靠、稳定，导流设备尽可能采用稳定的公用电源，并要制定针对导流失败紧急情况下的应急处置措施和安全预案。

（14）施工前应对电线进行检查、维护，并对电气设备进行试验、检验和调试。

（15）施工前应测试设备的报警装置及紧急开关，检查设备安全性与可靠性，检查碎（裂）管拉力链各连接节点，确保可靠连接。

（16）碎（裂）管施工中，操作坑、接收坑及其他作业面都需采用对讲机通信联络，保证在操作坑中的工作人员与操作主机人员和位于接收坑的作业人员协调一致，当出现紧急状况时及时通知应对。

（17）施工中应设置安全标志、护栏、警示灯等，并设置安全员，施工过程中禁止无关人员进入施工现场。

（18）发生紧急情况时，应按操作规程做出应急措施处理，应听从现场统一指挥安排。

12.8　环保措施

12.8.1　规范及标准

采用碎（裂）管法管道置换施工过程中，环境保护严格执行《中华人民共和国环境保护法》的规定，严格按设计文件、环境保护的要求及建设单位的有关管理要求处理施工中弃渣，并执行下列规范标准：

（1）《建筑工程绿色施工评价标准》GB/T 50640—2010；

（2）《建设工程施工现场环境与卫生标准》JGJ 146—2013。

12.8.2　场地布置与管理

（1）认真做好施工现场规划，场内应整齐，紧凑有序。机械设备应归类并整齐停放，材料物资应分类并及时入库或存放在指定位置。

（2）对进出工地的车辆进行冲洗，保持道路干净、整洁，努力减少施工期间对行人和车辆通行影响。

12.8.3　噪声及振动控制

（1）严格控制各种施工机具（如发电机、空压机、吸污车、管道干燥机、鼓风机等）的噪声。

（2）若必须使用发电机则尽量设置在远离民居的地方，并尽可能采用静音设备或设置隔声棚等，减少对周围居民的噪声和废气污染。

（3）严格执行当地夜间施工规定，尽量减少夜间施工，若为加快施工进度或其他原因必须安排夜间施工的，须采取措施尽量减少噪声。教育施工人员不准喧哗吵闹，减轻对附近居民的影响。

（4）气动碎管施工时，空压机和气动锤工作噪声较大；同时，气动锤的冲击会造成地面一定范围内的振动，因此，应选择在白天工作时间施工。

12.8.4　空气污染控制

（1）施工车辆尾气排放满足环保部门的排放标准才能准许使用。

（2）施工内燃机械遵照国家要求进行年审，废气检测合格后才可投入使用。机械设备应定期进行检查、维护以及维修工作，防止超标尾气排放。

（3）严禁在施工现场焚烧任何废弃物和会产生有毒有害气体、烟尘、有臭气的沥青、垃圾及废物。

（4）对便道和场外主要道路定期洒水，降低车辆经过时造成的扬尘污染。作业坑采用挂网喷浆支护时，须配备喷淋降尘装置。

（5）合理组织施工、优化工地布局，使产生扬尘的作业、运输尽量避开敏感点和敏感时段。

12.8.5　水质污染控制

（1）施工废水须交由专业的处置机构处置或经现场废水处理系统处理合格后排放。

（2）禁止排放施工油污，溢漏油污立即采取措施处理，避免或降低污染损害。

（3）排水导流措施应满足原污水管道的通水能力，工地排放的污水、废油等经过处理符合排放标准后排入市政排水管道，严禁有害物质污染土地和周围环境。

12.8.6　固体废弃物处理

（1）对可再利用的废弃物尽量回收利用。各类垃圾及时清扫，不随意倾倒。

（2）保持施工区和生活区的环境卫生，在施工区设置临时垃圾收集设施，防止垃圾流失，定期集中处理。

（3）教育施工人员养成良好的卫生习惯，不随地乱丢垃圾、杂物，保持工作和生活环境的整洁。

（4）严禁垃圾乱倒、乱卸或用于回填。各类生活垃圾按规定集中、分类收集，每班清扫、每日清运。

（5）施工场地内的淤泥、弃土和其他废弃物等及时清除运输至指定地点，做到施工期间现场整洁、运土车辆要采用篷布加以覆盖，防止泥土撒落，进出工地时，进行冲洗，保持道路干净、整洁。施工任务完成退场时，彻底清除必须拆除的临时设施。

12.9　效益分析

同比传统开挖修复方式，碎（裂）管法管道置换更新技术作为前沿非开挖修复技术，具有不需开挖路面，不产生垃圾，不阻塞交通，保护环境，节省资源；施工噪声低，符合环保要求，不扰民，社会效益高；作业周期短，综合成本低等诸多优势。

此外，随着管材国产化，碎（裂）管法管道置换技术工程造价成本也低于传统开挖修复方式。以长度为 30m、埋深 4m、管径为 DN600 的管材为钢筋混凝土污水管的修复为例：传统开挖修复，需要进行破除沥青混凝土路面，外运石渣，替换旧管，回填中砂，恢复路面等作业，每米修复综合单价（含人工费、材料费、机械费、管理费、利润、税金）约为4620元，工程总造价约为138600元；而采用碎（裂）管法管道修复技术，每米修复综合单价（含人工费、材料费、机械费、管理费、利润、税金）约为4016.58元，工程总造价约为120497.4元，低于传统开挖修复方式。

综上所述，同比传统非开挖修复方式，碎（裂）管法管道修复技术具有工程造价低，社会效益、环境效益高等优势，可广泛应用于城镇给水排水管网的非开挖修复更新。

12.10 市场参考指导价

碎（裂）管法管道修复市场参考指导价参见表12.10-1、表12.10-2。

碎（裂）管法管道置换施工市场参考指导价（同径置换） 表 12.10-1

置换种类	管径(mm)	200	300	400	500	600	700	800	900	1000
同径置换	参考价格（元/m）	1470	1925	2424	2988	3680	4490	5432	6518	7760

说明：表中单价不包含操作坑及回拖坑制作费用。

碎（裂）管法管道置换施工市场参考指导价（扩径置换） 表 12.10-2

置换种类	管径(mm)	200 换 300	300 换 400	400 换 500	500 换 600	600 换 700	700 换 800	800 换 900	900 换 1000
扩径置换	参考价格（元/m）	2020	2533	3137	3864	4715	5705	6845	8148

说明：表中单价不包含操作坑及回拖坑制作费用。

12.11 工程案例

1. 新疆维吾尔自治区福海县 S318 沿线及济海西路 DN300 排水管道碎（裂）管法扩径置换施工案例

施工单位：新疆鼎立非开挖工程有限公司。

工程概况：原有排水管道为 DN300 混凝土管和双壁波纹管，其中波纹管出现严重变形和破裂，水泥管出现严重腐蚀老化，同时原管道过流不足，需提高过流能力。

修复工艺：采用静拉碎（裂）管法管道置换技术，实施 DN300～DN400 的扩径置换。

置换管道：DN400 HDPE 管，承压 0.8MPa（图 12.11-1～图 12.11-10）。

图 12.11-1　修复前管道状况 1

图 12.11-2　修复前管道状况 2

图 12.11-3　作业坑制作

图 12.11-4　碎（裂）管设备安装

图 12.11-5　管道热熔连接

图 12.11-6　施工导流调水

图 12.11-7 碎（裂）管施工

图 12.11-8 胀管头穿越检查井

图 12.11-9 割裂刀胀管头连接及新管拖入

图 12.11-10 新管置换就位

2. 新疆维吾尔自治区克拉玛依市独山子区喀什路 _DN_300 污水管道短管置换施工案例

施工单位：新疆鼎立非开挖工程有限公司。

工程概况：原有污水管为 _DN_300 陶土管，出现腐蚀老化和大面积破裂变形、塌陷等缺陷。

修复工艺：静拉碎（裂）管法短管置换技术，_DN_300 同径置换。新管敷设采用拉入法。

置换管道：_DN_300 HDPE 管，管道壁厚 23mm，加工为 500mm/节，承插连接，连接处加密封圈（图 12.11-11～图 12.11-16）。

图 12.11-11　置换前管道

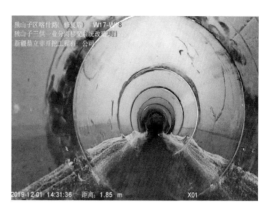

图 12.11-12　置换后管道

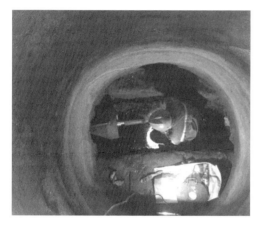

图 12.11-13　碎（裂）管施工过程 1

图 12.11-14　碎（裂）管施工过程 2

图 12.11-15　施工现场 1

图 12.11-16　施工现场 2

第 13 章　热塑成型法修复技术

13.1　技术特点

（1）热塑成型管道修复技术的最大特点是高度的工厂预制生产。和传统通过开挖方式埋设的管道相似，衬管的各项性能，包括材料力学参数、化学抗腐蚀参数、管壁厚度等都是在严格控制的工厂流水线上决定。现场安装只是通过热量和压力对生产出的管材进行形状上的改变（使其紧贴于待修管道的内壁），而不造成任何材料形态变化，不改变管材的力学参数，从而大大提高非开挖管道修复的工程质量。

（2）适用于管径小于 1200mm 的管道修复，管道的形状可为圆形、椭圆形、马蹄形、梨形等。

（3）现场安装设备简单，速度快，现场技术要求低。

（4）现场安装之前可以进行产品质量检测，杜绝不合格产品的应用。

（5）如现场安装过程中出现问题或安装后检测发现质量问题，衬管可以通过非开挖的方式抽出，大大降低工程风险和成本。

（6）衬管的维护和保养和传统高分子材料管材基本一致。

（7）衬管安装前可常温长时间储存，储存成本低。

（8）修复后井与井之间没有管道接口。

（9）管材可保证 100％不透水。

（10）强度高，在需要结构性修复的情况下，可以满足全结构修复的强度要求。

（11）管道的韧性好，抗冲击性能卓越。

（12）抗化学腐蚀性能好，高分子材料的抗腐蚀性能远高于其他金属类和水泥类管材，材料的抗化学腐蚀性适用于常规污水环境。

（13）部分产品可用于饮用水。

（14）产品的安装过程中不产生任何污染物，属于绿色施工。

13.2　适用范围

（1）母管管材不限，可应用于任何材质的管道修复。

（2）部分产品可适用于饮用水修复。

（3）可应用于管道管径有变化的管道修复。

（4）可应用于管道接口错位较大的管道修复。

（5）可应用于有 45°和 90°弯的管道修复。

（6）可应用于接入点难以接近的管道修复。

（7）可应用于动荷载较大、地质活动比较活跃的地区的管道修复。

（8）可应用交通拥挤地段的管道修复。

13.3 工艺原理

高分子材料热塑成型技术自问世起，被广泛地应用于各个领域。本技术是工程现场中应用热塑成型工艺将工厂生产的衬管安装于待修管道的内壁。衬管的强度高，可达到单独承受地下管道所有的外部荷载，包括静水压力、土压力和交通荷载。有些产品可以应用于低压压力管道的全结构修复。由于管道的密闭性能卓越，在高压管道的母管强度没有严重破坏的情况下，可以用于高压压力管道的修复。

热塑成型非开挖修复工艺在待修管道的内部，以原管道为模子，通过热塑成型工艺新建一条管道，从而达到修复的目的。图 13.3-1～图 13.3-4 为现场施工的技术示意图。图 13.3-5为修复的效果展示图。

图 13.3-1　衬管拖入

图 13.3-2　端口插入管塞

图 13.3-3　衬管热塑成型

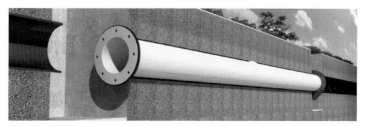

图 13.3-4　端口处理

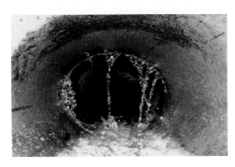

图 13.3-5　热塑成型法管道修复前后对比

13.4　施工工艺流程及操作要求

13.4.1　施工工艺流程

病害管道进行预处理修复施工完毕后，即可开始进行热塑成型修复施工。现场施工步骤要点如下：

（1）管道清洗。

（2）衬管现场预热。

（3）衬管拖入待修管道。

（4）衬管加热加压，保证衬管紧贴于待修管道内壁。

（5）快速冷却。

（6）切去多余衬管，检测修复效果。

13.4.2　操作要点

1. 施工准备

（1）搜集以下资料：

1）搜集检测范围内道路管线竣工图及相关技术资料，应将管线范围内的泵站、污水处理厂等附属构筑物标注在图纸上。

2）搜集检测范围内其他相关管线的图纸资料。

3）搜集检测范围内污水管理部门、泵/厂站负责人及值班人员的联系方式，并制成表格以便联络。

4）搜集检测范围内道路排水管道检测或修复的历史资料，如检测评估报告或修复施工竣工报告。

5）搜集待检测管道区域内的工程地质、水位地质资料。

6）搜集评估所需的其他相关资料。

7）搜集当地道路占用施工的法律法规。

8）将搜集到的资料整理成册，并编制目录。

（2）根据管线图纸核对检查井位置、编号、管道埋深、管径、管材等资料，对于检查井编号与图纸不一致或混乱的应重新编号，并用红笔标注在图纸上。

（3）查看待检测管道区域内的地物、地貌、交通状况等周边环境条件，并对每个检查井现场拍摄照片。

（4）根据检测方案和工作计划配置相应的技术人员、设备、资金，整理施工设备合格证报监理审批。

（5）施工前项目部进行书面技术交底，明确各小组的任务，检测视频质量要求，施工质量控制过程程序、相关技术资料的填写和整理要求，各技术人员应在书面交底记录上签字。

（6）施工前进行书面安全交底，明确各环节安全保障措施及相关安全控制指标，责任到人，各技术人员应在书面交底记录上签字。

（7）施工班组长填写《下井作业申请表》（见《城镇排水管道维护安全技术规程》CJJ 6—2009 表 A-1），并报项目部审批。

（8）各组施工人员对配置的设备进行试运行，确保设备能正常运行。

（9）人员进场后应立即摆放围挡，围挡采用路锥及警示杆。

（10）将所用工具依次卸下，并整齐摆放在指定位置。

2. 通风

（1）在清洗过程中，如需人员井下作业，井下气体浓度应满足《城镇排水管道维护安全技术规程》CJJ 6—2009 表 5.3.3 中的规定。

（2）井下作业前，应开启作业井盖和其上、下游井盖进行自然通风，且通风不应小于 30min。

3. 堵水、调水

（1）管道避开雨天进行施工。

（2）如待修复管道内过水量很小，修复期间可在上游采用堵水气囊或砂袋进行临时封堵，以防止上游来水流入待修复管道。

（3）由于采用热塑成型法修复管道速度快，一般一段修复需要时间为 3h 之内，在流量较小的时候（如夜间），通常不需要导流。安装过程中并不需要完全断流，这样也大大降低了需要导流的概率。

（4）当上游来水量相对较大时，则需要通过水泵进行导流。

4. 清洗

（1）待修管道主要是通过高压水进行冲洗，根据管道本身的结构情况和淤积情况来调节清洗压力。

（2）清洗通常需要高压冲洗设备自动完成，图 13.4-1 为现场清洗照片。

（3）清洗后的管道要求可以保证衬管顺利通过。

5. 衬管的运输、储藏和现场预加热

热塑成型法管道衬管在工厂生产后，缠绕在木质或钢质的轮盘之上，根据管径的不同，一段可为几十米，甚至上百米。其卷盘方式与通常电缆的卷盘方式类似，如图 13.4-2 所示。

卷盘后的热塑成型法衬管的一个优点是为运输提供了极大的便利，一辆卡车可以运送数公里的衬管到工程现场，在运输过程中，衬管无须进行任何遮盖或低温保存等特殊处理。图 13.4-3 和图 13.4-4 为热塑成型法管道衬管装车和运输的图片。

图 13.4-1　高压水冲洗

图 13.4-2　热塑成型法衬管卷盘

图 13.4-3　热塑成型法管道衬管装车

图 13.4-4　热塑成型法管道衬管运输

衬管可以在常温下长时间储存，短时间可以露天储存，如需要长期储存，建议室内储存，或者用篷布遮盖，以避免长期日光照射。图 13.4-5 为衬管储存的图片。

在单端管道的修复施工中，与其相应的单个轮盘运到工程现场。

工程当天，在对待修管道进行清洗的同时，开始对在轮盘上的管道衬管进行预加热，通

图 13.4-5　热塑成型法管道衬管储存

常可以将衬管轮盘放入预制的蒸箱或是用塑料布覆盖。图 13.4-6 为衬管进行预加热的图片。

图 13.4-6　工程现场对热塑成型法衬管进行预加热

根据所需预加热的衬管的长度和管径，预加热时间一般需 1～2h。当衬管触摸柔软后即可准备拖入待修管道。

6. 衬管的拖入

当待修管道的清洗和预处理结束，且衬管的预加热结束之后，可以开始向管道称管内拖入衬管。

衬管在生产过程后的形状为扁形、C 形或是工字形，其目的是减小衬管的横截面积，从而使拖入待修管道成为可能。图 13.4-7 显示生产成工字形的衬管与变形后管道横截面积的对比。

在拖入过程中，下游的卷扬机通过铁链和上游卷盘上的衬管连接，上、下游的施工人员通过步话机联系相互配合，保证将衬管顺利拖入待修管道之中。图 13.4-8 为上游施工人员在拖入过程中。图13.4-9为下游卷扬机拖拽衬管。

图13.4-7　工字形热塑成型法衬管　　　　图13.4-8　上游施工人员配合将热塑
和待修管道的横截面对比　　　　　　　　　　　成型法衬管拖入

7. 衬管的成型

当衬管完全拖入后，在上游用水蒸气继续对衬管加热（衬管在拖入的过程中会冷却硬化），在衬管再次加热并软化后，用专用管塞在上游和下游分别将衬管的两头塞住，如图13.4-10所示。

图13.4-9　下游通过卷扬将衬管拉入待修管道　　图13.4-10　管塞用于在上、下游塞住管道

管塞的中部有可通过气体的通道。

在管道的上游通过管塞中间的通道向管道内吹水蒸气，管道下游的管塞中接阀门、温度和压力仪表。下游的阀门根据温度和压力的情况逐渐关小，衬管内部的水蒸气压力将衬管"吹起"。衬管首先将恢复到生产时变形前的圆形。然后在水蒸气的压力下继续膨胀，直至紧贴于待修管道的内壁。

在成型过程中，下游的温度一般不会超过95℃，而压力则由管道的长度和管道的直径决定，一般不会超过0.15MPa。

在管道的上游也观察到衬管紧贴于待修管道后，则可以停止输入水蒸气。图13.4-11

为热塑成型法修复时下游的照片。图 13.4-12 为试验中衬管被吹起成型。

图 13.4-11　热塑成型法管道下游管
塞处"吹起"成型

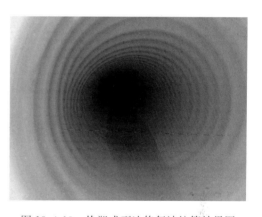

图 13.4-12　试验中衬管被吹起成型

8. 成型后的冷却和端口处理

热塑成型法管道被"吹起"紧贴于管道内壁之后，在保持压力的情况下，通过管塞的气体通道向衬管内部输入冷空气冷却衬管。当下游的温度表显示出通流气体温度降到 30℃之下时可以释放压力，将两端多余的衬管切掉，安装结束。

衬管在波纹管内部的加衬效果如图 13.4-13 所示。衬管也呈现原管道的波纹形状，表明衬管和待修管道之间紧密贴合。

图 13.4-13　热塑成型法修复波纹管效果图

衬管一般伸出待修管道大于 10cm，其伸出部分呈喇叭状，如图 13.4-14 所示。

如有必要，衬管末端可翻边至原管道的端口，如图 13.4-15 所示，这样的端口处理可以有助于压力管道的接口密封处理。

图 13.4-14　衬管末端伸出母管且呈喇叭状

图 13.4-15　热塑成型法衬管末端翻边处理

13.5 材料与设备

1. 材料

材料性能应满足表 13.5-1 要求。

一种热塑成型技术材料性能 　　　　　　　　　　　　　　表 13.5-1

序号	检验项目	检测结果	检验依据
1	拉伸强度	>30MPa	GB/T1040.2
2	弯曲强度	>40MPa	《塑料 弯曲性能的测定》GB/T 9341—2008
3	弯曲弹性模量	>2000MPa	

此外，热塑成型法材料在耐腐蚀性方面也具有优良的性能，可承受污水管道中的任何化学物质，部分产品可用于饮用水管道。

2. 设备

采用的机械设备见表 13.5-2。

施工机械设备配置计划表 　　　　　　　　　　　　　　表 13.5-2

序号	设备名称	规格、型号	数量（台）	备注
1	电视（CCTV）检测系统	SINGA	1	管道检测
2	泥浆泵	56L/min、YBK2-112M-4	2	清淤
3	潜水泵	100SQJ2-10、2m³/h	2	调水
4	鼓风机	T35、1224m³/h	2	管道通风
5	发电机	TQ-25-2	1	设备供电
6	空气压缩机	7m³/min	1	衬管冷却
7	蒸汽发生器	100kg/h	2	衬管加热
8	卷扬机		1	衬管拖入
9	管塞		2	封堵

13.6 质量控制

1. 现场执行的规范

（1）《城镇排水管渠与泵站运行、维护及安全技术规程》CJJ 68—2016。

（2）《城镇排水管道检测与评估技术规程》CJJ 181—2012。

（3）《城镇排水管道非开挖修复工程施工及验收规程》T/CECS 717—2020。

2. 质量控制措施

热塑成型法管道修复技术的衬管在安装之前已经是成形的管道，只是形状上和待修管道不同（横截面面积小于待修管道以便于安装），这是热塑成型法衬管和其他非开挖施工管道衬管主要区别之一。在质量监控方面，由于现场安装不改变管材除形状外的任何材料特性，大部分产品的质量监控可以在安装之前完成。和常规高分子管材一样，热塑成型管道修复产品的管材在生产过程中有一系列严格的质量控制标准，如图 13.6-1～图 13.6-6 所示。

图 13.6-1　丙酮浸泡——测试材料塑化效果

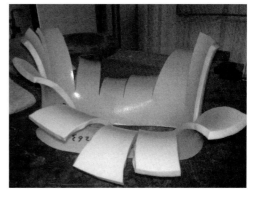

图 13.6-2　热反复——测试生产缺陷

图 13.6-3　重锤抗冲击——测试材料抗冲击指数

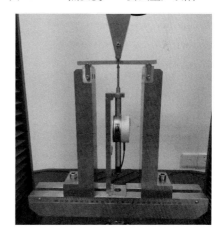

图 13.6-4　弯曲模量与强度测试

图 13.6-5　拉伸模量和强度测试

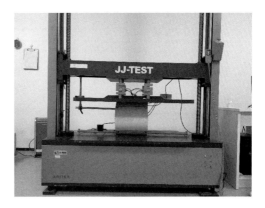

图 13.6-6　材料刚度测试

衬管出厂后，可以在安装现场通过取样进行测试，安装之前可以在轮盘上取样，安装之后可以在管道井室中取样。

13.7　安全措施

13.7.1　安全总则

（1）施工安全要符合国家现行标准《建筑施工安全检查标准》JGJ 59—2011 的有关规定。

（2）管道修复施工应符合《城镇排水管道维护安全技术规程》CJJ 6—2009 和《城镇排水管渠与泵站运行、维护及安全技术规程》CJJ 68—2016 的规定。

（3）施工机械的使用应符合《建筑机械使用安全技术规程》JGJ 33—2012 的规定。

（4）施工临时用电应符合《施工现场临时用电安全技术规范》JGJ 46—2005 的规定。

（5）操作人员必须经过专业培训，熟练机械操作性能，经考核取得操作证后上机操作。

13.7.2　安全操作要点

排水管道喷涂修复施工过程需在井下进行操作，管道中可能存在有毒有害气体，容易造成操作工人中毒、窒息事故；病害管道在修复工程中容易发生坍塌，对操作人员人身安全造成危害；喷涂修复施工现场存在较多机械使用的电线和电缆，容易发生触电事故。

实际施工中，可能会发生中毒、管道坍塌和触电事故，因此，排水管道喷涂修复的施工必须建立完整的安全制度，不仅要做好防工伤事故，还要做好防火、防毒、防触电事故等工作。

（1）根据设计文件及施工组织设计要求，认真进行技术交底，施工中应明确分工，统一指挥并严格遵守有关安全规程。

（2）严格执行有关的安全施工生产的法规与规定。

（3）安全宣传、安全教育、安全交底要落实到每个班组、个人，施工现场必须按规定配有足够数量的、明显的安全标志牌。严格做到安全交底在前，施工操作在后。工人进场前，必须进行安全教育。

（4）按照交通管理部门和道路管理部门的批准，临时占用道路。设置临时交通导行标志、路障、隔离设施。设专职交通疏解员进行交通导引。

（5）施工作业人员在井周边作业应注意检查井位置，避免意外坠落。

（6）下井作业前使用检测设备检测管道内毒气含量，并做好下井记录，严禁随意下井作业。

（7）井下作业时必须采用通风设备对管道进行持续通风。

（8）下井前必须查清管径、水深、流速及附近工厂废水排放情况。

（9）井上必须有人监护，且监护人员不得擅离职守。

（10）严禁进入直径小于 800mm 的管道作业。

（11）下井时必须戴好安全帽，配备符合国家标准的悬托式安全带。

（12）每次下井连续作业时间不得超过 1h。

（13）如需注浆，井下安全注浆过程中人员应尽可能在检查井口观察注浆效果。

（14）注浆钻孔施工及塌陷处理施工时，应采用组装型不锈钢支架作为保护设备，整个塌陷处理过程中应保证人员头部在保护架内。

（15）排水。使用泥浆泵将检查井内污水排出至露出井底淤泥。将需要疏通的管线进行分段，分段的办法根据管径与长度分配，相同管径两检查井之间为一段。

（16）设置管塞要牢固。将自上而下的第一个工作段处用管塞把井室进水管道口堵死，然后将下游检查井出水口和其他管线接口堵死，只留下该段管道的进水口和出水口。

（17）喷管压力必须按照设计要求，防止压力过大，出现意外伤害。

（18）施工前应对电线进行检查、维护，并对电气设备进行试验、检验和调试。

13.8　环保措施

热塑成型法管道修复技术衬管在运输到工程现场时，衬管已经是固体管道，施工过程中只是对管道的形状进行改变，而不会发生任何材料形态的变化（如固态变液态，液态变气态等），施工过程中管材材料不会对水系产生任何影响。

施工过程中加热通过水蒸气来完成，没有任何有害气体的排放。

热塑成型管道修复技术施工属绿色环保施工，被广泛应用于对环保要求高的工程中，图 13.8-1 和图 13.8-2 为实际施工图片。

图 13.8-1　热塑成型技术修复机场下　　　　图 13.8-2　热塑成型技术修复高尔夫球场
　　　管道（飞机正常起落）　　　　　　　　　　管道（不影响球赛正常进行）

13.8.1　规范及标准

排水管道修复施工过程中，环境保护严格执行《中华人民共和国环境保护法》的规定，严格按设计文件，环境保护的要求及建设单位的有关管理要求处理施工中弃渣。执行下列规范标准：

（1）《建筑工程绿色施工评价标准》GB/T 50640—2010。

（2）《建设工程施工现场环境与卫生标准》JGJ 146—2013。

（3）《现有污水管和下水管修复用折叠式聚氯乙烯管的标准》ASTM F1504—2014。

（4）《现存下水道和管线修复用 A 型折叠/成型聚氯乙烯管的标准规范》ASTM F1871—2011。

（5）《折叠式聚氯乙烯管装入现有下水道和管道的规程》ASTM F1947。

（6）《现有下水道和管线修复用 A 型折叠/成型聚氯乙烯管的标准安装规程》ASTM F 1867。

（7）《地下无压排水道及污水网的翻修用塑料管道系统 第 3 部分：紧密贴合管道衬管》ISO11296—3。

（8）《地下有压排水道及污水网的翻修用塑料管道系统 第 3 部分：紧密贴合管道衬管》ISO11297—3。

（9）《地下供水管网的翻修用塑料管道系统 第 3 部分：紧密贴合管道衬管》ISO 11298—3。

（10）《地下燃气管网的翻修用塑料管道系统 第 3 部分：紧密贴合管道衬管等》ISO 11299—3。

13.8.2　场地布置与管理

（1）认真布置好施工现场规划，场内应整齐，紧凑有序。机械设备应归类并整齐停放，材料物资应分类并及时入库或存放在指定位置。

（2）对进出工地的车辆进行冲洗，保持道路干净、整洁，努力减少施工期间对行人和车辆通行影响。

13.8.3　噪声及振动控制

（1）严格控制各种施工机具（如发电机、喷涂机、吸污车、管道干燥机、鼓风机等）的噪声。

（2）如有必要使用发电机则尽量设置在远离民居的地方，并采用密闭形式，设置消声装置，减少对两侧居民的噪声和废气污染。

（3）切割机、空压机等噪声源设备在使用过程中，严格采取有效的隔声措施，并将噪声源作单独的围闭隔离。

（4）严格执行广州市夜间施工规定，尽量减少夜间施工，若为加快施工进度或其他原因必须安排夜间施工的，须采取措施尽量减少噪声。教育施工人员不准喧哗吵闹，减轻对附近居民的影响。

（5）当施工振动（发电机运转，潜水泵调水、喷涂机工作等施工振动）对敏感点有影响时，应采取隔振措施。

13.8.4　空气污染控制

（1）施工车辆尾气排放满足环保部门的排放标准才能准许使用。

（2）施工内燃机械遵照国家要求进行年审，废气检测合格后才可投入使用。应定期进行检查、维护以及维修工作，防止超标尾烟排放。

（3）严禁在施工现场焚烧任何废弃物和会产生有毒有害气体、烟尘、有臭气的沥青、垃圾及废物。

（4）对便道和场外主要道路定期洒水，降低车辆经过时造成的灰尘在空气中飞扬。

（5）合理组织施工、优化工地布局，使产生扬尘的作业、运输尽量避开敏感点和敏感时段。

13.8.5 水质污染控制

（1）施工废水须经现场废水处理系统处理合格后排放。

（2）禁止排放施工油污，溢漏油污立即采取措施处理，避免或者降低污染损害。

（3）排水导流措施应满足原污水管道的通水能力，工地排放的污水、废油等经过处理符合排放标准后排入市政排水管道，严禁有害物质污染土地和周围环境。

13.8.6 固体废弃物处理

（1）对可再利用的废弃物尽量回收利用。各类垃圾及时清扫，不随意倾倒。

（2）保持施工区和生活区的环境卫生，在施工区设置临时垃圾收集设施，防止垃圾流失，定期集中处理。

（3）教育施工人员养成良好的卫生习惯，不随地乱丢垃圾、杂物，保持工作和生活环境的整洁。

（4）严禁垃圾乱倒、乱卸或用于回填。各类生活垃圾按规定集中收集，每班清扫、每日清运。

（5）施工场地内的淤泥、弃土和其他废弃物等及时清除运输至指定地点，做到施工期间现场整洁、运土车辆要采用篷布加以覆盖，防止泥土撒落，进出工地时，进行冲洗，保持道路干净、整洁。施工任务完成退场时，彻底清除必须拆除的临时设施。

13.9 效益分析

相较传统开挖修复方式，热塑成型管道修复技术作为前沿非开挖修复技术，具有不需开挖路面，不产生垃圾，不阻塞交通，保护环境，节省资源；施工噪声低，符合环保要求，不扰民，社会效益高；作业周期短，综合成本低等特点。

此外，随着管材国产化，热塑成型管道修复技术工程造价成本也低于传统开挖修复方式。以长度为 30m，埋深 4m，管径为 DN600，管材为 HDPE 缠绕增强管的污水管修复为例：传统开挖修复，需要进行破除沥青混凝土路面，外运石渣，替换旧管，回填中砂，恢复路面等作业，每米修复综合单价（含人工费、材料费、机械费、管理费、利润、税金）约为 5120 元，工程总造价约为 153600 元；而采用热塑成型管道修复技术，每米修复综合单价（含人工费、材料费、机械费、管理费、利润、税金）约为 4016.58 元，工程总造价约为 120497.4 元，低于传统开挖修复方式。

综上所述，相对传统非开挖修复方式，热塑成型管道修复技术具有工程造价低，社会效益、环境效益高等优势，可广泛应用于城镇排水管网的非开挖修复。

13.10 市场参考指导价

热塑成型管道修复市场参考指导价参见表 13.10-1。

管径(mm)	200	300	400	500	600	700	800	900	1000	1100	1200
参考价格(元/处)	1411.52	1889.56	2460.72	3060.79	4016.58	4816.95	5966.26	7129.88	8187.22	9572.26	10951.3
参考厚度(mm)	4	5	6	7	8	9	10	11	9	10	11

热塑成型管道修复技术市场参考指导价 　　　　　表 13.10-1

注：上述修复单价不含管道清淤、堵水、降水、检测等措施费用，措施费用根据不同现场情况计算。

13.11　工程案例

1. 广东省深圳市罗湖区金稻田路 *DN*500 排水管道非开挖修复案例

施工单位：厦门安越非开挖工程技术股份有限公司。

工程概况：原有排水管道为波纹管、水泥管对接组成，其中波纹管出现严重变形和破裂，水泥管出现严重腐蚀和塌陷。

修复工艺：注浆套 *DN*700 钢板掘进、热塑成型管道修复技术。图 13.11-1～图 13.11-6为修复过程图片。

图 13.11-1　修复前管道

图 13.11-2　注浆套钢板掘进

图 13.11-3　热塑管加热

图 13.11-4　人工配合机械拉管

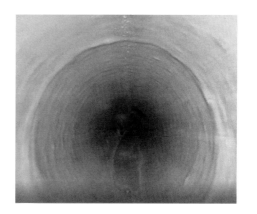

图 13.11-5　封堵管口，加热扩管　　　　图 13.11-6　修复后的管道

2. 福建省龙岩中心城区莲西路 *DN*700 污水管道修复

施工单位：厦门安越非开挖工程技术股份有限公司。

工程概况：原有污水管为 HDPE 类结构壁管，出现多处变形、渗漏、塌陷等缺陷。

修复工艺：热塑成型管道修复技术，图 13.11-7～图 13.11-16 是修复过程照片。

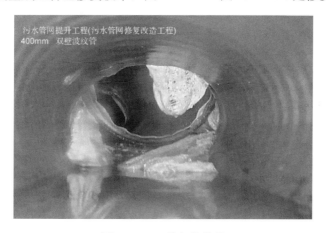

图 13.11-7　修复前管道

图 13.11-8　材料施工准备　　图 13.11-9　热塑管加热　　图 13.11-10　加热温度控制

图 13.11-11　搭滑轮简易架子装备拉软化管　　图 13.11-12　人工配合机械拉管

图 13.11-13　管材到管道后准备封堵　　图 13.11-14　管材准备加热扩管

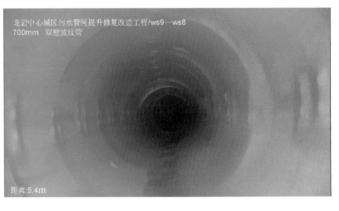

图 13.11-15　管头处理　　　　　　　图 13.11-16　修复后的管道

第 14 章　管片内衬法修复技术

14.1　技术特点

（1）管片内衬管道修复技术的最大特点是通过目测来确定注浆的程度。该技术通过注入高强度的水泥浆液将 PVC 塑料模块和原有管道相结合形成复合管道，提高原有管道的耐压强度、防腐能力和使用寿命。

（2）适用于管径大于 800mm 的管道修复，管道的形状可为圆形、马蹄形、门形以及渠箱等。

（3）PVC 模块的体积小，重量轻，施工方便。

（4）不需要大型的机械设备进行安装，适用于各种施工环境。

（5）井内作业采用气压设备，保证作业面，安全施工。

（6）使用透明的 PVC 制品，目视控制灌浆料的填充，保证工程质量。

（7）可以进行弯道施工，可以对管道的上部和下部分别施工，可以从管道的中间向两端同时施工，缩短工期。

（8）出现紧急状况时，随时可以暂停施工。

（9）粗糙度系数小，能够确保保修前原有管道的流量。

（10）强度高，修复后的管道破坏强度大于修复前的管道强度，满足全结构修复的强度要求。

（11）PVC 材质，抗腐蚀性强，能够大幅度延长管道使用寿命。

（12）施工时间短，噪声低，不影响周围环境和居民生活。

（13）化学稳定性强，耐磨耗性能好。

（14）产品的安装过程中不产生任何污染物，属于绿色施工。

14.2　适用范围

PVC 模块拼装技术适用范围见表 14.2-1。

适用范围 表 14.2-1

项　目	适用范围	备注
可修复对象	钢筋混凝土管	—
可修复尺寸	圆形管：直径 800～2600mm	2600mm 以上也可
	矩形：1000mm×1000mm～1800mm×1800mm	1800mm 以上也可
施工长度	无限制	—

项　目	适用范围	备注
施工流水环境	水深 25cm 以下	直径 800～1350mm 的水深为 15cm 以下
管道接口纵向错位	直径的 2% 以下	—
管道接口横向错位	150mm 以下	—
曲率半径	8m 以上	—
管道接口弯曲	3° 以下	—
倾斜调整	可调整高度在直径的 2% 以下	—
工作面	组装时 30m² 以上，注浆时 35m² 以上	最小工作面 22.5m²

14.3　工艺原理

该技术采用的主要材料为 PVC 材质的模块和特制水泥注浆料，通过使用螺栓将塑料模块在管内连接拼装，然后在原有管道和拼装而成的塑料管道之间，注入特种砂浆，使新旧管道连成一体，形成新的复合管道，达到修复破损管道的目的（图 14.3-1～图 14.3-3）。

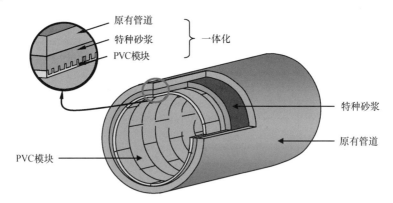

图 14.3-1　管片内衬管道修复技术示意图

图 14.3-2　管片内衬管道修复前后对比

（a）　　　　　　　　　　　　　　　　（b）

图 14.3-3　管片内衬管道修复后效果
（a）渠箱；（b）圆形

14.4　施工工艺流程及操作要求

14.4.1　施工工艺流程

PVC 模块拼装技术的标准施工流程如图 14.4-1 所示。

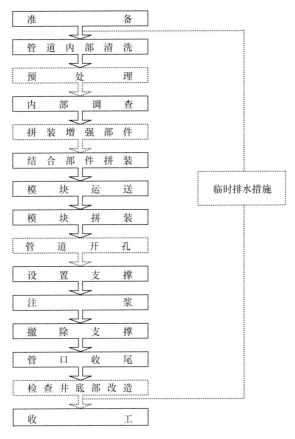

图 14.4-1　施工流程

14.4.2　施工操作要求

施工操作要求见表 14.4-1。

施工流程	施工内容
1. 施工准备	· 现场围挡； · 安全措施； · 车辆停放
2. 临时排水	确保在施工期间，施工区域内没有流水进入
3. 管道内部清洗	
4. 材料准备 材料均为进口材料	
5. 模块搬入	

施工流程	施工内容
6. 模块拼装	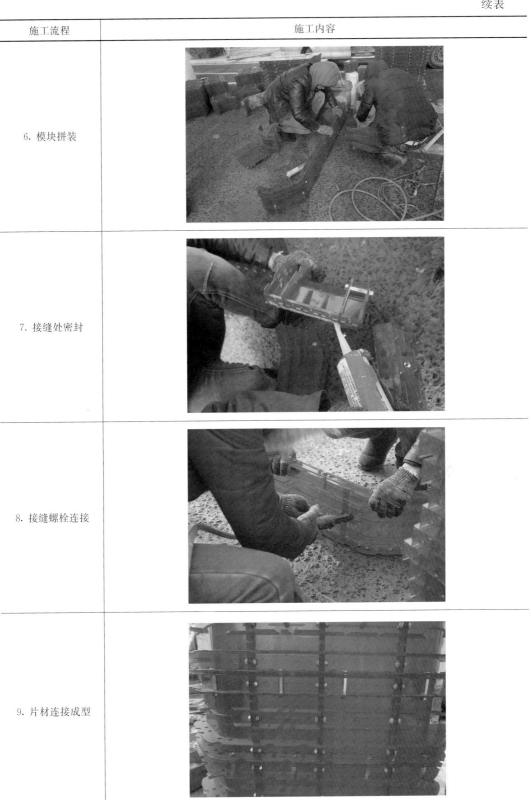
7. 接缝处密封	
8. 接缝螺栓连接	
9. 片材连接成型	

施工流程	施工内容
10. 接缝处密封情况	
11. 井下拼装	
12. 特制水泥注浆料	
13. 注浆前支撑	

施工流程	施工内容
14. 注浆填充	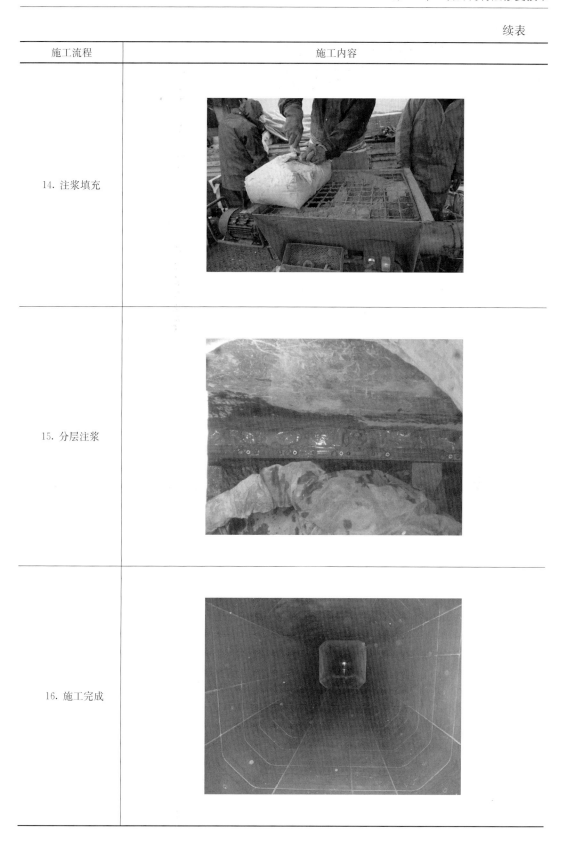
15. 分层注浆	
16. 施工完成	

14.5 材料与设备

14.5.1 材料

管片内衬技术由 PVC 模块和特种砂浆等材料组成（图 14.5-1）。模块和接合部的盖板均采用 PVC 材质，符合下水道 PVC 管的标准。

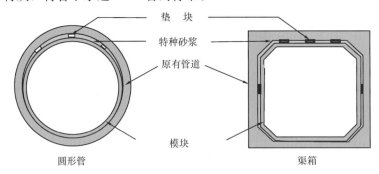

图 14.5-1　PVC 模块拼装技术示意图

1. 模块

模块的材质为聚氯乙烯塑料（PVC），符合下水道 PVC 管的标准。形状如图 14.5-2、图 14.5-3 所示。

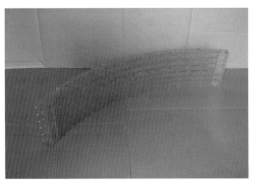
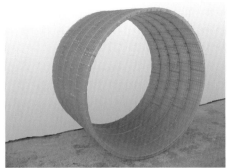

图 14.5-2　圆形管用模块

图 14.5-3　检查井用模块

管片拼装法采用的 PVC 模块结构如图 14.5-4 和图 14.5-5 所示，PVC 模块尺寸应按表 14.5-1 和表 14.5-2 中规定的修复后管径确定。

图 14.5-4 圆形管道用 PVC 模块

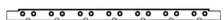

图 14.5-5 矩形管道用 PVC 模块

圆形管道修复后管径 表 14.5-1

原有管径 （mm）	圆形管道用 PVC 模块 修复后管径（mm）	原有管径 （mm）	圆形管道用 PVC 模块 修复后管径（mm）
800	725	1650	1510
900	820	1800	1650
1000	915	2000	1840
1100	1005	2200	2030
1200	1105	2400	2220
1350	1240	2600	2405
1500	1370		

矩形管道修复后尺寸 表 14.5-2

原有矩形管道尺寸 （mm）	矩形管道用 PVC 模块 修复后矩形管尺寸（mm）	原有矩形管道尺寸 （mm）	矩形管道用 PVC 模块 修复后矩形管尺寸（mm）
1000×1000	895×895	1500×1500	1375×1375
1100×1100	986×986	1650×1650	1525×1525
1200×1200	1076×1076	1800×1800	1675×1675
1350×1350	1225×1225		

管片材料技术指标应满足表 14.5-3 的要求。

管片材料性能要求 表 14.5-3

检验项目	单位	技术指标	检验方法
纵向拉伸强度	MPa	＞40	《塑料 拉伸性能的测定 第 2 部分：模塑和挤塑塑料的试验条件》GB/T 1040.2—2006
热塑性塑料维卡软化温度	℃	＞60	《热塑性塑料维卡软化温度（VST）的测定》GB/T 1633—2000

2. 特制水泥注浆料

管片拼装技术使用特制水泥注浆料配制而成的特种砂浆，在水中不易分离，具有极好的流动性和强度。特种砂浆的配制以及成分如表 14.5-4 所示。

特种砂浆的配制以及成分　　　　　　　　　　　　　　表 14.5-4

材料	成分	重量（kg）
水泥	高炉水泥	
砂	最大粒径 1.2mm 的石灰石碎石	1722
混合料	收缩低减材＋减水剂＋消泡剂＋增黏剂	
水	—	365

特种砂浆应满足强度、流动度等要求，并应满足表 14.5-5 的要求。

特种砂浆的基本要求　　　　　　　　　　　　　　　　表 14.5-5

项目	单位	技术指标	检验方法
抗压强度	MPa	＞30	《水泥基灌浆材料应用技术规范》GB/T 50448—2015
30min 截锥流动度	mm	≥310	

14.5.2　设备

采用的机械设备见表 14.5-6。

主要施工设备表　　　　　　　　　　　　　　　　　　表 14.5-6

施工	使用机械
前期准备	卡车、静音发电机
预处理	高压冲洗车、给水车
模块拼装	拼装作业车、静音发电机、柴油静音空压机、气动工具
注浆	注浆作业车、静音发电机、砂浆搅拌机无脉冲注浆泵、流量计

14.6　质量控制

管片内衬修复施工及验收应符合《城镇排水管道非开挖修复工程施工及验收规程》T/CECS 717—2020 规定。

管片内衬修复采用的是复合管道的技术理论，由于国内还没有完善复合管道的理论研究，因此同时借鉴日本行业协会的相关规范进行相关的质量控制。

14.6.1　抗压性能

对于圆形管，根据日本下水道协会规范 JSWASA-1 "下水道钢筋混凝土管" 的外压试验，采用 PVC 模块拼装技术修复后的复合管达到并超过了钢筋混凝土管新管的强度。对于非圆形（矩形）管，由于有工厂预制产品和现场浇筑产品两种，因此采用对比再生管和新管的设计值来评价复合管的破坏强度。本试验中的试件采用工厂预制产品（混凝土预制箱形暗渠），其设计值符合日本全国箱形暗渠协会的标准值。从外压试验的结果，确认了修复后复合管的破坏强度大于修复前的新管破坏强度。另外，修复后复合管的破坏强度大于新管的设计值，从而确认了复合管具有新管同等以上的强度特性。

1. 试验方法

对于圆形管，采用日本下水道协会规范 JSWAS A-1"下水道钢筋混凝土管"的外压试验方法进行试验。对于非圆形（矩形）管，根据日本全国箱形暗渠协会所制定的外压试验方法来进行强度比较。试验方法如图 14.6-1 所示。

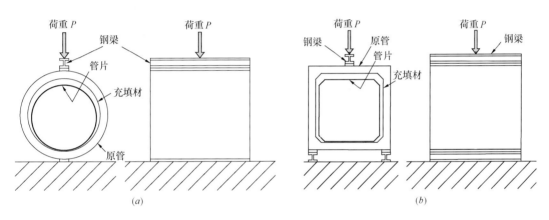

图 14.6-1　外压试验示意图
(a) 圆形管；(b) 非圆形（矩形）管

2. 试验结果

在事先破坏的圆形管和矩形管的内部用 PVC 模块拼装技术施工，对施工后的复合管进行外压试验（图 14.6-2、图 14.6-3）的结果见表 14.6-1、表 14.6-2。圆形和矩形的复合管破坏强度都大于修复前管道，证明了具有和新管同等或以上的强度特性。

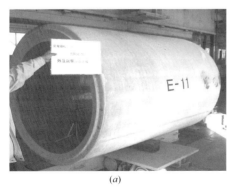
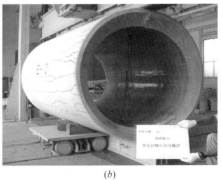

图 14.6-2　圆形管直径 1500mm
(a) 加载前；(b) 加载后

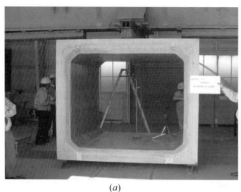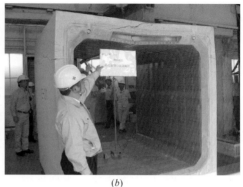

(a)　　　　　　　　　　　　　　　(b)

图 14.6-3　矩形管 1800mm×1800mm

(a) 加载前；(b) 加载后

圆形管外压试验结果　　　　　　　　　　表 14.6-1

修复前直径(mm)	管道长度(mm)	修复后内径(mm)	修复前管道	①修复前破坏强度(MPa)	②修复后破坏强度(MPa)	③JIS标准(MPa)	①/③	②/③	②/①
800	2430	730	破坏	100.2	143.1	53.0	1.8	2.7	1.4
1000	2430	922	破坏	105.7	158.0	61.9	1.7	2.6	1.5
1500	2360	1378	破坏	137.7	192.8	91.3	1.5	2.1	1.4
			减薄	—	199.7		—	2.2	—
1800	2360	1663	破坏	150.1	252.1	111.0	1.4	2.3	1.7
2200	2360	2030	破坏	223.2	267.8	124.0	1.8	2.2	1.2
			减薄	—	258.6			2.1	
2600	2360	2414	破坏	221.7	341.5	136.0	1.6	2.5	1.5
			减薄	—	309.2			2.3	

注：JIS 为日本工业标准。

非圆形（矩形）管外压试验结果　　　　　　　　　表 14.6-2

修复前直径(mm)	管道长度(mm)	修复后内径(mm)	修复前管道	①修复前破坏强度(MPa)	②修复后破坏强度(MPa)	③复合管设计值(MPa)	④新管设计值(MPa)	②/①	②/③	②/④
1000×1000	2000	900×900	破坏	416.0	681.5	191.0	153.0	1.6	3.6	4.5
			减薄	—	610.8			—	3.2	4.0
1200×1200	1000	1070×1070	破坏	309.3	482.5		123.0	1.6		3.9
			减薄	—	460.8					3.7
1500×1500	1000	1370×1370	破坏	411.7	519.1		164.0	1.3		3.2
			减薄	—	461.7					3.5
1800×1800	2000	1680×1680	破坏	346.3	461.7	214.0	178.0	1.3	2.2	2.6
			减薄	—	462.5					2.6

14.6.2　一体化性能

对于确认既有管道和再生管道的一体化，分为复合管和模块界面的应力状态试验和灌浆料的固着力试验。

1. 应力状态

在试件上固定应力测定仪，施加荷载 P 来确认复合管和模块界面的应力状态是否相对连续。

2. 试验方法

在试件上固定应力测定仪，施加荷载 P 来确认复合管和模块界面的应力状态是否相对连续（图 14.6-4）。

3. 试验结果

复合管（圆形，修复前直径 1500mm）的荷载-应力曲线如图 14.6-5 所示，复合管（矩形尺寸 1000mm×1000mm）的荷载-应力曲线如图 14.6-6 所示。

14.6.3　固着力性能

1. 试验方法

将在 70mm×70mm×20mm 底座（砂浆垫块）的上面浇灌有 40mm×40mm×10mm 灌浆料的试件表面磨平，用环氧树脂系列的胶粘剂粘结 40mm×40mm 的钢制夹具，在温度 20℃、湿度 60% 的室内养护 24h 后，进行粘结强度试验（拉伸速度 1mm/min）。试验概要如图 14.6-7 所示。

2. 试验结果

固着力试验结果见表 14.6-3。

固着力试验结果　　　　　　　　　　　　　　　　　　　　　表 14.6-3

试件号码	粘结强度（N/mm²）	断裂位置
1	1.4	底座断裂
2	1.6	底座断裂
3	2.2	底座断裂
4	1.8	底座断裂
5	1.7	底座断裂
平均	1.7	—

根据试验结果，灌浆料的所有试件都在底座发生断裂，接触面没有发生开裂。由此证明灌浆料和砂浆垫块的粘结强度足以确保管道的一体化。

14.6.4　化学稳定性

关于化学稳定性，采用 JSWASK-1 "下水道用 PVC 管" 的化学稳定性试验，确认具有和下水道用 PVC 管同等或以上的性能。通过试验确认了复合管具有和下水道 PVC 管同等或以上的化学稳定性。

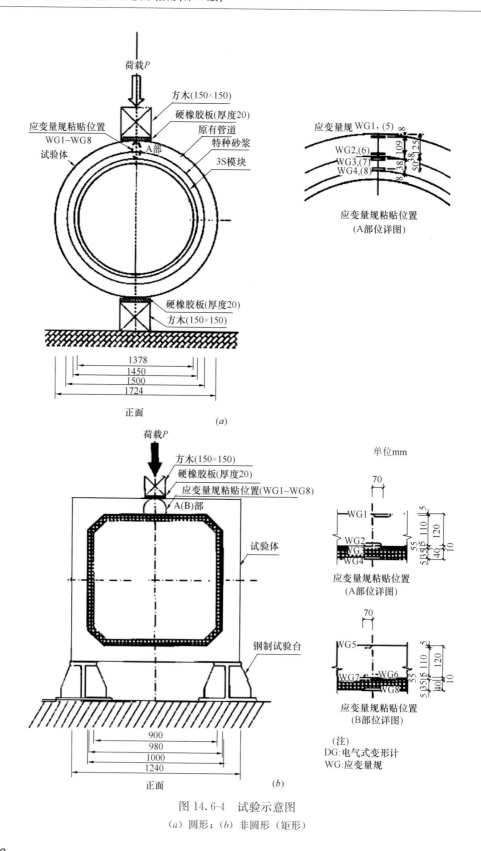

图 14.6-4 试验示意图

(a) 圆形；(b) 非圆形（矩形）

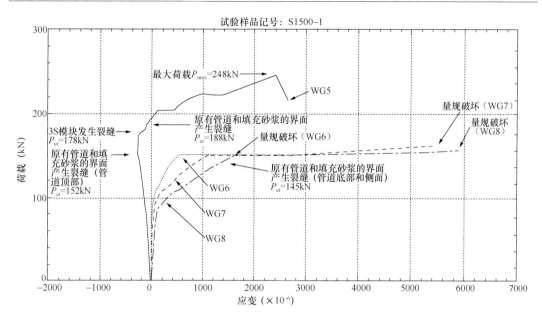

图 14.6-5　圆形管荷载-应力曲线（直径 1500mm）

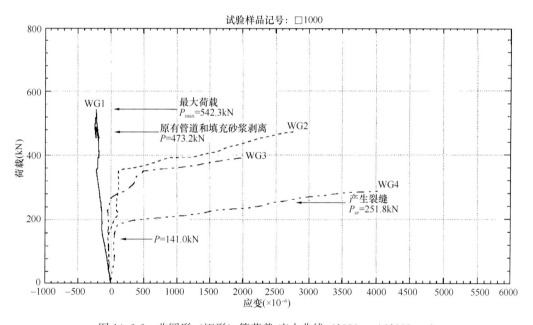

图 14.6-6　非圆形（矩形）管荷载-应力曲线（1000mm×1000mm）

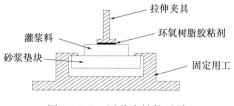

图 14.6-7　固着力性能试验

1. 试验方法

将 PVC 模块的试块放入温度 60℃±2℃的各种化学试液中 5h，然后比较前后的重量变化。

2. 试验结果

通过试验确认了复合管具有和下水道 PVC 管同等或以上的化学稳定性（表 14.6-4）。

模块的化学稳定性试验结果　　　　　　表 14.6-4

试液	重量变化值（mg/cm^2）			JSWAS K-1 标准值
	NO. 1	NO. 2	平均值	
蒸馏水	0.09	0.09	0.09	±0.2mg/cm^2 以内
10％氯化钠溶液	0.09	0.11	0.10	
30％硫酸	0.04	0.04	0.04	
40％硝酸	0.09	0.09	0.09	
40％氢氧化钠溶液	0.04	0.03	0.03	

14.6.5　耐磨性

耐磨性能采用 JIS K7204"采用磨耗轮对塑料的耐磨试验方法"，来确认具有和下水道 PVC 管同等或以上的耐磨性能。

1. 试验方法

对 PVC 模块的试块，按以下条件对磨耗的质量进行测定。

磨耗轮 H-18，试验荷载 9.8N，回转速度 60r/min。

试验次数，连续 1000 次；试验室环境，温度 23℃±2℃，湿度 50％±5％。

2. 试验结果

通过试验确认了复合管具有和下水道 PVC 管同等或以上的耐磨性能（表 14.6-5）。

耐磨性能试验结果（平均）　　　　　　表 14.6-5

试块名称	磨耗重量（mg）
模块	211
用于比较（下水道用 PVC 管）	236

14.7　安全措施

14.7.1　安全总则

（1）施工安全要符合国家现行标准《建筑施工安全检查标准》JGJ 59—2011 的有关规定。

（2）管道修复施工应符合《城镇排水管道维护安全技术规程》CJJ 6—2009 和《城镇排水管渠与泵站运行、维护及安全技术规程》CJJ 68—2016 的规定。

（3）施工机械的使用应符合《建筑机械使用安全技术规程》JGJ 33—2012 的规定。

（4）施工临时用电应符合《施工现场临时用电安全技术规范》JGJ 46—2005 的规定。

（5）操作人员必须经过专业培训，熟练机械操作性能，经考核取得操作证后上机操作。

14.7.2　安全操作要点

管片拼装施工过程需在井下以及管道内部进行操作，管道中可能存在有毒有害气体，容易造成操作工人中毒、窒息事故；病害管道在修复工程中容易发生坍塌，对操作人员人身安全造成危害。

实际施工中，可能会发生中毒、管道坍塌和上游溢水事故，因此，管片拼装技术的施工必须建立完整的安全制度，不仅要做好防工伤事故，还要做好防火、防毒事故等工作。

（1）根据设计文件及施工组织设计要求，认真进行技术交底，施工中应明确分工，统一指挥并严格遵守有关安全规程。

（2）严格执行有关安全施工生产的法规与规定。

（3）安全宣传、安全教育、安全交底要落实到每个班组、个人，施工现场必须按规定配有足够数量的、明显的安全标志牌。严格做到安全交底在前，施工操作在后。工人进场前，必须进行安全教育。

（4）按照交通管理部门和道路管理部门的批准，临时占用道路。设置临时交通导行标志，设置路障，隔离设施。设专职交通疏解员进行交通导引。

（5）施工作业人员在井周边作业应注意检查井位置，避免意外坠落。

（6）下井作业前使用检测设备检测管道内毒气含量，并做好下井记录，严禁随意下井作业。

（7）井下作业时必须采用通风设备对管道进行持续通风。

（8）下井前必须查清管径、水深、流速及附近工厂废水排放情况。

（9）井上必须有人监护，且监护人员不得擅离职守。

（10）严禁进入直径小于 800mm 的管道作业。

（11）下井时必须戴好安全帽，配备符合国家标准的悬托式安全带。

（12）每次下井连续作业时间不得超过 1h。

（13）注浆时，井下安全注浆过程中人员应尽可能在检查井口观察注浆效果。

（14）排水。使用泥浆泵将检查井内污水排出至露出井底淤泥。将需要疏通的管线进行分段，分段的办法根据管径与长度分配，相同管径两检查井之间为一段。

（15）设置管塞要牢固。将自上而下的第一个工作段处用管塞把井室进水管道口堵死，然后将下游检查井出水口和其他管线通口堵死，只留下该段管道的进水口和出水口。

14.8　环保措施

管片内衬管道修复技术的主要材料 PVC 管片在运输到工程现场时已经固化成型，注浆也只是对原有管道和新管之间的缝隙进行填充，施工过程中不会对水系产生任何影响。

施工过程中采用气动工具拼接管片，同时采用超静音的发电设备和空压机，不对周边环境产生影响。

14.8.1 规范及标准

给水排水管道修复施工过程中，环境保护严格执行《中华人民共和国环境保护法》的规定，严格按设计文件，环境保护的要求及建设单位的有关管理要求处理施工中弃渣，并执行下列规范标准：

(1)《建筑工程绿色施工评价标准》GB/T 50640—2010。

(2)《建设工程施工现场环境与卫生标准》JGJ 146—2013。

(3)《城镇排水管道非开挖修复工程施工及验收规程》T/CECS 717—2020。

14.8.2 场地布置与管理

(1) 认真布置好施工现场规划，场内应整齐，紧凑有序。机械设备应归类并整齐停放，材料物资应分类并及时入库或存放在指定位置。

(2) 对进出工地的车辆进行冲洗，保持道路干净、整洁，努力减少施工期间对行人和车辆通行影响。

14.8.3 噪声及振动控制

(1) 严格控制各种施工机具（如发电机、喷涂机、吸污车、管道干燥机、鼓风机等）的噪声。

(2) 如有必要使用发电机则尽量设置在远离民居的地方，并采用密闭形式，设置消声装置，减少对两侧居民的噪声和废气污染。

(3) 切割机、空压机等噪声源设备在使用过程中，严格采取有效的隔声措施，并将噪声源作单独的围闭隔离。

(4) 严格执行广州市夜间施工规定，尽量减少夜间施工，若为加快施工进度或其他原因必须安排夜间施工的，须采取措施尽量减少噪声，教育施工人员不准喧哗吵闹，减轻对附近居民的影响。

(5) 当施工振动（发电机运转，潜水泵调水、喷涂机工作等施工振动）对敏感点有影响时，应采取隔振措施。

14.8.4 空气污染控制

(1) 施工车辆尾气排放满足环保部门的排放标准才能准许使用。

(2) 施工内燃机械遵照国家要求进行年审，废气检测合格后才可投入使用。应定期进行检查、维护以及维修工作，防止超标尾烟排放。

(3) 严禁在施工现场焚烧任何废弃物和会产生有毒有害气体、烟尘、有臭气的沥青、垃圾及废物。

(4) 对便道和场外主要道路定期洒水，降低车辆经过时造成的灰尘在空气中飞扬。

(5) 合理组织施工、优化工地布局，使产生扬尘的作业、运输尽量避开敏感点和敏感时段。

14.8.5 水质污染控制

(1) 施工废水须经现场废水处理系统处理合格后排放。

（2）禁止排放施工油污，溢漏油污立即采取措施处理，避免或者降低污染损害。

（3）排水导流措施应满足原污水管道的通水能力，工地排放的污水、废油等经过处理符合排放标准后排入市政排水管道，严禁有害物质污染土地和周围环境。

14.8.6　固体废弃物处理

（1）对可再利用的废弃物尽量回收利用。各类垃圾及时清扫，不随意倾倒。

（2）保持施工区和生活区的环境卫生，在施工区设置临时垃圾收集设施，防止垃圾流失，定期集中处理。

（3）教育施工人员养成良好的卫生习惯，不随地乱丢垃圾、杂物，保持工作和生活环境的整洁。

（4）严禁垃圾乱倒、乱卸或用于回填。各类生活垃圾按规定集中收集，每班清扫、每日清运。

（5）施工场地内的淤泥、弃土和其他废弃物等及时清除运输至指定地点，做到施工期间现场整洁、运土车辆要采用篷布加以覆盖，防止泥土撒落，进出工地时，进行冲洗，保持道路干净、整洁。施工任务完成退场时，彻底清除必须拆除的临时设施。

14.9　效益分析

大管径管道的修复是当前世界各国的难题。大管径的管道一般埋深较深，同时无法完全停水，给修复工作带来较大的困难。管片内衬管道修复技术作为最新研发的大管径管道修复技术，具有不需开挖路面，不产生垃圾，不阻塞交通，保护环境，节省资源；施工噪声低，符合环保要求，不扰民，社会效益高；施工时间灵活，提高原有管道强度，设计理论完善，综合成本低等特点。

此外，管片内衬管道修复技术工程造价成本也低于传统开挖修复方式。以长度为30m，埋深8m，管径为 DN1500，管材为钢筋混凝土的污水管修复为例：传统开挖修复，需要进行破除沥青混凝土路面，外运石渣，打钢板桩，井点降水，替换旧管，回填中砂，恢复路面等作业，每米修复综合单价（含人工费、材料费、机械费、管理费、利润、税金）约为 32290 元，工程总造价约为 82 万元，工程周期需要封道施工 15～20d；而采用管片内衬管道修复技术，每米修复综合单价（含人工费、材料费、机械费、管理费、利润、税金）约为 16500 元，工程总造价约为 49.5 万元。工程周期需要 5d 左右，施工时不封道，不影响地面交通。综合造价远远低于传统开挖修复方式。

综上所述，同比传统非开挖修复方式，管片内衬管道修复技术具有施工时间短，社会效益、环境效益高，节约工程费用等优势，可广泛应用于城镇给水排水管网的非开挖修复。

14.10　市场参考指导价

管片内衬法管道修复市场参考指导价参见表 14.10-1。

管片内衬法管道修复技术市场参考指导价　　　　　　表 14.10-1

管径 (mm)	800	1000	1200	1500	1800	2000	2400	2600	3000
参考价格 (元/处)	6987.58	9655.96	11271.26	16446.44	19974.01	23606.11	27906.16	33101.62	37815.83

注：上述修复单价不含管道清淤、堵水、降水、检测等措施费用，措施费用根据不同现场情况计算。

14.11　工程案例

1. 国外案例（图 14.11-1～图 14.11-3）

图 14.11-1　日本横滨箱涵修复（6300mm×3000mm）

图 14.11-2　日本东京都隧道 DN2000

图 14.11-3　日本长冈 DN900

2. 上海奉贤 DN1350 污水管道修复

施工单位：杭州诺地克科技有限公司

工程概况：原有污水管为钢筋混凝土管，出现多处腐蚀、变形、渗漏等缺陷。

修复工艺：管片内衬管道修复技术（图 14.11-4～图 14.11-8）。

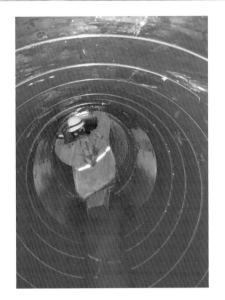

图 14.11-4　拼装

图 14.11-5　注浆地面操作

图 14.11-6　注浆

图 14.11-7　目视确认注浆状况

图 14.11-8　施工结束

第 15 章　不锈钢双胀环法修复技术

15.1　技术特点

（1）不锈钢双胀环修复技术是一种管道非开挖局部套环修理方法。该技术采用的主要材料为环状橡胶止水密封带与不锈钢套环，在管道接口或局部损坏部位安装橡胶圈双胀环，橡胶带就位后用2～3道不锈钢胀环固定，达到止水目的。

（2）不锈钢双胀环施工速度快，质量稳定性较好，可承受一定接口错位，止水套环的抗内压效果比抗外压要好，但对水流形态和过水断面有一定影响。

（3）在排水管道非开挖修复中，通常与钻孔注浆法联合使用。

15.2　适用范围

（1）适用管材为球墨铸铁管、钢筋混凝土管和其他合成材料的材质雨污排水管道。

（2）适用于管径大于等于800mm及特大型排水管道局部损坏修理。

（3）适用管道结构性缺陷呈现为变形、错位、脱节、渗漏且接口错位小于或等于3cm，管道基础结构基本稳定、管道线形没有明显变化、管道壁体坚实不酥化。

（4）适用于对管道内壁局部沙眼、露石、剥落等病害的修补。

（5）适用于管道接口处在渗漏预兆期或临界状态时预防性修理。

（6）不适用于对塑料材质管道、窨井损坏修理。

（7）不适用于管道基础断裂、管道破裂、管道脱节呈倒栽式、管道接口严重错位、管道线形严重变形等结构性缺陷损坏的修理。

15.3　工艺原理

（1）双胀圈分两层，一层为紧贴管壁的耐腐蚀特种橡胶，另外一层为两道不锈钢胀环（图15.3-1）。在管道接口或局部损坏部位安装环状橡胶止水密封带，橡胶带就位后用2～3道不锈钢胀环固定，安装时先将螺栓、楔形块、卡口等构件使套环连成整体，再紧贴母管内壁，利用专用液压设备，对不锈钢胀环施压固定（图15.3-2、图15.3-3），使安装压力符合管线运行要求，在接缝处建立长久性、密封性的软连接，使管道的承压能力大幅提高，能够保证管线的正常运行。

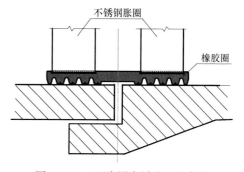

图 15.3-1　双胀圈内衬施工示意图

图 15.3-2　扩张器扩展钢片

图 15.3-3　塞入固定片

（2）可承受一定接口错位，止水套环的抗内压效果比抗外压要好，但对水流形态和过水断面有一定影响。

（3）排水管道处于流沙或软土暗浜层，由于接口产生缝隙，管周流沙软土从缝隙渗入排水管道内，致使管道及检查井周围土体流失，土路基失稳，管道及检查井下沉，路面沉陷。因此，不锈钢双胀环修理时，必须进行钻孔注浆，对管道及检查井外土体进行注浆加固，形成隔水帷幕防止渗漏，固化管道和检查井周围土体，填充因水土流失造成的空洞，增加地基承载力和变形模量。

15.4　施工工艺流程及操作要求

15.4.1　施工工艺流程图

施工工艺流程如图 15.4-1 所示。

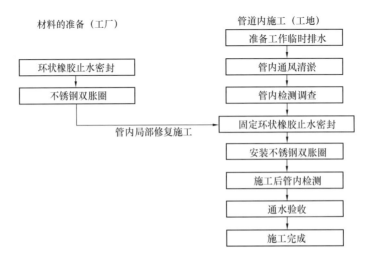

图 15.4-1　施工工艺流程图

15.4.2　工艺操作要求

1. 管道清淤堵漏

封堵管道—抽水清淤—测毒与防护—寻找渗漏点与破损点—止水堵漏（注：堵漏材料采用快速堵水砂浆）。

2. 钻孔注浆管周隔水帷幕和加固土体

在橡胶圈双胀环修复前应对管周土体进行注浆加固，注浆液充满土层内部及空隙，形成防渗帷幕，加强管周土体的稳定，制止四周土体的流失，提高管基土体的承载力，再通过不锈钢双胀环修复技术进行修理，达到排水管道长期正常使用。

3. 橡胶圈双胀环修理施工方法

施工人员先对管道接口或局部损坏部位处进行清理，然后将环状橡胶带和不锈钢片带入管道内，在管道接口或局部损坏部位安装环状橡胶止水密封带，橡胶带就位后用 2～3 道不锈钢胀环固定，安装时先将螺栓、楔形块、卡口等构件使套环连成整体，再紧贴母管内壁，使用液压千斤顶设备，对不锈钢胀环施压，如图 15.4-2 和图 15.4-3 所示。

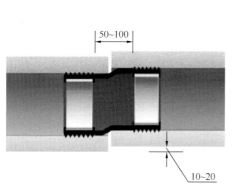

图 15.4-2　双胀环能适应接口错位和偏转

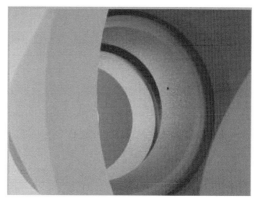

图 15.4-3　双道不锈钢胀环

15.5　材料与设备

15.5.1　主要施工材料

1. 不锈钢环（预制环）

不锈钢片采用奥氏体不锈钢 304（316 亦可）。材料特性：304 号不锈钢具有良好的延展性，易冷加工成型，抗拉强度（T_s 抗拉强度为 700MPa，γ_s 屈服强度为 450MPa）均有优越的表现，相当于碳钢（6.8 级），同时，不锈钢还具有耐腐蚀，对侵蚀、高低温都有良好的抵抗力。

2. 环状橡胶止水密封带

密封带需采用耐腐蚀的橡胶，紧贴管道的一面需做成齿状，以便更好地贴紧管壁。

15.5.2 主要施工设备

橡胶圈双胀环法施工时有一些是常规设备,有一些是专用设备,根据施工现场的情况需要进行必要的调整和配套。主要的机械或设备见表15.5-1。

主要施工设备 表15.5-1

序号	机械或设备名称	数量	主要用途
1	电视检测系统	1套	用于施工前后管道内部的情况确认
2	发电机	1台	用于施工现场的电源供应
3	鼓风机	1台	用于管道内部的通风和散热
4	空气压缩机	1台	用于施工时压缩空气的供应
5	卷扬机	1台	用于管道内部牵引
6	液压千斤顶	1台	用于对不锈钢胀环施压
7	管道封堵气囊	1套	用于临时管道封堵
8	疏通设备	1台	用于修复前管道疏通
9	其他设备	1套	用于施工时的材料切割等需要

15.6 质量控制

15.6.1 执行的规范

(1)《城镇排水管渠与泵站运行、维护及安全技术规程》CJJ 68—2016。
(2)《城镇排水管道检测与评估技术规程》CJJ 181—2012。
(3)《城镇排水管道非开挖修复更新工程技术规程》CJJ/T 210—2014。

15.6.2 施工质量控制

(1) 施工前检查所有设备运转是否正常,并对设备工具列清单。
(2) 安装过程中,检查录像中修复点的情况,清理一切可能影响安装的障碍物。
(3) 质量标准可参考《城镇排水管渠与泵站运行、维护与安全技术规程》CJJ 68—2016 及排水管道其他相关的国家标准。
(4) 通过电视进行检查,判断修复质量是否合格,查看修复后是否漏水等。

15.6.3 验收文件和记录

(1) 质量控制:主要检查不锈钢双胀圈是否安装紧凑,无松动现象。漏水、漏泥等管道缺陷完全消除。
(2) 质量验收:主要通过电视拍摄检查管道是否修理合格。管道修复验收的文件和记录见表15.6-1。

验收文件和记录　　　　　　　　　　　　　　　表 15.6-1

序号	项　目	文　件
1	设计文件	设计图及会审记录，设计变更通知和材料规格要求
2	施工方案	施工方法、技术措施、质量保证措施
3	技术交底	施工操作要求及注意事项
4	材料质量证明文件	出厂合格证，产品质量检验报告，试验报告
5	中间检查记录	分项工程质量验收记录，隐蔽工程检查验收记录，施工检验记录
6	施工日志	—
7	施工主要材料	符合材料特性和要求，应有质量合格证及试验报告单
8	施工单位资质证明	资质复印件
9	工程检验记录	抽样质量检验及观察检查
10	其他技术资料	质量整改单，技术总结

15.7　安全措施

15.7.1　安全总则

（1）施工安全要符合国家现行标准《建筑施工安全检查标准》JGJ 59—2011 的有关规定。

（2）管道修复施工应符合《城镇排水管道维护安全技术规程》CJJ 6—2009 和《城镇排水管渠与泵站运行、维护及安全技术规程》CJJ 68—2016 的规定。

（3）施工机械的使用应符合《建筑机械使用安全技术规程》JGJ 33—2012 的规定。

（4）施工临时用电应符合《施工现场临时用电安全技术规范》JGJ 46—2005 的规定。

（5）操作人员必须经过专业培训，熟练机械操作性能，经考核取得操作证后上机操作。

15.7.2　安全操作要点

（1）按照交通管理部门和道路管理部门的批准，临时占用道路。设置临时交通导行标志、路障、隔离设施。设专职交通疏解员进行交通导引。

（2）施工作业人员在井周边作业应注意检查井位置，避免意外坠落。

（3）施工作业前，必须先进行自然通风或必要的机械强制通风，降低井内和管道内的有毒气体浓度和提高氧气含量。施工人员下井前必须进行气体检测，佩戴防护设备与用品，井上有监护人员。井内水泵运行时严禁下井。

（4）排水。使用泥浆泵将检查井内污水排出至露出井底淤泥。将需要疏通的管线进行分段，根据管径与长度分段，相同管径的两个检查井之间为一段。

（5）设置管塞要牢固。将自上而下的第一个工作段处用管塞把井室进水管道口堵死，然后将下游检查井出水口和其他管线通口堵死，只留下该段管道的进水口和出水口。

（6）充气压力和注浆压力必须按照设计要求，防止压力过大，出现意外伤害。

（7）施工前应对电线进行检查、维护，并对电气设备进行试验、检验和调试。

15.8 环保措施

15.8.1 规范及标准

排水管道不锈钢双胀环修复施工过程中，环境保护严格执行《中华人民共和国环境保护法》的规定，严格按设计文件，环境保护的要求及建设单位的有关管理要求处理施工中弃渣，并执行下列规范标准：

（1）《建筑工程绿色施工评价标准》GB/T 50640—2010。

（2）《建设工程施工现场环境与卫生标准》JGJ 146—2013 等。

15.8.2 场地布置与管理

（1）认真布置好施工现场规划，场内应整齐，紧凑有序。机械设备应归类并整齐停放，材料物资应分类并及时入库或存放在指定位置。

（2）对进出工地的车辆进行冲洗，保持道路干净、整洁，努力减少施工期间对行人和车辆通行影响。

15.8.3 噪声及振动控制

（1）严格控制各种施工机具（如发电机、喷涂机、吸污车、管道干燥机、鼓风机等）的噪声。

（2）如有必要使用发电机则尽量设置在远离民居的地方，并采用密闭形式，设置消声装置，减少对两侧居民的噪声和废气污染。

（3）切割机、空压机等噪声源设备在使用过程中，严格采取有效的隔声措施，并将噪声源作单独的围闭隔离。

（4）严格执行相关夜间施工规定，尽量减少夜间施工，若为加快施工进度或其他原因必须安排夜间施工的，须采取措施尽量减少噪声，教育施工人员不准喧哗吵闹，减轻对附近居民的影响。

（5）当施工振动（发电机运转，潜水泵调水、喷涂机工作等施工振动）对敏感点有影响时，应采取隔振措施。

15.8.4 空气污染控制

（1）施工车辆尾气排放满足环保部门的排放标准才能准许使用。

（2）施工内燃机械遵照国家要求进行年审，废气检测合格后才可投入使用。应定期进行检查、维护以及维修工作，防止超标尾烟排放。

（3）严禁在施工现场焚烧任何废弃物和会产生有毒有害气体、烟尘、臭气的沥青、垃圾及废物。

（4）对便道和场外主要道路定期洒水，降低车辆经过时造成的灰尘在空气中飞扬。

（5）合理组织施工、优化工地布局，使产生扬尘的作业、运输尽量避开敏感点和敏感时段。

15.8.5　水质污染控制

（1）施工废水须经现场废水处理系统处理合格后排放。

（2）禁止排放施工油污，溢漏油污立即采取措施处理，避免或者降低污染损害。

（3）排水导流措施应满足原污水管道的通水能力，工地排放的污水、废油等经过处理符合排放标准后排入市政排水管道，严禁有害物质污染土地和周围环境。

15.8.6　固体废弃物处理

（1）对可再利用的废弃物尽量回收利用。各类垃圾及时清扫，不随意倾倒。

（2）保持施工区和生活区的环境卫生，在施工区设置临时垃圾收集设施，防止垃圾流失，定期集中处理。

（3）教育施工人员养成良好的卫生习惯，不随地乱丢垃圾、杂物，保持工作和生活环境的整洁。

（4）严禁垃圾乱倒、乱卸或用于回填。各类生活垃圾按规定集中收集，每班清扫、每日清运。

（5）施工场地内的淤泥、弃土和其他废弃物等及时清除运输至指定地点，做到施工期间现场整洁、运土车辆要采用篷布加以覆盖，防止泥土撒落，进出工地时，进行冲洗，保持道路干净、整洁。施工任务完成退场时，彻底清除必须拆除的临时设施。

15.9　效益分析

直接成本：与管道开挖修理相比，该工法无须开挖路面，故节省了开挖路面、打钢板桩维护、路面恢复等成本，经济效益高。

社会成本：对道路交通及周边商业影响最小。

使用效益：对管道使用断面会造成一定的损失；对使用养护疏通设备带来一定的不便。

15.10　市场参考指导价

不锈钢胀圈法市场参考指导价参见表 15.10-1。

<table>
<tr><td colspan="9">不锈钢胀圈法市场参考指导价</td><td>表 15.10-1</td></tr>
<tr><td>管径（mm）</td><td>800</td><td>900</td><td>1000</td><td>1200</td><td>1350</td><td>1500</td><td>1800</td><td>2000</td></tr>
<tr><td>不锈钢胀圈法（元/环）</td><td>5000</td><td>6000</td><td>7000</td><td>9000</td><td>11000</td><td>13000</td><td>—</td><td>—</td></tr>
</table>

注：上述修复单价不含管道清淤、堵水、降水、检测等措施费用，措施费用根据不同现场情况计算。

15.11　工程案例

上海市某路段，管道长度为 35m，管径为 1000mm，管材为钢筋混凝土管。管道内部整体结构缺陷情况：脱节 2 级 4 处。根据管道内部的结构性损坏情况主要是脱节，没有严重错位等情况，设计部门和业主沟通后，选择采用不锈钢双胀环法技术实施修复。修复时间：2014 年 1 月 7 日～22 日。

修复前结构缺陷见图 15.11-1，修复后效果见图 15.11-2。修复后的管道接口整体平整光洁，不锈钢胀圈材料紧贴于旧管道的管壁，在脱节处形成一个新的结构，解决了脱节处地下水渗漏以及垃圾被钩住等问题。整体修复效果良好。

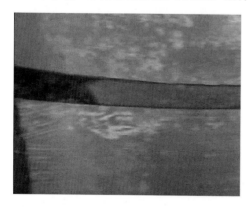

图 15.11-1　修复前脱节　　　　　　　　图 15.11-2　修复后效果

第 16 章　不锈钢快速锁法修复技术

16.1　技术特点

　　快速锁-X 管道局部系统主要用于 DN600 及以上圆形管道的管节间密封、管道环向或轴向裂缝、破洞等修复；快速锁是由 304 不锈钢拼合套筒、锁紧螺栓和 EPDM 橡胶套三部分组成。修复施工时，工人进入原有管道缺陷位置，将 EPDM 橡胶圈套在不锈钢拼合套筒外部，使用控制器将不锈钢拼合套筒的环片扩张开来，并推动橡胶套紧密压合到管壁上后拧紧锁紧螺栓，完成对管道缺陷部位的修复。

　　快速锁-X 不锈钢套筒根据管道直径的大小，一般由 2～4 片精密加工的不锈钢环片拼合而成，宽度有 20cm 和 30cm 两种；用于密封的橡胶套，在外部两端边缘处设置各设置一道密封凸台以确保密封效果，如图 16.1-1、图 16.1-2 所示。此外，对于缺陷沿管道轴向方向长度较大时，可将若干个快速锁-X 连续搭接安装。

图 16.1-1　快速锁-X 不锈钢套筒

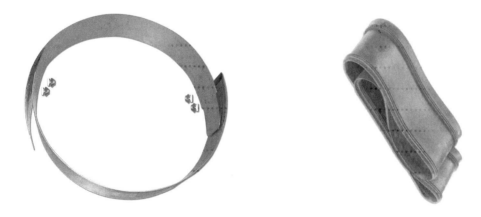

图 16.1-2　快速锁组成：不锈钢环片、专用锁紧螺栓、EPDM 橡胶套

16.2 适用范围

不锈钢快速锁法适用于 $DN300 \sim DN1800$ 排水管道的局部修复，不适宜管道变形和接头错位严重情况的修复。管径 $DN600$ 以下的快速锁应采用专用气囊进行安装，$DN800$ 及以上的快速锁宜采用多片式快速锁结构进行人工安装。

16.3 工艺原理

不锈钢快速锁安装原理如图 16.3-1 所示。

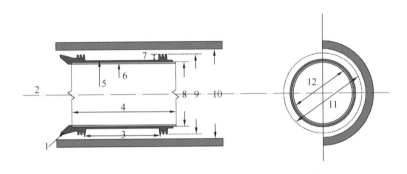

图 16.3-1　不锈钢快速锁安装状态示意图

1—橡胶迎水坡边；2—中心线；3—密封台间距 AN；4—密封长度 L；5—橡胶厚度 SR；
6—不锈钢壁厚 Sx；7—密封高度 Hh；8—不锈钢套筒直径；9—密封台外径；
10—管径 ID；11—密封台外径；12—不锈钢套筒直径

16.4 施工操作要求

16.4.1 快速锁使用要求

1. 管道检测

采用快速锁修复前，应先对管道进行检测以确定是否可以采用该方法。原则上，管道错位大于 5mm 的不适用该方法；管道错位小于等于 5mm 的，可采用修补砂浆将错位填平后再使用。

2. 预处理

快速锁安装前，应对原有管道进行预处理，并应符合下列规定：

（1）预处理后的原有管道内应无沉积物、垃圾及其他障碍物，不应有影响施工的积水。

（2）原有管道待修复部位及其前后 500mm 范围内管道内表面应洁净，无附着物、尖锐毛刺和凸起物。

（3）地下水有明显渗入时，应先进行堵水。

3. 扩张工具

快速锁扩张工具由扩张模块和支承模块两部分构成，其中，扩张模块上包含 1 根主扩张丝杆和 2 根微调节丝杆（图 16.4-1）。其中，主扩张丝杆用于快速锁就位后的快速扩张，当扩张到贴近管壁时，改用微调节丝杆进行缓慢的扩张顶进，直至最终安装完成。

辅助工具和材料如图 16.4-2 所示。

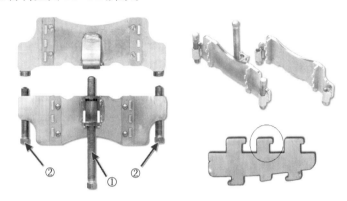

图 16.4-1　快速锁专用扩张工具
①—主扩张丝杆；②—微调节丝杆

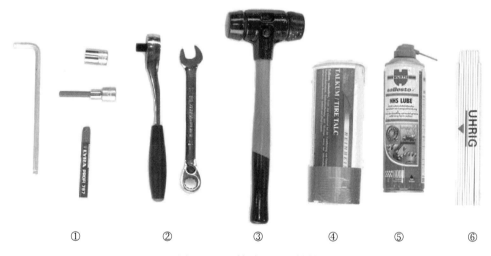

图 16.4-2　辅助工具和材料
①—内六角扳手；②—套筒扳手或开口扳手；③—橡胶锤；④—滑石粉；⑤—润滑油；⑥—钢尺等

16.4.2　快速锁-X 安装

（1）通过检查井或工作坑将快速锁环片下入管道；

（2）在管口将快速锁环片拼装成钢套筒，并将专用锁紧螺栓安装好，锁紧螺栓从内往外穿，上好滑块螺母并使其凸台嵌入钢套筒滑槽内，将拼好的不锈钢管片调节到能达到的最小直径，然后轻轻拧紧锁紧螺栓，使钢套筒不会自动胀开，如图 16.4-3 所示。

图 16.4-3　快速锁钢环片预拼装

（3）在橡胶套的内表面抹上滑石粉（在扩张过程中起润滑作用），然后将橡胶套套在钢套筒上，确保钢套筒外沿与橡胶套锥形边靠齐。将锁紧螺栓松开，让钢套筒环片适度胀开，使橡胶套被钢套筒自然绷紧后拧紧锁紧螺栓，之后就可以将预装好的快速锁带安装到管道需要的位置，如图 16.4-4 所示。

图 16.4-4　橡胶套润滑及安装

（4）标记好安装位置，尽量使管道缺陷位于橡胶套两端密封凸起的中间位置，这样可达到最佳修复效果。如在一个管节部位使用宽度为 20cm 的快速锁，则管节中线左右两边10cm 位置标记出来，快速锁安装时以标记线定位；在安装快速锁时，应使橡胶套的锥形边面向来水方向，如图 16.4-5 所示。

（5）校准快速锁，一方面使其沿管道方向正好覆盖缺陷；另一方面使快速锁的扩张锁紧位置居于管腰部，方便安装操作。此外，还应保证快速锁垂直于管道中轴线，如图 16.4-6所示。

（6）将扩张工具卡入快速锁的专用卡槽内，然后用扳手拧主扩张丝杆，使其顶到支承模块的对应位置，这样安装工具就不会脱落，如图 16.4-7 所示。

（7）松开扩张工具安设部位快速锁上的锁紧螺栓，然后用扳手拧主扩张丝杆，使快速锁不断扩张开，张开的量可以观察不断露出的卡槽数量，如图 16.4-8 中的①、②；当主扩张丝杆推出总长一半左右，停止拧主扩张丝杆，将锁紧螺栓拧紧；然后卸下扩张工具，安设到另一边重复步骤（6）、（7）的操作。

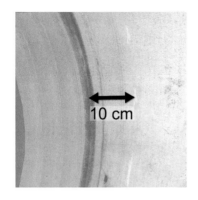

图 16.4-5　快速锁定位

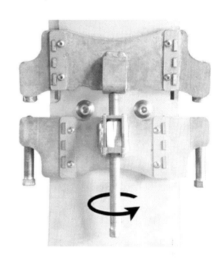

图 16.4-6　校准快速锁　　　　　　图 16.4-7　将扩张工具卡入快速锁的专用卡槽内

（8）当快速锁张开接近管壁时，停止扩张，再次校准快速锁安装位置是否准确，如图 16.4-9 所示。

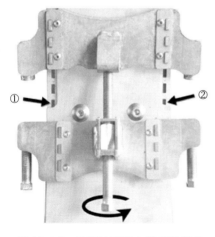

图 16.4-8　松开快速锁上的锁紧螺栓　　图 16.4-9　再次校准快速锁
①，②—卡槽

（9）将扩张工具的主扩张丝杆和两边微调节丝杆完全退回，然后重新安到钢套筒上；将微调节丝杆交替拧出，当丝杆顶到支承模块的对应位置时，将锁紧螺栓松开，继续缓慢交替拧微调节丝杆，如图 16.4-10 所示。同时，用橡胶锤沿环向敲击钢套筒，使钢套筒外面的橡胶套与管壁压合在一起，然后将快速锁微调节螺杆拧紧并在钢套环其他结合部位重复上述操作，如图 16.4-11 所示。

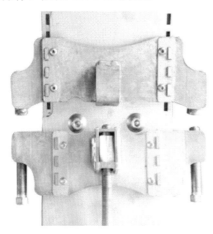

图 16.4-10　将主扩张丝杆退回　　　　图 16.4-11　将快速锁微调节螺杆拧紧

（10）在扩张操作过程中，可用一个钢尺从橡胶套锥形边方向沿管周不同部位插入，如图 16.4-12 所示，当所有部位可插入深度小于 13mm 时，则表明快速锁与原管壁已经充分压合在一起，可以停止继续扩张，拧紧锁紧螺栓，快速锁安装成功。

（11）偏心扩张：当管道存在轻微错节、弯曲或持续的渗漏，可以通过控制微调节丝杆的给进量，使快速锁套筒形成一定的偏心，如图 16.4-13 所示。若快速锁偏心过大，则可能造成扩张工具卡死。

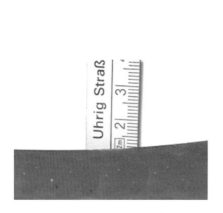
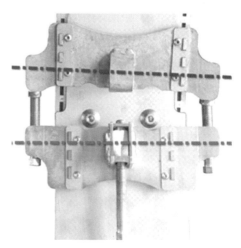

图 16.4-12　用钢尺从橡胶套锥形边方向　　　图 16.4-13　调节微调节丝杆适应偏心
　　　　　　沿管周不同部位插入

（12）快速锁安装成功后，拧紧锁紧螺栓，退回微调节丝杆，卸下扩张工具，如

图 16.4-14 所示。

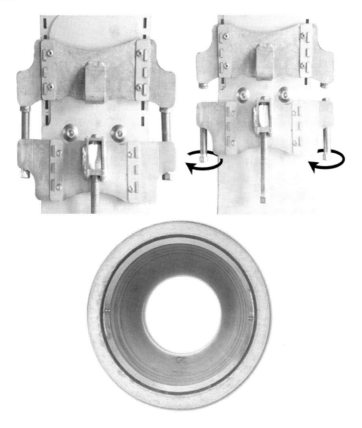

图 16.4-14　卸下扩张工具

（13）多个快速锁搭接安装：在缺陷比较长时，可采用多个快速锁搭接安装；安装时，在相邻快速锁背面加装一个宽度 25cm 左右的平橡胶套，为保证扩张工具有足够操作空间，快速锁套筒相邻间距不小于 40mm。当两个快速锁搭接时，应使快速锁橡胶套锥形边朝外；当多个快速锁连续搭接安装时，应将位于里面的快速锁橡胶套锥形边切除掉，如图 16.4-15 所示。

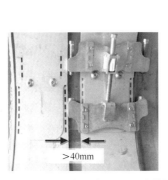

图 16.4-15　多个快速锁连续搭接，切除位于里面快速锁橡胶套锥形边

（14）扩张工具维护：使用完成后，采用润滑油对其活动部位进行润滑；牙板长期使用发生变形或破损后，可拆下来更换，如图 16.4-16 所示。

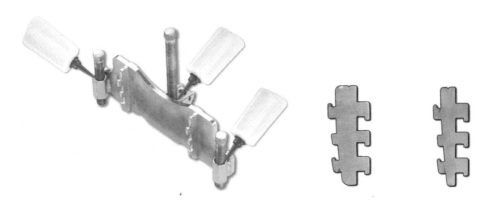

图 16.4-16　牙板更换

16.5　材料与设备

气囊安装和人工安装不锈钢快速锁技术参数应符合表 16.5-1 和表 16.5-2 的规定。

气囊安装不锈钢快速锁技术参数　　　　表 16.5-1

型号	橡胶套直径（mm）	不锈钢套筒长度 L（mm）	适用管径 ID		密封段长度 AN（mm）	不锈钢套筒			橡胶套	
			最小值（mm）	最大值（mm）		钢板厚度 SX（mm）	套筒卷曲直径 da（mm）	最大扩张直径 DA（mm）	厚度 SR（mm）	密封台高度 Hn（mm）
300	235	400	295	315	310	1.2	238	305	2	7
400	323	400	390	415	310	1.5	325	406	2	8
500	420	400	485	515	310	2.0	425	505	2	9
600	500	400	585	615	310	2.0	510	605	2.5	9

人工安装不锈钢快速锁技术参数　　　　表 16.5-2

型号	环片数	套筒长度 L（mm）		适用管径 ID		不锈钢套筒			橡胶套			
		短款	长款	最小值（mm）	最大值（mm）	钢板厚度 SX（mm）	套筒卷曲直径 da（mm）	最大扩张直径 DA（mm）	厚度 SR（mm）	密封台高度 Hn（mm）	密封段长度 AN（mm）	
											短款	长款
700	2	200	300	670	730	3	610	715	3	11	140	240
800	2	200	300	770	830	3	710	815	3	11	140	240
900	2	200	300	870	930	3	810	915	3	11	140	240
1000	2	200	300	970	1030	3	910	1015	3	11	140	240

续表

型号	环片数	套筒长度 L（mm）		适用管径 ID		不锈钢套筒			橡胶套			
		短款	长款	最小值（mm）	最大值（mm）	钢板厚度 SX（mm）	套筒卷曲直径 da（mm）	最大扩张直径 DA（mm）	厚度 SR（mm）	密封台高度 Hn（mm）	密封段长度 AN（mm）	
											短款	长款
1100	2	200	300	1070	1130	3	1010	1115	3	11	140	240
1200	2	200	300	1170	1230	3	1110	1215	3	11	140	240
1300	2	200	300	1270	1330	3	1210	1315	3	11	140	240
1400	3	200	300	1370	1430	4	1310	1415	3	11	140	240
1500	3	200	300	1470	1530	4	1410	1515	3	11	140	240
1600	3	200	300	1570	1630	4	1510	1615	3	11	140	240
1700	3	200	300	1670	1730	4	1610	1715	3	11	140	240
1800	3	200	300	1770	1830	4	1710	1815	3	11	140	240

16.6　质量控制

16.6.1　执行的规范

（1）《城镇排水管渠与泵站运行、维护及安全技术规程》CJJ 68—2016。

（2）《城镇排水管道检测与评估技术规程》CJJ 181—2012。

（3）《城镇排水管道非开挖修复工程施工及验收规程》T/CECS 717—2020。

16.6.2　施工量控制

（1）修复位置应正确，不锈钢快速锁安装应牢固。

检查方法：观察或 CCTV 检测；检查施工记录、CCTV 检测记录等。

检查数量：全数检查。

（2）原有缺陷应完全被修复材料覆盖，已修复部位不得漏水、渗水。

检查方法：观察或 CCTV 检测；检查施工记录、CCTV 检测记录等。

检查数量：全数检查。

16.7　安全措施

16.7.1　安全总则

（1）施工安全要符合国家现行标准《建筑施工安全检查标准》JGJ 59—2011 的有关规定。

（2）管道修复施工应符合《城镇排水管道维护安全技术规程》CJJ 6—2009 和《城镇排水管渠与泵站运行、维护及安全技术规程》CJJ 68—2016 的规定。

（3）施工机械的使用应符合《建筑机械使用安全技术规程》JGJ 33—2012 的规定。

（4）施工临时用电应符合《施工现场临时用电安全技术规范》JGJ 46—2005 的规定。

（5）操作人员必须经过专业培训，熟练机械操作性能，经考核取得操作证后上机操作。

16.7.2 安全操作要点

（1）按照交通管理部门和道路管理部门的批准，临时占用道路。设置临时交通导行标志，设置路障，隔离设施。设专职交通疏解员进行交通导引。

（2）施工作业人员在井周边作业应注意检查井位置，避免意外坠落。

（3）施工作业前，必须先进行自然通风或必要的机械强制通风，降低井内和管道内的有毒气体浓度和提高氧气含量。施工人员下井前必须进行气体检测，佩戴防护设备与用品，井上有监护人员。井内水泵运行时严禁下井。

（4）排水。使用泥浆泵将检查井内污水排出至露出井底淤泥。将需要疏通的管线进行分段，分段的办法根据管径与长度分配，相同管径两检查井之间为一段。

（5）设置管塞要牢固。将自上而下的第一个工作段处用管塞把井室进水管道口堵死，然后将下游检查井出水口和其他管线通口堵死，只留下该段管道的进水口和出水口。

（6）充气压力和注浆压力必须按照设计要求，防止压力过大，出现意外伤害。

（7）施工前应对电线进行检查、维护，并对电气设备进行试验、检验和调试。

16.8 环保措施

16.8.1 规范及标准

排水管道不锈钢发泡筒修复施工过程中，环境保护严格执行《中华人民共和国环境保护法》的规定，严格按设计文件，环境保护的要求及建设单位的有关管理要求处理施工中弃渣。并执行下列规范标准：

（1）《建筑工程绿色施工评价标准》GB/T 50640—2010。

（2）《建设工程施工现场环境与卫生标准》JGJ 146—2013 等。

16.8.2 场地布置与管理

（1）认真布置好施工现场规划，场内应整齐，紧凑有序。机械设备应归类并整齐停放，材料物资应分类并及时入库或存放在指定位置。

（2）对进出工地的车辆进行冲洗，保持道路干净、整洁，努力减少施工期间对行人和车辆通行影响。

16.8.3 噪声及振动控制

（1）严格控制各种施工机具（如发电机、喷涂机、吸污车、管道干燥机、鼓风机等）的噪声。

（2）如有必要使用发电机则尽量设置在远离民居的地方，并采用密闭形式，设置消声装置，减少对两侧居民的噪声和废气污染。

（3）切割机、空压机等噪声源设备在使用过程中，严格采取有效的隔声措施，并将噪声源作单独的围闭隔离。

（4）严格执行广州市夜间施工规定，尽量减少夜间施工，若为加快施工进度或其他原因必须安排夜间施工的，须采取措施尽量减少噪声，教育施工人员不准喧哗吵闹，减轻对附近居民的影响。

（5）当施工振动（发电机运转，潜水泵调水、喷涂机工作等施工振动）对敏感点有影响时，应采取隔振措施。

16.8.4　水质污染控制

（1）施工废水须经现场废水处理系统处理合格后排放。

（2）禁止排放施工油污，溢漏油污立即采取措施处理，避免或者降低污染损害。

（3）排水导流措施应满足原污水管道的通水能力，工地排放的污水、废油等经过处理符合排放标准后排入市政排水管道，严禁有害物质污染土地和周围环境。

16.8.5　固体废弃物处理

（1）对可再利用的废弃物尽量回收利用。各类垃圾及时清扫，不随意倾倒。

（2）保持施工区和生活区的环境卫生，在施工区设置临时垃圾收集设施，防止垃圾流失，定期集中处理。

（3）教育施工人员养成良好的卫生习惯，不随地乱丢垃圾、杂物，保持工作和生活环境的整洁。

（4）严禁垃圾乱倒、乱卸或用于回填。各类生活垃圾按规定集中收集，每班清扫、每日清运。

（5）施工场地内的淤泥、弃土和其他废弃物等及时清除运输至指定地点，做到施工期间现场整洁、运土车辆要采用篷布加以覆盖，防止泥土撒落，进出工地时，进行冲洗，保持道路干净、整洁。施工任务完成退场时，彻底清除必须拆除的临时设施。

16.9　效益分析

直接成本：与管道开挖修理相比，该工法无须开挖路面，故节省了开挖路面、打钢板桩维护、路面恢复等成本，经济效益高。

社会成本：对道路交通及周边商业影响最小。

使用效益：对管道使用断面会造成一定的损失；对使用养护疏通设备带来一定的不便。

16.10　市场参考指导价

不锈钢快速法修复参考指导价参见表 16.10-1。

管径 （mm）	600	700	800	900	1000	1100	1200	1300	1400	1500	1600	1700	1800	1900	2000
不锈钢 快速锁法 （元/处）	5580	8720	8200	8900	9040	9310	9975	10150	10325	10800	11100	11400	11885	12230	12700

不锈钢快速法修复市场参考指导价　　　　表 16.10-1

注：上述修复单价不含管道清淤、堵水、降水、检测等措施费用，措施费用根据不同现场情况计算。

16.11　工程案例

16.11.1　工程概况

福建省彰州市诏安县南环城路（324 国道至江滨路）位于诏安县深桥镇，南环城路现状已建污水管为 HDPE 中空壁管，管径为 DN1000，沿道路双侧布置。经 CCTV 检测，发现多处管道存在变形、渗漏缺陷，严重影响管道结构性能。根据设计要求，采用不锈钢快速锁内衬修复技术对原有管道渗漏及轻微变形缺陷进行修复加固。

不锈钢快速锁内衬修复技术是通过气囊或人工扩充将套有橡胶套的特制 304 不锈钢圈挤压扩充，使其紧贴现有管道以达到对现有管道缺陷进行修复及结构加固的局部非开挖修复技术。

该技术相对传统 CIPP 局部修复技术具有施工不需固化，安装方便、快捷，所用不锈钢材料强度高，修复加固效果好的优点。

16.11.2　施工过程

（1）准备：大口径管道不锈钢快速锁修复材料由不锈钢片及橡胶密封圈组成，如图 16.11-1 所示。人工进入管道内部安装，所需辅助工具包括扳手、固定螺栓、扩充器、锤头等组成，如图 16.11-2 所示。施工前应检查不锈钢片、橡胶圈外观质量、规格型号是否匹配。

图 16.11-1　不锈钢快速锁材料　　　　　图 16.11-2　不锈钢快速锁安装工具

（2）拼装：首先将不锈钢片（两片或三片）从检查井放入管道内部，送到待修复位置。拼装前检查不锈钢片是否发生损坏，确保没有损坏后将不锈钢片拼装成较原有管道直径小的不锈钢圈，如图 16.11-3 所示，然后将橡胶圈密封圈套在不锈钢圈上，如图 16.11-4 所示。该过程需保证密封圈边缘与不锈钢圈边缘平齐，避免产生偏移现象，并保证橡胶圈在竖立过程中不发生滑落。

图 16.11-3　拼装不锈钢圈　　　　　　　　　图 16.11-4　套橡胶密封圈

（3）对位：将套好橡胶圈的不锈钢圈竖起对准缺陷位置，如图 16.11-5 所示。该过程需检查竖立过程中橡胶圈是否发生偏移，如发生偏移应进行校正。然后调节不锈钢圈位置使缺陷位置位于密封圈中心，保证橡胶圈完全覆盖缺陷位置。

（4）扩张：对准缺陷位置后，采用专用扩张工具卡在上下两片不锈钢片上的卡槽上，通过调节扩充器中间的主螺栓使不锈钢圈扩张，待扩充一段距离或达到螺栓调节行程时，需调节扩充器两端的辅助螺栓，保证不锈钢圈均匀扩充，不发生偏移、跑位现象，然后采用不锈钢圈上的螺栓临时固定，如图 16.11-6、图 16.11-7 所示。重复上述步骤继续使不锈钢圈扩张直至橡胶密封圈紧紧压在管道内壁上，确保不出现渗水现象，然后再将不锈钢片上的螺栓拧紧固定。管道修复后效果如图 16.11-8 所示。

图 16.11-5　不锈钢圈对位　　　　　　　　图 16.11-6　不锈钢圈扩张

图 16.11-7　螺栓固定

图 16.11-8　修复后效果

16.11.3　修复效果

本工程采用不锈钢内衬修复工艺修复口径 DN300～DN1500 现有管道总计 428 环。修复后现有管道缺陷得到改善，管道整体性能得到加强，延长了现有管道使用寿命。修复前后对照如图 16.11-9、图 16.11-10 所示。

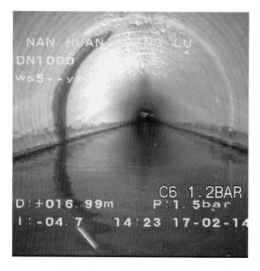

图 16.11-9　管道修复前图片

图 16.11-10　管道修复后图片

第 17 章　不锈钢发泡筒法修复技术

17.1　技术特点

（1）不锈钢发泡筒修复技术是一种管道非开挖局部套环修理方法。该技术采用的主要材料为遇水膨胀化学浆与带状不锈钢片，在管道接口或局部损坏部位安装不锈钢套环，不锈钢薄板卷成筒状，与同样卷成筒状并涂满发泡胶的泡沫塑料板一同就位，然后用膨胀气囊使之紧贴管口，发泡胶固化后即可发挥止水作用。

（2）不锈钢发泡筒具有无须开挖路面、施工速度快、止水效果好、使用寿命长、可带水作业，对水流的影响小、质量稳定及造价低等特点。

（3）在排水管道非开挖修复中，通常与土体注浆技术联合使用。

17.2　适用范围

（1）适用管材为钢筋混凝土材质的雨污排水管道。同样适用于塑料管材、球墨铸铁管和其他合成材料的管材。

（2）适用于管径为 150～1350mm 的排水管道局部损坏修理。

（3）适用管道结构性缺陷呈现为脱节、渗漏，管道基础结构基本稳定、管道线形没有明显变化、管道壁体坚实不酥化。

（4）适用于管道接口处有渗漏或临界时预防性修理；

（5）不适用于窨井损坏修理。

（6）不适用于管道基础断裂、管道脱节口呈倒栽状、管道接口严重错位、管道线形严重变形等结构性缺陷损坏的修理。

17.3　工艺原理

（1）不锈钢发泡筒分两层，分别由不锈钢材质和含聚酯发泡胶的填充物组成。在管道渗漏点处安装一个外附海绵的不锈钢套筒，海绵吸附满聚酯发泡胶浆液，安装就位后，用膨胀气囊使之紧贴管壁，浆液在不锈钢筒与管道间膨胀从而达到止水目的。

（2）不锈钢卷筒的设计强度保证并恢复原管道的设计功能。修复后的管道结构强度提高，抗化学腐蚀能力增强，发泡胶填充物能提供结构性保护作用。

17.4　施工工艺流程及操作要求

1. 施工工艺流程

安装不锈钢发泡筒工艺流程如图 17.4-1 所示。

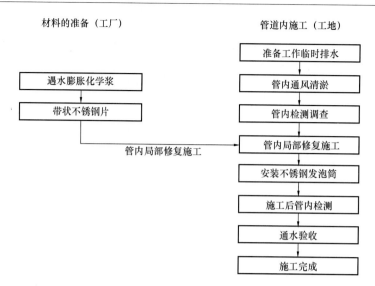

图 17.4-1　施工工艺流程

（1）在海绵上均匀涂上发泡胶。

（2）往气囊少量充气以固定卷筒。

（3）连接所有的线缆将电视摄像机、卷筒及气囊串联起来放入检查井并拖动至管道内的修复部位运行安装。

（4）调节气压安装。

（5）膨胀到位放气。

（6）取出所有设备。

2. 工艺操作要求

（1）管道清淤堵漏

封堵管道—抽水清淤—测毒与防护—寻找渗漏点与破损点—止水堵漏。（注：堵漏材料采用快速堵水砂浆）

（2）钻孔注浆管周隔水帷幕和加固土体

在不锈钢发泡筒修理前应对管周土体进行注浆加固，注浆液充满土层内部及空隙，形成防渗帷幕，加强管周土体的稳定，防止四周土体的流失，提高管基土体的承载力，再通过不锈钢发泡筒修复技术进行修理，达到排水管道长期正常使用（详见本书第 5 章土体有机材料加固技术）。

（3）不锈钢发泡筒工艺操作要求（图 17.4-2）

1）在地面将不锈钢发泡卷筒套在带轮子的橡胶气囊外面，最里面是气囊，中间一层是不锈钢卷筒，最外层是涂满发泡胶的海绵卷筒。

2）在发泡卷筒最外面的海绵层用油漆滚筒均匀涂上发泡胶。有 2 种浆液可供选择：G-101 为双组分浆，101-A 和 101-B 混合后 18min 开始发泡，体积膨胀 3 倍；G-200 为单一组分浆，遇水后 20min 发泡，体积膨胀 7 倍。

3）将电视摄像机、橡胶气囊及不锈钢发泡卷筒串联起来，在线缆的牵引下，带轮子的气囊、卷筒从窨井进入管道。

4）在电视摄像机的指引下使卷筒在所需要修理的接口处就位。

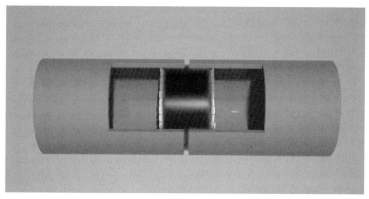

图 17.4-2　不锈钢发泡筒工艺修复图

5）开动气泵对橡胶气囊进行充气，气囊的膨胀使卷缩的卷筒胀开，并紧贴水泥管的管壁，$\phi150 \sim \phi380$ 卷筒的充气压力为 $2\mathrm{kg/cm^2}$，$\phi450 \sim \phi600$ 卷筒的充气压力为 $1.75\mathrm{kg/cm^2}$。

6）当卷筒膨胀到位时，不锈钢卷筒的定位卡会将卷筒锁住，使之在气囊放气缩小后不会回弹。就这样，不锈钢套环、海绵发泡胶和水泥管粘在一起，几小时后发泡胶固结，一个接口就修好了。

17.5　材料与设备

17.5.1　主要施工材料

1. 不锈钢片

不锈钢片采用奥氏体不锈钢 304（316 亦可）。

材料特性：304 号不锈钢具有良好的延展性，易冷加工成型，抗拉强度（T_s 抗拉强度为 700MPa，Y_s 屈服强度为 450MPa）均有优越的表现，相当于碳钢（6.8 级）。同时，不锈钢还具有耐腐蚀，对侵蚀、高低温都有良好的抵抗力。

2. 发泡剂

采用多异氰酸酯和聚醚等进行聚合化学反应生成的高分子化学注浆堵漏材料，尤其对混凝土结构体的渗漏水有立即止漏的效果。

材料技术指标及特性见表 17.5-1。

发泡剂产品技术指标及特性　　　　　　　　　　　　表 17.5-1

发泡剂产品技术指标及特性	
外观	淡棕色透明液
密度（g/cm³）　25℃±0.5℃	0.98～1.10
黏度（MPa·S）　25℃±0.5℃	60～500
诱导凝固时间（s）	10～1300
膨胀率（%）≥	100～400
产品特点	包水率大，有韧性，可带水作业，收缩大，活动裂缝亦可使用。亲水性好遇水后立即反应，分散乳化发泡膨胀，并与砂石泥土固结成弹性固结体，迅速堵塞裂缝，永久性止水；可控制诱导发泡时间；膨胀性大。韧性好，无收缩，与基材黏着力强，且对水质适应性好；可灌性好，即使在低温下仍可注浆使用；施工简便，清洗容易

17.5.2　主要施工设备

不锈钢发泡筒修复法施工时有些是常规设备，有些则是专用设备，根据施工现场的情况需要进行必要的调整和配套。主要的机械或设备见表 17.5-2。

主要施工设备　　　　　　　　　　　　表 17.5-2

序号	机械或设备名称	数量	主要用途
1	电视检测系统	1 套	用于施工前后管道内部的情况确认
2	发电机	1 台	用于施工现场的电源供应
3	鼓风机	1 台	用于管道内部的通风和散热
4	橡胶气囊	1 套	将不锈钢发泡卷筒套在带轮子的橡胶气囊外面
5	空气压缩机	1 台	用于施工时压缩空气的供应
6	卷扬机	1 台	用于管道内部牵引
7	油漆滚筒	1 套	用于在发泡胶均匀涂上浆液
8	手动气压表及带快速接头的软管	1 套	用于橡胶气囊充气气压表
9	其他设备	1 套	用于施工时的材料切割等需要

17.6　质量控制

17.6.1　执行的规范

（1）《城镇排水管渠与泵站运行、维护及安全技术规程》CJJ 68—2016。

（2）《城镇排水管道检测与评估技术规程》CJJ 181—2012。

（3）《城镇排水管道非开挖修复更新工程技术规程》CJJ/T 210—2014。

17.6.2　施工量控制

（1）施工前检查所有设备运转是否正常，并对设备工具列清单。

（2）安装过程中，检查录像中修复点的情况，清理一切可能影响安装的障碍物。

（3）确保所用发泡胶的用量，正确锁上不锈钢发泡卡位，保证安装质量。

（4）质量标准可参考《城镇排水管渠与泵站运行、维护及安全技术规程》CJJ 68—2016 及排水管道其他相关的国家标准。

（5）通过电视进行检查，判断修复质量是否合格，查看修复后接口是否光滑、接扣是否搭接牢固、发泡剂是否均匀发泡等。

17.6.3　验收文件和记录

修复后的质量主要通过电视设备，查看不锈钢片周围是否有浆液冒出，漏水点是否达到止水效果等。验收采用电视检测报告和视频录像。

管道修理验收的文件和记录见表 17.6-1。

验收文件和记录　　　　　　　　　　　　　　　　　　表 17.6-1

序号	项　目	文　件
1	设计	设计图及会审记录，设计变更通知和材料规格要求
2	施工方案	施工方法、技术措施、质量保证措施
3	技术交底	施工操作要求及注意事项
4	材料质量证明文件	出厂合格证、产品质量检验报告、试验报告
5	中间检查记录	分项工程质量验收记录、隐蔽工程检查验收记录、施工检验记录
6	施工日志	—
7	施工主要材料	符合材料特性和要求，应有质量合格证及试验报告单
8	施工单位资质证明	资质复印件
9	工程检验记录	抽样质量检验及观察检查
10	其他技术资料	质量整改单、技术总结

17.7　安全措施

17.7.1　安全总则

（1）施工安全要符合国家现行标准《建筑施工安全检查标准》JGJ 59—2011 的有关规定。

（2）管道修复施工应符合《城镇排水管道维护安全技术规程》CJJ 6—2009 和《城镇排水管渠与泵站运行、维护及安全技术规程》CJJ 68—2016 的规定。

（3）施工机械的使用应符合《建筑机械使用安全技术规程》JGJ 33—2012 的规定。

（4）施工临时用电应符合《施工现场临时用电安全技术规范》JGJ 46—2005 的规定。

（5）操作人员必须经过专业培训，熟练机械操作性能，经考核取得操作证后上机操作。

17.7.2 安全操作要点

（1）按照交通管理部门和道路管理部门的批准，临时占用道路。设置临时交通导行标志，设置路障，隔离设施。设专职交通疏解员进行交通导引。

（2）施工作业人员在井周边作业应注意检查井位置，避免意外坠落。

（3）施工作业前，必须先进行自然通风或必要的机械强制通风，降低井内和管道内的有毒气体浓度并提高氧气含量。施工人员下井前必须进行气体检测，佩戴防护设备与用品，井上有监护人员。井内水泵运行时严禁下井。

（4）排水。使用泥浆泵将检查井内的污水排出至露出井底。将需要疏通的管线进行分段，分段的办法根据管径与长度分配，相同管径的两个检查井之间为一段。

（5）设置管塞要牢固。将自上而下的第一个工作段处用管塞把井室进水管道口堵死，然后将下游检查井出水口和其他管线通口堵死，只留下该段管道的进水口和出水口。

（6）充气压力和注浆压力必须按照设计要求，防止压力过大，出现意外伤害。

（7）施工前应对电线进行检查、维护，并对电气设备进行试验、检验和调试。

17.8 环保措施

17.8.1 规范及标准

排水管道不锈钢发泡筒修复施工过程中，环境保护严格执行《中华人民共和国环境保护法》的规定，严格按设计文件，环境保护的要求及建设单位的有关管理要求处理施工中弃渣，并执行下列规范标准：

（1）《建筑工程绿色施工评价标准》GB/T 50640—2010。

（2）《建设工程施工现场环境与卫生标准》JGJ 146—2013 等。

17.8.2 场地布置与管理

（1）认真布置好施工现场规划，场内应整齐，紧凑有序。机械设备应归类并整齐停放，材料物资应分类并及时入库或存放在指定位置。

（2）对进出工地的车辆进行冲洗，保持道路干净、整洁，努力减少施工期间对行人和车辆通行影响。

17.8.3 噪声及振动控制

（1）严格控制各种施工机具（如发电机、喷涂机、吸污车、管道干燥机、鼓风机等）的噪声。

（2）如有必要使用发电机则尽量设置在远离民居的地方，并采用密闭形式，设置消声装置，减少对两侧居民的噪声和废气污染。

（3）切割机、空压机等噪声源设备在使用过程中，严格采取有效的隔声措施，并将噪声源作单独的围闭隔离。

（4）严格执行相关夜间施工规定，尽量减少夜间施工，若为加快施工进度或其他原因必须安排夜间施工的，须采取措施尽量减少噪声，教育施工人员不准喧哗吵闹，减轻对附近居民的影响。

（5）当施工振动（发电机运转、潜水泵调水、喷涂机工作等施工振动）对敏感点有影响时，应采取隔振措施。

17.8.4　空气污染控制

（1）施工车辆尾气排放满足环保部门的排放标准才能准许使用。

（2）施工内燃机械遵照国家要求进行年审，废气检测合格后才可投入使用。应定期进行检查、维护以及维修工作，防止超标尾烟排放。

（3）严禁在施工现场焚烧任何废弃物和会产生有毒有害气体、烟尘、臭气的沥青、垃圾及废物。

（4）对便道和场外主要道路定期洒水，降低车辆经过时造成的灰尘在空气中飞扬。

（5）合理组织施工、优化工地布局，使产生扬尘的作业、运输尽量避开敏感点和敏感时段。

17.8.5　水质污染控制

（1）施工废水须经现场废水处理系统处理合格后排放。

（2）禁止排放施工油污，溢漏油污立即采取措施处理，避免或者降低污染损害。

（3）排水导流措施应满足原污水管道的通水能力，工地排放的污水、废油等经过处理符合排放标准后排入市政排水管道，严禁有害物质污染土地和周围环境。

17.8.6　固体废弃物处理

（1）对可再利用的废弃物尽量回收利用。各类垃圾及时清扫，不随意倾倒。

（2）保持施工区和生活区的环境卫生，在施工区设置临时垃圾收集设施，防止垃圾流失，定期集中处理。

（3）教育施工人员养成良好的卫生习惯，不随地乱丢垃圾、杂物，保持工作和生活环境的整洁。

（4）严禁垃圾乱倒、乱卸或用于回填。各类生活垃圾按规定集中收集，每班清扫、每日清运。

（5）施工场地内的淤泥、弃土和其他废弃物等及时清除运输至指定地点，做到施工期间现场整洁、运土车辆要采用篷布加以覆盖，防止泥土撒落，进出工地时，进行冲洗，保持道路干净、整洁。施工任务完成退场时，彻底清除必须拆除的临时设施。

17.9　效益分析

直接成本：与管道开挖修理相比，该工法无须开挖路面，故节省了开挖路面、打钢板桩维护、路面恢复等成本，经济效益高。

社会成本：对道路交通及周边商业影响最小。

使用效益：对管道使用断面会造成一定的损失；对使用养护疏通设备带来一定的不便。

17.10 市场参考指导价

不锈钢发泡筒法市场参考指导价参见表 17.10-1。

<table>
<tr><td colspan="6" align="center">不锈钢发泡筒法市场参考指导价</td><td align="right">表 17.10-1</td></tr>
<tr><td>管径（mm）</td><td>300</td><td>400</td><td>500</td><td>600</td><td>700</td></tr>
<tr><td>不锈钢发泡筒法（元/处）</td><td>3500</td><td>3800</td><td>4000</td><td>4500</td><td>5000</td></tr>
</table>

注：上述修复单价不含管道清淤、堵水、降水、检测等措施费用，措施费用根据不同现场情况计算。

17.11 工程案例

福建省永春县某路段，管道长度为 40m，管径为 1000mm，管材为钢筋混凝土管。点位一，脱节 3 级，位置在 0012，距离为 24.4m。采用不锈钢发泡筒修复。修复时间：2013 年 10 月 12 日～24 日。修复前结构缺陷见图 17.11-1，修复后效果见图 17.11-2。

图 17.11-1 修复前脱节　　　　　　　　　图 17.11-2 修复后效果

点位二，管道结构缺陷情况：破裂 2 级，位置在 0810，距离为 34.0m。采用不锈钢发泡筒修复，修复时间：2013 年 10 月 12 日～24 日。修复前结构缺陷见图 17.11-3，修复后效果见图 17.11-4。

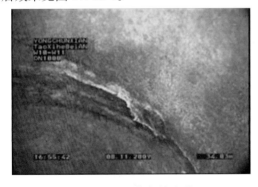

图 17.11-3 修复前破裂　　　　　　　　　图 17.11-4 修复后效果

　　修复后的管道接口整体平整光洁，不锈钢发泡筒材料紧贴于旧管道的管壁，在接口的破损处形成一个新的结构，解决了脱节处地下水渗漏以及管道破损等问题。整体修复效果良好。

第 18 章　点状原位固化法修复技术

18.1　技术特点

（1）点状原位固化法修复技术是一种排水管道非开挖局部内衬修理方法。利用毡筒气囊局部成型技术，将涂灌树脂的毡筒用气囊使之紧贴母管，然后用紫外线等方法加热固化。实际上是将整体现场固化成型法用于局部修理。

（2）点状原位固化主要分为人工玻璃钢接口和毡筒气囊局部成型两种技术，部分地区常用毡筒气囊局部成型技术，在损坏点固化树脂，增加管道强度达到修复目的，并可提供一定的结构强度。

（3）管径 800mm 以上管道局部修理采用点状原位固化修复方法最具有经济性和可靠性；管径为 1500mm 以上大型或特大型管道的修理采用点状原位固化修复方法具有较强的可靠性和可操作性。

（4）在排水管道非开挖修复中，通常与土体注浆技术联合使用。

（5）保护环境，节省资源。不开挖路面，不产生垃圾，不堵塞交通，使管道修复施工的形象大为改观。总体的社会效益和经济效益好。

18.2　适用范围

（1）适用管材为钢筋混凝土材质及其他材质雨污排水管道。

（2）适用于排水管道局部和整体修理。

（3）管径为 800mm 以上及大型或特大型管道施工人员均可下井管内修理；管径为 800mm 以下可以采用电视检测车探视位置，然后放入气囊固定位置。

（4）适用管道结构性缺陷呈现为破裂、变形、错位、脱节、渗漏且接口错位小于等于 5cm，管道基础结构基本稳定、管道线形没有明显变化、管道壁体坚实不酥化。

（5）适用于管道接口处有渗漏或临界时预防性修理。

（6）不适用于检查井损坏修理。

（7）不适用于管道基础断裂、管道坍塌、管道脱节口呈倒栽状、管道接口严重错位、管道线形严重变形等结构性缺陷损坏的修理。

18.3　工艺原理

（1）点状原位固化采用聚酯树脂、环氧树脂或乙烯基树脂，可使用含钴化合物或有机过氧化物作为催化剂来加速树脂的固化，进行聚合反应成高分子化合物。该材料是单液性注浆材料，施工简单，设备清洗也十分方便。

（2）其树脂与水具有良好的混溶性，浆液遇水后自行分散、乳化，立即进行聚合反应，诱导时间可通过配比进行调整。

（3）该材料对水质的适应较强，一般酸碱性及污水对其性能均无影响。

（4）性能指标见表 18.3-1。

性能指标　　　　　　　　　　　　　　　　表 18.3-1

序　号	项　　　目	指　　　标
1	密度（g/cm³）	1.2～1.27
2	黏度（Pa·s）	150～600
3	环氧当量（g/mol）	291～525
4	诱导固化时间（min）	30～120

18.4　施工工艺流程及操作要求

18.4.1　施工工艺流程

施工工艺流程如图 18.4-1 所示。

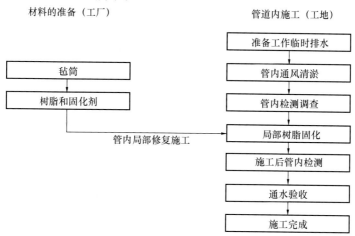

图 18.4-1　施工流程图

点状原位固化工艺流程：

（1）将毡筒用适合的树脂浸透。

（2）将上述毡筒缠绕于气囊上，在电视引导下到达允许修复的地点。

（3）向气囊充气，蒸汽或水使毡筒"补丁"被压覆在管道上，保持压力待树脂固化。

（4）气囊泄压缩小并拉出管道。

（5）最后进行电视检视，进行施工质量检测。

（6）排水管道处于流沙或软土暗浜层，由于接口产生缝隙，管周流沙软土从缝隙渗入排水管道内，致使管周土体流失，土路基失稳，管道下沉，路面沉陷。因此，点状原位固化修复时，必须进行损坏处管内清洗，并且通过电视检测确认干净。

18.4.2 工艺操作要求

1. 管道清淤堵漏

封堵管道—抽水清淤—测毒与防护—寻找渗漏点与破损点—止水堵漏。(注：堵漏材料采用快速堵水砂浆)

2. 钻孔注浆管周隔水帷幕和加固土体

在点状原位固化修理前应对管周土体进行注浆加固，注浆液充满土层内部及空隙，形成防渗帷幕，加强管周土体的稳定，防止四周土体的流失，提高管基土体的承载力，再通过点状原位固化修复技术进行修理，达到排水管道长期正常使用。

3. 点状原位固化法工艺操作要求

(1) 树脂和辅料的配比为2：1应合理。

(2) 毡筒应在真空条件下预浸树脂，树脂的体积应足够填充纤维软管名义厚度和按直径计算的全部空间，考虑到树脂的聚合作用及渗入待修复管道缝隙和连接部位的可能性，还应增加5%~10%的余量。

(3) 毡筒必须用铁丝紧固在气囊上，防止在气囊进入管道时毡筒滑落。

(4) 充气、放气应缓慢均匀。

(5) 树脂固化期间气囊内压力应保持在0.15MPa，保证毡筒紧贴管壁。见图18.4-2和图18.4-3。

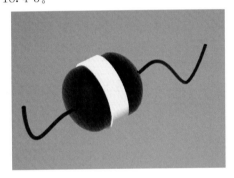

图18.4-2　修复气囊与毡布　　　　图18.4-3　修复后效果图

4. 施工过程

(1) 毡布剪裁：根据修复管道情况，在防水密闭的房间或施工车辆上现场剪裁一定尺寸的玻璃纤维毡布。剪裁长度约为气囊直径的3.5倍，以保证毡布在气囊上部分重叠；毡布的剪裁宽度必应使其前后均超出管道缺陷10cm以上，以保证毡布能与母管紧贴。

(2) 树脂固化剂混合：根据修复管道情况，供货商要求的配方比例配制一定量的树脂和固化剂混合液，并用搅拌装置混匀，使混合液均色无泡沫。记录混合湿度。

同时，施工现场每批树脂混合液应保留一份样本并进行检测，并报告它的固化性能。

(3) 树脂浸透：使用适当的抹刀将树脂混合液均匀涂抹于玻璃纤维毡布之上。通过折叠使毡布厚度达到设计值，并在这些过程中将树脂涂覆于新的表面之上。为避免挟带空气，应使用滚筒将树脂压入毡布之中。

(4) 毡筒定位安装：经树脂浸透的毡筒通过气囊进行安装。为使施工时气囊与管道之间形成一层隔离层，使用聚乙烯（PE）保护膜捆扎气囊，再将毡筒捆绑于气囊之上，防止其滑动或掉下。气囊在送入修复管段时，应连接空气管，并防止毡筒接触管道内壁。气囊就位以后，使用空气压缩机加压使气囊膨胀，毡筒紧贴管壁。该气压需保持一定时间，直到毡布通过常温（或加热或光照）达到完全固化为止。最后，释放气囊压力，将其拖出管道。记录固化时间和压力。

18.4.3　材料和设计要求

1. 毡筒

毡筒应使用玻璃纤维垫（包含纺织和混织玻璃纤维），能装载树脂和承受安装压力，并与使用的树脂系统相熔。毡筒在安装时应该能紧贴旧管壁，并符合安装的长度。并考虑安装时圆周方向的伸展。

玻璃纤维毡在应用之前必须具备以下特性：

（1）每单位面积质量：根据 ISO 3374，$1050g/m^2 \pm 10\%$。

（2）厚度：$1.6mm \pm 15\%$。

（3）宽度：根据 ISO 5025，$400 \sim 2500mm$。

2. 树脂

使用适合局部固化法的树脂和固化剂系统。为避免树脂性质变化，与其接触的设备均不能与水接触。

3. 厚度设计

局部内衬厚度根据管道部分破损情况，厚度根据设计公式设计。

4. 内衬结构

安装于母管之上的点状或局部内衬必须至少 3 层，包括外部混织纤维层和内部混织纤维层，中间夹层为混织纤维层。

18.5　材料与设备

18.5.1　主要施工材料

点状原位固化修复施工材料配备表（表 18.5-1）根据管道口径损坏程度不同，来计算采用厚度。

主要施工材料　　　　　　　　　　　　　　　　表 18.5-1

点状原位固化法修复规格	
口径	$200 \sim 1500mm$
厚度	$6 \sim 35mm$
宽度	500mm 左右
数量	1
材料	树脂、固化剂、玻璃纤维

18.5.2　主要施工设备

点状原位固化修复法施工时有一些是常规设备，有一些是专用设备，根据施工现场的情况需要进行必要的调整和配套。主要的机械或设备见表18.5-2。

主要施工设备

表 18.5-2

序号	设备名称	数量	主要用途
1	电视检测系统	1套	用于施工前后管道内部情况确认
2	发电机	1台	用于施工现场电源供应
3	鼓风机	1台	用于管道内部的通风和散热
4	空气压缩机	1套	用于施工时压缩空气的供应
5	固化设备	1套	用于树脂固化
6	气管	1根	用于输气
7	其他设备	1套	用于施工时的材料切割等需要

18.6　质量控制

18.6.1　执行的规范

（1）《城镇排水管渠与泵站运行、维护及安全技术规程》CJJ 68—2016。

（2）《城镇排水管道检测与评估技术规程》CJJ 181—2012。

（3）《城镇排水管道非开挖修复更新工程技术规程》CJJ/T 210—2014。

18.6.2　施工质量控制

1. 主控项目

（1）所用树脂和毡布的质量符合工程要求

检查方法：检查产品质量合格证明书。

（2）内衬蠕变符合设计要求

检查方法：每批次材料至少1次应在施工场地使用内径与修复管段相同的试验管道（譬如硬质聚氯乙烯管）制作局部内衬。至少2次测试得到的圆环形样品的短期弹性模量值（1h值 E_{1h} 和24h值 E_{24h}），根据式（18.6-1）计算蠕变 K_n 值，该值小于11％方为合格，检查检测报告。

$$K_n = \frac{E_{1h} - E_{24h}}{E_{1h}} \times 100\%$$

（18.6-1）

式中　E_{1h}——1h弹性模量值（MPa）；

　　　E_{24h}——24h弹性模量值（MPa）。

2. 一般项目

（1）内衬厚度应符合设计要求。

检查方法：逐个检查；在内衬圆周上平均选择8个以上检测点使用测厚仪测量并取各

检测点的平均值为内衬管的厚度值，其值不得小于合同书和设计书中的规定值。且当内衬管的设计厚度不大于9mm时，各检测点厚度误差允许在±20％之内；内衬管设计厚度不小于10.5mm时，各检测点厚度误差允许在±25％之内。

（2）管道内衬表面光滑，无褶皱，无脱皮。

检查方法：目测并摄像或电视检测内衬管段，电视检测按《城镇排水管道检测与评估技术规程》CJJ 181—2012。管内残余废弃物质已得到清除。管顶不允许出现褶皱。管道弯曲部分的褶皱不得超过公称直径的5％。

（3）管道接口裂缝应严密，接口处理要贯通、平顺、均匀，均符合设计要求。修复后毡筒宽度应在50cm左右，接口平滑，保证水流畅通。毡筒表面应光洁、平整，与接口老壁粘结牢固并连成一体，无空鼓、裂纹和麻面现象。

18.6.3　验收文件和记录

验收文件和记录见表18.6-1。

验收文件和记录　　　　　　　　　　　表18.6-1

序号	项　　目	文　　件
1	设计	设计图及会审记录，设计变更通知和材料规格要求
2	施工方案	施工方法、技术措施、质量保证措施
3	技术交底	施工操作要求及注意事项
4	材料质量证明文件	出厂合格证，产品质量检验报告，试验报告
5	中间检查记录	分项工程质量验收记录，隐蔽工程检查验收记录，施工检验记录
6	施工日志	—
7	施工主要材料	符合材料特性和要求，应有质量合格证及试验报告单
8	施工单位资质证明	资质复印件
9	工程检验记录	抽样质量检验及观察检查
10	其他技术资料	质量整改单，技术总结

18.7　效益分析

开挖技术的优点是施工简单，它适用于地表开阔、无任何障碍物以及在确保不会影响交通的条件下进行。然而在大多数情况下，开挖施工法妨碍交通、破坏环境、影响市民生活；点状原位固化法修复地下管道，具有施工时间短（每个点修复2h，多个点可同时修复），设备占地面积小，施工方便，内衬管耐久实用和保护环境节省资源等优点。施工现场并不具备采用大开挖工艺及其他修复工艺来修复地下管道条件，采用点状原位固化法修复技术不仅在经济效益上具有优势，在社会效益上的效果也十分明显。

点状原位固化法修复技术和大开挖修复技术及其他技术比较，如每段管道损坏数量不多，施工成本比开挖及其他修复技术成本更低。从施工时间和对社会产生的影响来看，点状原位固化法修复技术具有更大的优势，它对交通、环境、生活和商业活动造成的干扰和破坏远远小于大开挖修复及其他修复技术。

18.8 市场参考指导价

点状原位固化技术市场参考指导价见表 18.8-1。

点状原位固化技术市场参考指导价 表 18.8-1

管径（mm）	300	400	500	600	700	800	900	1000
树脂原位固化法（元/环）	4000	4500	5000	6000	8000	10000	12000	15000

注：上述修复单价不含管道清淤、堵水、降水、检测等措施费用，措施费用根据不同现场情况计算。

18.9 工程案例

广州市某路段，管道长度为 33m，管径为 1000mm，管材为玻璃钢夹砂管。点位一，管道结构缺陷情况：破裂 3 级，位置在 0010，距离为 1.48m。采用点状原位固化法修复，修复时间：2015 年 1 月 28 日~2015 年 2 月 2 日。修复前结构缺陷见图 18.9-1，修复后效果见图 18.9-2。

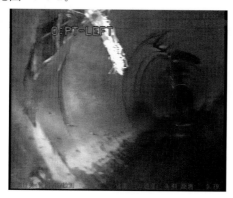

图 18.9-1 修复前破裂

图 18.9-2 修复后效果

点位二，破裂 3 级、渗漏 1 级，位置在 0012，距离为 5.05m。采用点位原位固化法修复。修复时间：2015 年 1 月 28 日~2015 年 2 月 2 日。修复前结构缺陷见图 18.9-3，修复后效果见图 18.9-4。

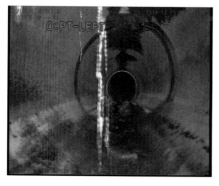

图 18.9-3 修复前破裂

图 18.9-4 修复后效果

第 19 章 短管穿插法修复技术

19.1 技术特点

短管穿插法修复技术是在完全不开挖的情况下，利用检查井，将经过特殊加工的短管在检查井内连接后送到原管道内，并对新、旧管道之间的空隙进行填充的一种管道修复技术。短管一般采用高密度聚乙烯（HDPE）管材。

（1）该技术是将适合尺寸的 HDPE 管置入待修复的原管道，可形成"管中管"结构。也可以充分利用 HDPE 管本身具备的直埋管道特性，实现结构修复。

（2）HDPE 短管连接采用子母扣设计，管材容易加工、接口方便操作，并辅以胶圈和密封胶可有效保证修复后管道的整体严密性。

（3）该技术使用设备体积小、重量轻，短管连接简单、方便，可随时间断施工，最大限度减小对交通和运行的影响。

（4）HDPE 管内壁光滑（曼宁系数为 0.009），修复混凝土管道时，对流量影响不大。

（5）HDPE 管耐腐蚀、耐磨损，可延长管道的使用寿命达 50 年。大幅度降低综合成本，提高管道的使用寿命。

（6）配合胀管器或割管牵引头可实现短管胀插法施工。

19.2 适用范围

短管穿插法修复技术适用于管道老化、内壁腐蚀脱落甚至局部丧失结构功能的 DN200～DN600 排水管道修复。

短管一般比原管道直径缩小一级，断面损失较大，所以如原管道已满负荷运行且同一区域内无另外同功能管道，不建议采用此缩径工艺。

短管胀插工艺可实现扩径或微缩径修复。

短管穿插法修复技术可作为设施抢险抢修应急方法。

19.3 工艺原理

短管穿插法修复技术是穿插法管道修复技术的延伸，穿插法管道修复技术是在原管道中置入一根新的管道，新管道独立或与原管共同承担原管道功能。但穿插法管道修复技术需要在原管道两端开挖工作竖井以使新管道整体拖入原管中。短管穿插法是在完全不开挖的情况下进行，利用原管道两端检查井作为工作竖井，即：一端井室用于放置牵拉设备；在另一端井室将经过加工的高密度聚乙烯（HDPE）短管通过人孔下至井室内，在井室内完成短管连接（必要时设置顶推装置），通过两端配合操作，将连接好的管道拖动至所需位置。新管就位后用水泥浆对新、旧管道之间的空隙进行填充保证管道稳固和周围结构安全。短管穿插法修复原理如图 19.3-1 所示。

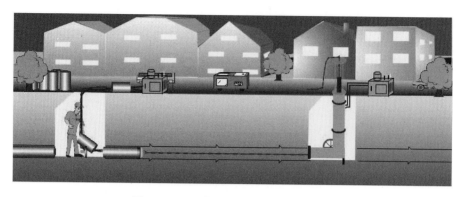

图 19.3-1　短管穿插法修复原理示意图

短管穿插法施工一般采用牵引就位的方法，也可采用顶推或顶推与牵引结合的方法将短管就位。

将短管穿插法与胀管法结合就是短管胀插法修复技术，是采用胀管器或割管牵引头将原管道胀碎或割裂，将原管道碎片挤入周围土体形成观孔，同时将连接好的短管带入以形成新的管道。短管胀插法修复原理如图 19.3-2 所示。

图 19.3-2　短管胀插法修复原理示意图

19.4　工艺流程与操作要点

19.4.1　施工工艺流程

施工准备→管道封堵导流→管道疏通清淤、清洗→CCTV 内窥检查→施工设备安装→短管安装→管道功能试验→新、旧管道间隙注浆填充→CCTV 内窥检测→管头及支线处理→检查井修补→清理验收。

19.4.2　操作要点

1. 施工准备

（1）搜集以下资料：

1）管道检测或修复的历史资料，如检测评估报告或修复施工竣工报告。

2）管道运行状态（包括流量峰谷值及时段、管道淤积情况）。

3）待检测管道区域内的工程地质、水文地质资料。

4）评估所需的其他相关资料。

5）当地道路占用施工的法律法规。

（2）根据管线图纸核对检查井位置、编号、管道埋深、管径、管材等资料；对于检查井编号与图纸不一致或混乱的应重新编号，并用红笔标注在图纸上。

（3）查看原管道区域内的地物、地貌、交通状况等周边环境条件，必要时对每个检查井现场拍摄照片。

（4）按批复方案进行人员、物资、设备配置。

（5）按属地有限空间作业管理规定或《城镇排水管道维护安全技术规程》CJJ 6—2009 要求报批下井作业。

2. 内衬短管加工

（1）管材性能

为提高污水管道耐久性及其强度，内衬短管宜采用高密度聚乙烯（HDPE）管材加工，管材宜采用 HDPE 80、HDPE 100 等级专用混配料。由于同直径（公称外径）同压力（公称压力）情况下，HDPE 80 管材壁厚大于 HDPE 100 管材，为尽量减少修复后管道断面损失，宜采用 HDPE100 管材。

管材性能满足《给水用聚乙烯（PE）管道系统　第 2 部分：管材》GB/T 13663.2—2018 规定。

（2）短管切割

将 HDPE 管材切割成 60～80cm 的短节，长度以满足在检查井内操作为宜。

（3）短管接口设计及加工

为方便内衬短管在现况井室或管道内的连接，一般采用子母口锁扣或螺扣连接，以有效防止合口后管口脱落。

短管子母口连接宜采用过盈配合，以保证接口严密性，同时宜在接口增加密封胶圈和粘结设计，以确保接口严密。

短管子母口连接强度应满足安装时拖拉力（或顶推力）要求或设计要求。

短管接口加工形状应均匀、规整、配合良好，（短节）轴向受力时接触面受力均匀，宜使用专用机床加工，以满足加工精度要求。

3. 通风

（1）井下作业前，应开启作业井盖和其上、下游井盖进行自然通风，且通风不应少于 30min；

（2）人员井下作业，应满足地方政府有关有限空间作业管理规定或执行《城镇排水管道维护安全技术规程》CJJ 6—2009 规定。

4. 封堵导流

（1）管道修复宜避开雨天进行施工；

（2）如原管道内过水量很小，修复期间可在上游采用堵水气囊或砂袋进行临时封堵，以防止上游来水流入原管道；

（3）当上游来水量较大时，则需要在保证上游管道系统运行安全的情况下通过管道系统或水泵抽升进行导流。

5. 管道疏通清理

（1）管道内沉积的淤泥及其他异物会影响新管行进、位置偏移或对新管造成损伤，故在进行施工前需对现况污水管和检查井进行清淤及障碍物清理作业。

（2）管道清理完成后，管内应无悬挂物、硬质附着物及可能损坏插入管道的尖锐物。

（3）清理完成后采用与内衬短管同直径的短管进行试通。

6. 施工方法

短管穿插施工一般采用拉杆或链条牵引就位的方法；或根据实际条件采用单向顶推方法施工（在检查井内设置千斤顶，将连接后的短管全部顶入原管道中）；或采用前方牵引导向、后方顶推入位的联合方式。

7. 功能性检验

内衬短管施工就位完成后进行闭水或闭气检验。

8. 注浆

为使新、旧管道结合紧密且共同作用，需要在内衬短管与旧管的间隙内填充水泥浆。在注浆过程中，为防止漂管采用多次注浆方法，注浆压力不大于 0.1MPa。一般分 3 次以上进行。注浆以在上游井管道顶部预留出浆口有浆液流出时，停止注浆。

因原管道局部破损形成土体空洞时，宜通过地面注浆充实。

胀插短管穿插施工无须管道间隙充填注浆。

19.5　材料与设备

1　材料

管材及短管加工要求见本书 4.2.2 节，注浆材料选用流动性好、无收缩或收缩性小的水泥浆，管端间隙处理宜采用油麻和微膨胀水泥砂浆。

2　设备

短管穿插法施工时常用主要设备见表 19.5-1。

主　要　设　备　　　　　　　　　　　　　表 19.5-1

机械或设备名称	数量	主要用途
电视检测系统	1 套	用于施工前后管道内部的情况确认
发电机	1 台	用于施工现场的电源供应
鼓风机	1 台	用于管道内部的通风和散热
空气压缩机	1 台	用于施工时压缩空气的供应
泥浆泵、潜水泵	1 套	用于管道和检查井内排污排水

机械或设备名称	数量	主要用途
链条锯、往复锯、切割机、倒角机	1 套	用于内衬管的切割、修整与开坡口
注浆机、搅拌机	1 套	内衬与原管道间隙的密实注浆
开孔机	1 把	开注浆孔
千斤顶及配套设备	1 套	顶进或拖拉短管
胀管器	1 套	胀（割）原管道

19.6　施工质量控制

1. 执行标准

《城镇排水管道非开挖修复工程施工及验收规程》T/CECS 717—2020。

2. 施工质量控制要点

（1）管材内外表面应清洁、光滑，不允许有气泡、划伤、凹陷、杂质、颜色不均等缺陷，管材的两端应切割平整，并与轴线垂直。

（2）管材应使用聚乙烯混配料，不应使用回收料、回用料。

（3）HDPE 短管须全数验收平均公称外径和壁厚。

（4）短管结合口加工须满足密封和施工顶推（或拖拉）要求。

（5）短管就位且功能试验后须静置 24h 后才能进行管外充填注浆。

（6）内衬管不宜探出原管端头。

19.7　安全措施

1. 安全总则

（1）施工安全要符合国家现行标准《建筑施工安全检查标准》JGJ 59—2011 的有关规定。

（2）管道修复施工应符合《城镇排水管道维护安全技术规程》CJJ 6—2009 和《城镇排水管渠与泵站运行、维护及安全技术规程》CJJ 68—2016 的规定。

（3）施工机械的使用应符合《建筑机械使用安全技术规程》JGJ 33—2012 的规定。

（4）施工临时用电应符合《施工现场临时用电安全技术规范》JGJ 46—2005 的规定。

（5）操作人员必须经过专业培训，熟练机械操作性能，经考核取得操作证后上机操作。

2. 安全操作要点

（1）根据设计文件及施工组织设计要求，认真进行技术交底，施工中应明确分工，统一指挥并严格遵守有关安全规程。

（2）严格执行有关的安全施工生产的法规与规定。

（3）安全宣传、安全教育、安全交底要落实到每个班组、个人，施工现场必须按规定配有足够数量的显眼安全标志牌。严格做到安全交底在前，施工操作在后。工人进场前，必须先进行安全教育交底。

(4) 按照交通管理部门和道路管理部门的批准，临时占用道路。设置临时交通导行标志、路障、隔离设施。设专职交通疏解员进行交通导引。

(5) 施工作业人员在井周边作业应注意检查井位置，避免意外坠落。

(6) 下井作业前使用检测设备检测管道内毒气含量，并做好下井记录，严禁随意下井作业。

(7) 井下作业时必须采用通风设备对管道进行持续通风。

(8) 下井前必须查清管径、水深、流速及附近工厂废水排放情况。

(9) 井上必须有人监护，且监护人员不得擅离职守。

(10) 严禁进入直径小于 800mm 的管道作业。

(11) 下井时必须戴好安全帽，配备符合国家标准的悬托式安全带。

(12) 每次下井连续作业时间不得超过 1h。

(13) 如需注浆，井下安全注浆过程中人员应尽可能在检查井口观察注浆效果。

(14) 排水。使用泥浆泵将检查井内污水排出至露出井底淤泥。将需要疏通的管线进行分段，分段的办法根据管径与长度分配，相同管径两检查井之间为一段。

(15) 设置堵口要牢固。

(16) 施工前应对电线进行检查、维护，并对电气设备进行试验、检验和调试。

(17) 采用短管胀插工艺施工时，原管道周边 2.5 倍管径范围内不得有压力管道或重要设施。

19.8　环保措施

1. 规范及标准

排水管道修复施工过程中，环境保护严格执行《中华人民共和国环境保护法》的规定，严格按设计文件，环境保护的要求及建设单位的有关管理要求处理施工中弃渣，并执行下列规范标准：

(1)《建筑工程绿色施工评价标准》GB/T 50640—2010。

(2)《建设工程施工现场环境与卫生标准》JGJ 146—2013 等。

2. 场地布置与管理

(1) 认真布置好施工现场规划，场内应整齐，紧凑有序。机械设备应归类并整齐停放，材料物资应分类并及时入库或存放在指定位置。

(2) 对进出工地的车辆进行冲洗，保持道路干净、整洁，努力减少施工期间对行人和车辆通行造成影响。

3. 噪声及振动控制

(1) 严格控制各种施工机具（如发电机、喷涂机、吸污车、管道干燥机、鼓风机等）的噪声。

(2) 如有必要使用发电机则尽量设置在远离民居的地方，并采用密闭形式，设置消声装置，减少对两侧居民的噪声和废气污染。

(3) 切割机、空压机等噪声源设备在使用过程中，严格采取有效的隔声措施，并将噪声源作单独的围闭隔离。

（4）当施工振动（发电机运转，潜水泵调水、喷涂机工作等施工振动）对敏感点有影响时，应采取隔振措施。

4. 空气污染控制

（1）施工车辆尾气排放满足环保部门的排放标准才能准许使用。

（2）施工内燃机械应满足工程属地环保要求。

（3）严禁在施工现场焚烧任何废弃物和会产生有毒有害气体、烟尘、臭气的沥青、垃圾及废物。

（4）对便道和场外主要道路定期洒水，降低车辆过往时造成的灰尘在空气中飞扬。

（5）合理组织施工、优化工地布局，使产生扬尘的作业、运输尽量避开敏感点和敏感时段。

5. 水质污染控制

（1）施工废水须经现场废水处理系统处理合格后排放。

（2）禁止排放施工油污，溢漏油污立即采取措施处理，避免或者污染损害。

（3）排水导流措施应满足原污水管道的通水能力，工地排放的污水、废油等经过处理符合排放标准后排入市政排水管道，严禁有害物质污染土地和周围环境。

6. 固体废弃物处理

（1）对可再利用的废弃物尽量回收利用。各类垃圾及时清扫，不随意倾倒。

（2）保持施工区和生活区的环境卫生，在施工区设置临时垃圾收集设施，防止垃圾流失，定期集中处理。

（3）教育施工人员养成良好的卫生习惯，不随地乱丢垃圾、杂物，保持工作和生活环境的整洁。

（4）严禁垃圾乱倒、乱卸或用于回填。各类生活垃圾按规定集中收集，每班清扫、每日清运。

（5）施工场地内的淤泥、弃土和其他废弃物等及时清除运输至指定地点，做到施工期间现场整洁、运土车辆要采用篷布加以覆盖，防止泥土撒落，进出工地时，进行冲洗，保持道路干净、整洁。施工任务完成退场时，彻底清除必须拆除的临时设施。

19.9　效益分析

短管穿插修复技术有显著的社会效益和经济效益：社会效益：作为非开挖修复技术的一种，它有效解决了传统管道修复和更换施工的"马路拉链"现象，在一定管径范围内实现了完全非开挖施工，减小了对交通影响、降低了噪声影响、消除了土方作业带来的环境影响。尤其是少拆迁、少审批，大大缩短了管道修复与更换工期、同时提高了管道寿命，改善了管道运行状况，响应了国家"加强地下管线建设管理""提升我国地下管网管理维护技术水平"的政策，在保障城市健康运行和人民生命财产安全方面具有重要社会价值。在局部管道有坍塌情况下，作为非开挖抢险工艺更是不二的选择。

经济效益：在 $DN200 \sim DN600$ 排水管道更新修复时，尤其是结构性修复技术中，短管穿插修复技术单延米纯工艺价格低于 CIPP、螺旋缠绕，有明显经济优势。

19.10 市场参考指导价

短管穿插修复市场参考指导价参见表 19.10-1。

短管穿插法管道修复技术市场参考指导价　　　　表 19.10-1

工艺	管径 (mm)	200	300	400	500	600
短管穿插	参考价格(元/m)	1700	1900	2250	2750	3550
	参考壁厚(mm)	8.6	13.4	16.9	21.5	26.7
短管胀插	参考价格(元/m)	—	2800	3500	4600	—
	参考壁厚(mm)		15	19.1	23.9	

注：上述修复单价不含管道清淤、堵水、降水、检测等措施费用。

19.11 工程案例

1. ××市马官营南路 DN600 污水管道非开挖修复工程案例

马官营南路污水管线为钢筋混凝土管道，管径为 600mm，埋深 5.3m，由于修建年代已久，管线及附属构筑物腐蚀老化严重（结构缺陷等级评定为四级）。现况马官营南路路宽度 7m，路侧停车较多，交通量较大；道路两侧为居民住宅楼，对施工噪声要求高；现况污水管线周边交叉管线较多且距离较近。

综上条件，该工程设计选用短管插管工艺对原管道进行更新改造。插管工艺对于施工场地条件要求较低、准备工作较少、环境污染低，内衬管对周边管线无任何影响，并可以解决结构性缺陷。原管道插入高密度聚乙烯 DN560（PE100）实壁管短节，由于 HDPE 具有优异的耐磨性能且管摩阻系数小，管线不会因原管道内穿插 PE 管直径变小而影响输送能力。管道修复前后对比如图 19.11-1 和图 19.11-2 所示。

图 19.11-1　管道修复前状况　　　　图 19.11-2　管道修复后状况

2. ××市金鱼池中街 *DN500* 排水管道抢险非开挖修复案例

管网分公司巡查班组在日常巡查养护过程中发现：东城区金鱼池中街污水管道 2 号、2 号检查井存在较大水位差。后采用 CCTV 检测在下游核查，两井间管道内腐蚀严重，局部破损塌方，存在道路安全隐患，为防止隐患扩大造成路面塌陷，须对金鱼池中街污水管道进行抢险施工。

图 19.11-3　管道修复前状况

金鱼池中街事故管段全长 17.5m，管道材质为混凝土管道，管径 500mm，埋深 5m。管道局部破损塌方造成管内淤堵严重；现况道路交通压力较大，管内塌方未反映至路面，不具备占路开挖条件。该管线运行负荷不大，决定采用插管内衬法修复。

当天对事故管段进行交通拦护，同时在 2 号检查井上游、2 号检查井下游进行管道封堵，并设泵导水，保证周边排水畅通。夜间对未坍塌部分管道进行清淤，然后插入 *DN450*（PE100）实壁短管，对坍塌部分进行边插短管边清掏，衬管与原管道间隙采用水泥浆充填并在坍塌部位通过地表补、注浆充填空洞稳固路基。该事故抢险用了三个夜晚完成，事后评估运行效果良好。管道修复前后对比如图 19.11-3 和图 19.11-4 所示。

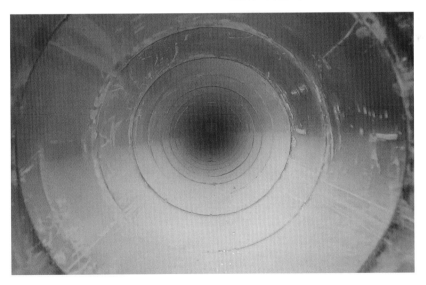

图 19.11-4　管道修复后状况

273

第20章 材 料 检 测

20.1 概述

近几年来，非开挖修复技术蓬勃发展，原位固化材料、高分子喷涂材料、塑料类材料、砂浆类材料种类亚种类呈现出百花齐放的现象。但是，不可否认的是，材料质量也同时呈现出令人担忧的事件。对于原材料，检测哪些指标，如何测试，测试后指标满足什么样标准已经成为保证非开挖修复工程质量的重要问题。此外，材料检测的价格与取样频率同样受到业内关注。结合《城镇排水管道非开挖修复工程施工及验收规程》T/CECS 717—2020（本章简称《规程》）内容，本章主要着重回答上述问题，以助非开挖修复工程的高质量发展。

20.2 原位固化法材料检测

20.2.1 翻转式原位固化材料性能

1. 内衬材料性能

树脂应根据修复工艺要求采用长期耐腐蚀和耐湿热老化的热固性树脂，可采用不饱和聚酯树脂、乙烯基酯树脂或环氧树脂。树脂的主要性能应符合表20.2-1的规定，树脂等级划分和试验方法应符合表20.2-2的规定。

原位固化法专用树脂系统浇筑体性能 表 20.2-1

纯树脂性能	间苯/邻苯	乙烯基苯	环氧树脂	测试方法
弯曲模量（MPa）	≥3000	≥3000	≥3000	按现行国家标准《树脂浇铸体性能试验方法》GB/T 2567—2008 中的相关规定执行
弯曲强度（MPa）	≥90	≥100	≥100	
拉伸模量（MPa）	≥3000	≥3000	≥3000	
拉伸强度（MPa）	≥60	≥80	≥80	
拉伸断裂延伸率（%）	≥2	≥4	≥4	
热变形温度（℃）	≥88	≥93	≥85	按现行国家标准《塑料负荷变形温度的测定》GB/T 1634.2 中 A 法中的相关规定执行

原位固化法热固性树脂等级划分和试验方法 表 20.2-2

化合物溶液	浓度（%）	等级 1	等级 2/等级 3	测试方法
硝酸	1.0	耐	耐	现行国家标准《玻璃纤维增强热固性塑料耐化学介质性能试验方法》GB/T 3857—2017
硫酸	5.0	耐	耐	
燃料油	100	耐	耐	
蔬菜油（棉籽油、谷物油或矿物油）	100	耐	耐	
洗涤剂	0.1	耐	耐	
肥皂水	0.1	耐	耐	
氢氧化钠	0.5	不耐	耐	现行国家标准《树脂浇铸体性能试验方法》GB/T 2567—2008

注：1 等级 1 为热固性不饱和聚酯树脂，等级 2 为热固性不饱和聚酯树脂以及乙烯基酯树脂，等级 3 为热固性环氧树脂。

2 按照现行国家标准《玻璃纤维增强热固性塑料耐化学介质性能试验方法》GB/T 3857—2017 和《树脂浇铸体性能试验方法》GB/T 2567—2008 中的规定，加温至 60℃条件下，28d 龄期的弯曲强度保留率与弯曲模量保留率的平均值大于 70%，同时样品外观无劣化视为耐，否则为不耐。

3 化合物溶液的浓度为质量分数。

2. 材料进场检测

（1）不含玻璃纤维原位固化法内衬管的短期力学性能要求应符合表 20.2-3 的规定。

不含玻璃纤维的内衬管的短期力学性能 表 20.2-3

项目	单位	指标	检验方法
弯曲强度	MPa	>31	《规程》附录 F
弯曲模量	MPa	>1724	《规程》附录 F
抗拉强度	MPa	>21	《塑料 拉伸性能的测定 第 2 部分：模塑和挤塑塑料的试验条件》GB/T 1040.2—2006

（2）内衬管的耐化学腐蚀性检验可按现行国家标准《塑料 耐液体化学试剂性能的测定》GB/T 11547—2008 执行，并应符合下列规定：

1）耐化学性的检测浸泡时间宜为 28d，试验温度应为 23℃±2℃。

2）浸泡典型介质应按表 20.2-4 选取。

3）试件浸泡完成后，应按表 20.2-1 规定检测试样的弯曲强度和弯曲模量，检测结果不应小于内衬管初始弯曲强度和弯曲模量的 80%。

浸泡典型介质 表 20.2-4

化合物溶液名称	浓度（%）	酸碱度 pH 值	不饱和聚酯树脂	乙烯基酯树脂/环氧树脂
硫酸	5.0	1	选测	选测
氢氧化钠	0.5	10	选测	选测

注：化合物溶液的浓度为质量分数。

（3）产品生产企业应提供内衬管的长期力学性能型式检验报告。

3. 施工质量检测

（1）取样：施工固化完成后，内衬管应按每个施工段不少于一组或按设计要求进行现场取样。

宜在内衬管端部取样，取样尺寸应符合表 20.2-5 规定。

测试样品尺寸及技术要求　　　　　　　　　　　表 20.2-5

测试项目	测试指标	取样要求	样块数量
三点弯曲测试	抗弯强度	施工现场采集样块尺寸： (圆周向切线长度 × 轴向长度) $e_m<10mm$ 内衬管：250mm×200mm $e_m≥10mm$ 内衬管：400mm×200mm	1
	短期弯曲模量		
厚度测试	平均厚度	同三点弯曲测试	
拉伸试验	抗拉强度	施工现场采集样块尺寸： (圆周向切线长度 × 轴向长度) 200mm× 300mm	1
密实性检测	材料样本透水性	边长为45mm±5mm 的正方形	1

注：1　e_m 为设计厚度。

　　2　取样要求为最小取样尺寸。

（2）材料检测：

1）原位固化法修复后应按表 20.2-6 进行内衬检测。

原位固化法内衬检测项目　　　　　　　　　　　表 20.2-6

测试项目	测试指标	单位	技术要求	测试方法
三点弯曲测试	抗弯强度	MPa	设计要求	按《规程》附录F执行
	短期弯曲模量	MPa	设计要求	
拉伸试验	抗拉强度	MPa	设计要求	《塑料 拉伸性能的测定　第 2 部分：模塑和挤塑塑料的试验条件》 GB/T 1040.2—2006
厚度测量	平均厚度 e_m	mm	不小于图纸设计值，单个样品测试值与平均厚度值偏差不大于 10%	《塑料管道系统 塑料部件 尺寸的测定》 GB/T 8806—2008
密实性检测	材料样本透水性	—	无试验介质渗透至玻璃瓶中：0.05MPa，30min 测试合格	按《规程》附录G执行

注：平均厚度不包括非结构性内外膜厚度。

2）现场内衬管的壁厚检验应按现行国家标准《塑料管道系统 塑料部件 尺寸的测定》GB/T 8806—2008 的有关规定执行。固化后内衬管的壁厚不得小于图纸设计值，平均壁厚不得大于图纸设计壁厚的 20%。

检查方法：对照设计文件用测厚仪、卡尺等量测，检查样品管或样品板检验记录并填入《规程》的附录表 B.0.6。

检查数量：应量测管道两端各 1 个断面，每个断面测环向均匀至少 6 点，取平均值为该断面的代表值（平均壁厚）。

4. 性能测试方法

（1）树脂的弯曲强度和弯曲模量

1）试样制备

① 模具

A. 平板浇铸模

材料：

a. 模板为平整光滑的玻璃板或钢板，其大小根据所需试样面积加模框面积而定；

b. 脱模剂或脱模薄膜采用脱模蜡、玻璃纸；

c. U形模框，将金属丝穿在橡胶软管中，做成与模板尺寸吻合的U字形模框；

d. 控制厚度的塞片，以浇铸板厚度而定；

e. 弓形夹。

模具制作：

将两块事先涂有脱模剂或覆盖脱模薄膜的模板之间夹入U形模框，U形的开口处为浇铸口，U形模框事先涂有脱模剂或覆盖玻璃纸，用弓形夹将模板与U形模框夹紧，两块模板之间的距离用塞片来控制。

B. 试样浇铸模

根据标准试样尺寸用钢材或硅橡胶制作试样模具，模腔尺寸设计要考虑树脂收缩率。

② 配料、浇铸

按预定的固化系统配制，并将各组分搅拌均匀。

浇铸在室温15～30℃、相对湿度小于75%以下进行，沿浇铸口紧贴模板倒入树脂液，在整个操作过程中要尽量避免产生气泡。如气泡较多，可采用真空脱泡或振动法脱泡。

③ 固化

常温固化：浇铸后模子在室温下放置24～48h后脱模。然后敞开放在一个平面上，在室温或标准环境温度下放置504h（包括试样加工时间）。

常温加热固化：浇铸模在室温下放置24h后脱模，继续加热固化，从室温逐渐升至树脂热变形温度，恒温时间按树脂性能经试验确定。

热固化：固化温度和时间根据树脂固化剂或催化剂的类型而定。

④ 试样加工

用划线工具在浇铸平板上，按试样尺寸划好加工线，取样必须避开气泡、裂纹、凹坑、应力集中区。用机械加工试样，加工时要防止试样表面损伤和产生划痕等缺陷。加工粗糙面需用细锉或砂纸进行精磨，缺口处尺寸用专用样板检测。加工时可用水冷却，加工后及时进行干燥处理。

⑤ 内应力检查

浇铸体在测试前，用偏振光对内应力进行测试。如有内应力，予以消除。

⑥ 消除内应力方法

A. 油浴法

将试样平稳地放置于盛有油的容器中，且使试样整个浸入油中，并将浸入试样的容器放入烘箱内，使箱内温度1h内由室温升至树脂玻璃化温度，恒温3h后关闭电源，待烘箱自然冷却至室温后，将试样从油浴中取出，进行内应力观察。

注：油浴用油应对试样不起化学作用，不溶胀、不溶解、不吸收。

B. 空气浴法

将试样置于有鼓风装置的干燥箱中，处理温度和时间同油浴。

2）试样外观检查和数量

试验前，试样需经严格检查，试样应平整、光滑、无气泡、无裂纹、无明显杂质和加工损伤等缺陷。每组有效试样不少于5个。

3）试样状态调节

试验前，试样应在试验标准环境条件下，环境温度：23℃±2℃，相对湿度50%±5%，至少放置24h，状态调节后的试样应在与状态调节相同的试验标准环境条件下试验（另有规定时按相关规定）。

若不具备试验室标准环境条件，试验前试样可放在干燥器内，至少放置24h。

4）试样测量精度

试样工作区间的测量准确到0.01mm。试样其他的测量精度，按相应试验方法的规定。

5）试验设备

① 试验设备载荷误差不超过±1%，试验设备量程的选择应使试样破坏载荷在满量程的10%～90%范围内（尽量落在满量程的一边）且不小于试验设备满量程的4%（电子式拉力试验设备按有关规定执行）。

② 测量变形仪表误差不应超过±1%。

③ 试验设备能获得试验方法标准规定的恒定的试验速度，速度误差不超过1%。

④ 试验设备应定期经国家计量部门检定并在有效检定周期内使用。

6）试验原理

采用无约束支撑，通过三点弯曲，以恒定的加载速率使试样破坏或达到预定的挠度值。在整个过程中，测量施加在试样上的载荷和试样的挠度，确定弯曲强度、弯曲弹性模量与弯曲应变的关系。

试样形状见《树脂浇铸体性能试验方法》GB/T 2567—2008 图3。试样的横截面应是不倒圆的矩形。

仲裁检验的试样厚度 h 为 4.0mm±0.2mm，常规检验的试样厚度 h 为 3.0～6.0mm（一组试样厚度公差±0.2mm）。宽度 b 为 15mm，长度 l 不小于20h。任一试样上在其长度的中部1/3范围内试样厚度与其平均值之差不大于平均厚度的2%，该范围内试样宽度与其平均值之差不大于平均宽度的3%。

7）试验条件

试样的标准环境按20.2.1节中4.(1)的相关规定。

试验设备按20.2.1节中4.(1)的相关规定。

三点弯曲试验装置示意图见《树脂浇铸体性能试验方法》GB/T 2567—2008 图4。跨距 L 为（16±1）h，加载上压头半径 R 为 5.0mm±0.1mm，试样厚度大于3mm时，r 为 5.0mm±0.2mm。

测试弯曲强度时，试验速度为10mm/min；测定弯曲弹性模量时，试验速度为2mm/min；仲裁检验速度为2mm/min。

8）试验步骤

试样制备按20.2.1节中4.(1)的相关规定。

试样外观检查按 20.2.1 节中 4.(1) 的相关规定。

试样状态调节按 20.2.1 节中 4.(1) 的相关规定。

将合格试样编号，测量试样跨距中心处附近 3 点的宽度和厚度，取算术平均值。测量精度按第四点的规定。

调节跨距 L 及加载压头位置，准确到 0.5mm，加载上压头位于支座中间，且与支座相平行。

将试样放于支座中间位置，试样的长度方向与支座和上压头相垂直。

调整加载速度，选择试验机载荷范围及变形仪表量程。调整试验机，使加载上压头恰好与试样接触，对试样施加初载荷（约为破坏载荷的 5%）以避免应力-应变曲线出现曲线的初始区。检查和调整仪表，使整个系统处于正常状态。

测定弯曲强度或弯曲应力时，按规定速度均匀连续加载，直至破坏，记录破坏载荷或最大载荷值。在挠度等于 1.5 倍试样厚度下不呈现破坏的材料，记录该挠度下的载荷。

测定弹性模量或绘制载荷-挠度曲线时，在试样跨中底部或上压头与支座的引出装置之间安装挠度测量装置。检查调整仪表，无自动装置可分级加载，级差为破坏载荷的 5%～10%（测定弯曲弹性模量时，至少分 5 级加载，所施加的最大载荷不宜超过破坏载荷的 50%。一般至少重复 3 次，取其 2 次稳定的变形增量）记录各级载荷和相应的挠度值，有自动记录装置时，可连续加载。

在试样中间的 1/3 跨距以外破坏的试样，应予作废。同批有效试样不足 5 个时，应重做试验。

9）计算

① 弯曲强度按式（20.2-1）计算：

$$\sigma_t = \frac{3p \cdot L}{2b \cdot h^2} \tag{20.2-1}$$

式中 σ_t——弯曲强度（MPa）；

　　　p——破坏载荷（或最大载荷）时的载荷（N）；

　　　L——跨距（mm）；

　　　b——试样宽度（mm）；

　　　h——试样厚度（mm）。

若 $S/L > 10\%$，考虑到挠度 S 作用下支座水平分力引起弯矩的影响，弯曲强度可按式（20.2-2）计算：

$$\sigma_f = \frac{3p \cdot L}{2b \cdot h^2}[1 - 4(S/L)^2] \tag{20.2-2}$$

式中 S——试样破坏时的跨中挠度（mm）。其余同式（20.2-1）。

② 弯曲模量按式（20.2-3）计算：

$$E_f = \frac{L^3 \cdot \Delta P}{4b \cdot h^3 \cdot \Delta S} \tag{20.2-3}$$

式中 E_f——弯曲弹性模量（MPa）；

　　　ΔP——对应于载荷-挠度曲线上初始直线段的载荷增量值（N）；

　　　ΔS——与载荷增量 ΔP 对应的跨中挠度（mm）。

其余同式（20.2-1）。

10）试验结果

① 每个试样的测试结果：X_1、X_2、$X_3 \cdots X_n$。必要时应说明每个试样的破坏情况。

② 每组试样的算术平均值 $\overline{X}$ 按式（20.2-4）计算，取 3 位有效数字。

$$\overline{X} = \frac{\sum\limits_{i=1}^{n} X_i}{n} \tag{20.2-4}$$

式中　$\overline{X}$——以算术平均值表示的该性能的测试结果；

　　　X_i——每个试样的性能值；

　　　n——试样数。

（2）树脂的拉伸强度、拉伸模量、拉伸断裂延伸率

1）一般规定

试样制备、试样外观检查和数量、试样状态调节、试样测量精度、试验设备按 20.2.1 节中 4。（1）的相关规定。

2）试验原理

沿试样轴向匀速施加静态拉伸载荷，直到试样断裂或达到预定的伸长，在整个过程中，测量施加在试样上的载荷和试样的伸长，以测定拉伸强度、拉伸弹性模量、拉伸断裂延伸率和绘制应力—应变曲线（图 20.2-1）。

图 20.2-1　拉伸试验

3）试样

试样形状、尺寸见《树脂浇铸体性能试验方法》GB/T 2567—2008 图 1。

试样数量按 20.2.1 节中 4.（1）的相关规定。

4）加载速度

测定拉伸强度时，试验速度为 10mm/min，仲裁试验速度 2mm/min；测定弹性模量、应力—应变曲线时，试验速度为 2mm/min。

5）试验步骤

试样制备按 20.2.1 节中 4.(1) 的相关规定。

试样外观检查按 20.2.1 节中 4.(1) 的相关规定。

试样状态调节按 20.2.1 节中 4.(1) 的相关规定。

将试样编号，测量试样标距《树脂浇铸体性能试验方法》GB/T 2567—2008 图 1 中 50mm±0.5mm 段内任意 3 处的宽度和厚度，取算术平均值。测量精度按第 20.2.1 节中第 4.(1) 的相关规定。

夹持试样，使试样的中心轴线与上、下夹具的对准中心线一致，按规定速度均匀连续加载，直至破坏，读取破坏载荷值。

测定拉伸弹性模量时，在工作段内安装测量变形仪表，施加初载（约 5% 的破坏载荷），检查和调整仪表，使整个系统处于正常工作状态。无自动记录装置时可采用分级加载，级差为破坏载荷的 5%～10%，至少分 5 级加载，施加载荷不宜超过破坏载荷的 50%，一般至少重复测定 3 次，取其两次稳定的变形增量，记录各级载荷和相应的变形值。有自动记录装置时，可连续加载。

测定断裂伸长率和应力-应变曲线时，有自动记录装置，可连续加载。

若试样断在夹具内或圆弧处，此试样作废，另取试样补充。同批有效试样不足 5 个时，应重做试验。

6）计算

① 拉伸强度按式（20.2-5）计算：

$$\sigma_t = \frac{P}{b \cdot h} \tag{20.2-5}$$

式中　σ_t——拉伸强度（MPa）；

　　　P——破坏载荷（或最大载荷）（N）；

　　　b——试样宽度（mm）；

　　　h——试样厚度（mm）。

② 拉伸模量按式（20.2-6）计算：

$$E_t = \frac{L_0 \cdot \Delta P}{b \cdot h \cdot \Delta L} \tag{20.2-6}$$

式中　E_t——拉伸弹性模量（MPa）；

　　　L_0——测量标距（mm）；

　　　ΔP——载荷-变形曲线上初始直线段的载荷增量（N）；

　　　ΔL——与载荷增量对应的标距 L_0 内的变形增量（mm）；

　　　b、h 同式（20.2-5）。

③ 拉伸断裂延伸率按式（20.2-7）计算：

$$\varepsilon_t = \frac{\Delta L_b}{L_0} \times 100\% \tag{20.2-7}$$

式中　ε_t——试样拉伸断裂延伸率，%；

ΔL_b——试样断裂时标距 L_0 内的伸长量（mm）；

L_0 同式（2）。

绘制拉伸应力-应变曲线。

7）试验结果

① 每个试样的测试结果：X_1、X_2、X_3、$\cdots$、X_n。必要时应说明每个试样的破坏情况。

② 每组试样的算术平均值 $\overline{X}$ 按式（20.2-8）计算，取 3 位有效数字。

$$\overline{X} = \frac{\sum\limits_{i=1}^{n} X_i}{n} \qquad (20.2\text{-}8)$$

式中 $\overline{X}$——以算术平均值表示的该性能的测试结果；

X_i——每个试样的性能值；

n——试样数。

（3）树脂的热变形温度

1）原理

标准试样以平放方式承受 3 点弯曲恒定负荷，使其产生标准规定的其中一种弯曲应力。在匀速升温条件下，测量达到与规定的弯曲应变增量相对应的标准挠度时的温度。

2）设备

① 产生弯曲应力的装置

该装置由一个刚性金属框架构成，基本结构如《塑料 负荷变形温度的测定 第 1 部分：通用试验方法》GB/T 1634.1—2019 图 1 所示。框架内有一可在竖直方向自由移动的加荷杆，杆上装有砝码承载盘和加荷压头，框架底板同试样支座相连，这些部件及框架垂直部分都由线膨胀系数与加荷杆相同的合金制成。

试样支座由两个金属条构成，其与试样的接触面为圆柱面，与试样的两条接触线位于同一水平面上。跨度尺寸，即两条接触线之间距离。设置试验跨度（支座与两条接触线间的距离）为 64mm±1mm。将支座安装在框架底板上，使加荷压头施加到试样上的垂直力位于两支座的中点（±1mm）。支座接触头缘线与加荷压头缘线平行，并与对称放置在支座上的试样长轴方向成直角。支座接触头和加荷压头圆角半径为 3.0mm±0.2mm，并应使其边缘线长度大于试样宽度。

除非仪器垂直部件都具有相同的线膨胀系数，否则这些部件在长度方向的不同变化，将导致试样表观挠度读数出现误差。应使用由低线膨胀系数刚性材料制成的且厚度与被试验试样可比的标准试样对每台仪器进行空白试验[①]。空白试验应包含实际测定中所用的各温度范围，并对每个温度确定校正值。如果校正值为 0.01mm 或更大，则应记录其值和代数符号。每次试验时都应使用代数方法，将其加到每个试样表观挠度读数上。

② 加热装置

加热装置应为热浴，热浴内装有适宜的液体传热介质、流化床或空气加热炉[②]。试样

---

① 已发现殷钢和硼硅玻璃适宜用作空白试验材料。

② 可将仪器设计成当达到标准挠度时能自动停止加热。液体石蜡、变压器油、甘油和硅油都是合适的液体传热介质，也可以使用其他液体。对于流化床，可以选用氧化铝粉末。

在介质中应至少浸没 50mm 深，并应装有高效搅拌器。应确定所选用的液体传热介质在整个温度范围内是稳定的并应对受试材料没有影响，例如不引起溶胀或开裂。

当有争议或矛盾时，如在温度可行范围内，应以使用液体传热介质的方法作为参考方法。

加热装置应装有控制元件，以使温度能以 120℃/h±10℃/h 的均匀速率上升。

应定期通过检查自动温度读数或至少每 6min 手动核对温度的方式校核加热速度。

如果在试验中要求每 6min 温度变化为 12℃±1℃，则也应考虑满足此要求。热浴中试样两端部和中心之间的液体温度差应不超过±1℃。

③ 砝码

应备有一组砝码，以使试样加荷达到以下规定计算所需的弯曲应力。应能以 1g 的增量调节这些砝码。

④ 温度测量仪器[①]

可以使用任何适宜的，经过校准的温度测量仪器，应具有合适的测量范围，并能读到 0.5℃或更精确。

应在所使用仪器特有的浸没深度对测温仪器进行校准。测温仪器的温度敏感元件，距试样中心距离应在 2mm±0.5mm 以内，但不能接触试样。

按照制造厂的说明书，对测温仪器进行校准。

⑤ 挠度测量仪器

可以是已校正过的直读式测微计或其他合适的仪器，在试样支座跨度中点测得的挠度应精确到 0.01mm 以内。

有些类型仪器，测微计弹簧产生的力 F_s 向上作用，因此，由加荷杆施加的向下载荷被减小。而另一种情况，F_s 向下作用，此时加荷杆施加的载荷增大。对这类仪器，应该确定力 F_s 的大小和方向，以便能对其进行补偿。由于某些测微计的 F_s 在整个测量范围内变化相当大，故应在仪器所要使用的部分范围内进行测量。

⑥ 测微计和量规

用于测量试样的宽度和厚度，应精确到 0.01mm。

3）试样

① 概述

所有试样都不应有因厚度不对称所造成的翘曲现象。由于诸如模塑试样时冷却条件不同或结构不对称，使试样在加热过程中可能变翘曲，即无负荷时已弯曲现象。应使用在试样两个相对表面施加负荷的方法进行校正。

② 形状和尺寸

试样应是横截面为矩形的样条（长度 l >宽度 b >厚度 h）。试样的尺寸优选试样尺寸为：长度 l 为 80mm±2.0mm，宽度 b 为 10mm±0.2mm，厚度 h 为 4mm±0.2mm。

每个试样中间 1/3 长度部分任何地方的厚度和宽度都不能偏离平均值的 2%以上。

按照《塑料　热塑性塑料材料试样的压塑》GB/T 9352—2008 或《塑料　热塑性塑料材料注

---

① 如同时试验几个试样，那么在热浴的每个试样位置上都配备独立的测温仪器。在本部分内容发布时，还没有关于校正温度测量仪器的标准存在。

塑试样的制备 第1部分：一般原理及多用途试样和长条形试样的制备》GB/T 17037.1—2019
或有关协议制备试样。模塑试样测得的试验结果取决于制备试样时使用的模塑条件。应按
照有关材料标准或有关方面协议确定模塑条件。

使用压塑试样时，厚度方向应为模塑施加力的方向。对于片状材料，试样厚度（通常
为片材厚度）应在 3～13mm 范围内，最好在 4～6mm 范围。

试样还可由《塑料 试样》GB/T 37426—2019（试样类别 A1）所规定的多用途试样
的中央狭窄部分切取制备。

③ 试样的检查

试样应无扭曲，其相邻表面应互相垂直。所有表面和棱边均应无划痕、麻点、凹痕和
飞边等。

应确保试样所有切削面都尽可能平滑，并确保任何不可避免的机加工痕迹都顺着长轴
方向。

为使试样符合这些要求，应把其紧贴在直尺、三角尺或平板上，用目视观测或用测微
卡尺对试样进行测量检查。

如果测量或观察到试样存在不符合上述要求的缺陷，则应弃之不用或在试验前将其机
加工到适宜的尺寸和形状。

④ 试样数量

至少试验两个试样，为降低翘曲变形的影响，应使试样不同面朝着加荷压头进行试
验。如需进行重复试验（见《塑料 负荷变形温度的测定 第2部分：塑料和硬橡胶》
GB/T 1634.2—2019），则对每个重复试验都要求增加 2 个试样。出于质量控制的目的或
由相关方同意，可以在试样一面进行测试。这种情况下，在测试报告中说明施加载荷
的面。

⑤ 退火

由于模塑条件不同而导致的试验结果差异，可通过试验前将试样退火，使之减到最
小。由于不同材料要求不同的退火条件，因此，若需要退火时，只能使用材料标准规定或
有关方面商定的退火程序。

4）状态调节

除非受试材料规范另有要求，状态调节和试验环境应符合《塑料 试样状态调节和试
验的标准环境》GB/T 2918—2018 的规定。

5）试验步骤

① 施加力的计算

所采用的三点加荷法中，施加到试样上的力下，以牛顿（N）为单位，是弯曲应力的
函数，由式（20.2-9）计算：

$$F = \frac{2\sigma_\mathrm{f} \cdot b \cdot h^2}{3L} \tag{20.2-9}$$

式中 F——负荷（N）；

σ_f——试样表面承受的弯曲应力（MPa）；

b——试样宽度（mm）；

h——试样厚度（mm）；

L——试样与支座接触线间距离（跨度）（mm）。

测量 b 和 h 时，应精确到 0.1mm，测量 L 时，应精确到 0.5mm。

跨度和弯曲应力，应符合规定。

施加试验力 F 时，应考虑加荷杆质量 m_r 的影响，需把它作为试验力的一部分。如果使用弹簧施荷仪器，如表盘式测微计，还应考虑弹簧施加力 F_s 的大小和对总力 F 的方向，即是正还是负，要将质量为 m_w 的附加砝码放在加荷杆上，以产生式（20.2-10）规定的所需总力 F：

$$F = 9.81(m_w + m_r)F_S \qquad (20.2\text{-}10)$$

因此

$$m_w = \frac{F - F_S}{9.81} - m_r \qquad (20.2\text{-}11)$$

式中　m_r——施加试验力的加荷杆质量（kg）；

m_w——附加砝码的质量（kg）；

F——施加到试样上的总力（N）；

F_S——所用仪器施荷弹簧产生的力（N）。

如果弹簧对着试样向下压，则该力值为正；如果弹簧推力与加荷杆下降方向相反，则该力值为负；如果没有使用这种仪器，则该力为零。

实际施加力应为计算力 $F \times (1 \pm 2.5)\%$[①]。

施加的弯曲应力应为下列三者之一：

——1.80MPa（首选值），命名为 A 法；

——0.45MPa，命名为 B 法；

——8.00MPa，命名为 C 法。

② 加热装置的起始温度

每次试验开始时，加热装置的温度应低于 27℃，除非以前的试验已经表明，对受试的具体材料，在较高温度下开始试验不会引起误差。

③ 测量

对试样支座间的跨度进行检查，如果需要，则调节到适当的值。测量并记录该值，精确至 0.5mm，以便用于①中的计算。

将试样放在支座上，使试样长轴垂直于支座。将加荷装置放入热浴中，对试样施加按①计算的负荷，以使试样表面产生符合规定的弯曲应力。力作用 5min 后，记录挠度测量装置的读数，或将读数调整为零[②]。

以 120℃/h±10℃/h 的均匀速率升高热浴的温度，记下样条初始挠度净增加量达到标准挠度时的温度，即为在规定的弯曲应力下的负荷变形温度。标准挠度是厚度 h、所用跨度和《塑料 负荷变形温度的测定　第 2 部分：塑料和硬橡胶》GB/T 1634.2—2019 规

---

① 所有涉及弯曲性能的公式，仅在应用到应力/应变关系为线性的情况下才是正确的。因此，对大多数塑料来说这些公式仅在小挠度情况下才是比较准确的。但可以用给出的这些公式对材料进行比较。

② 保持 5min 的等候时间，是用于部分补偿某些材料在室温下受到规定弯曲应力时所显示的蠕变。在开始 5min 内发生的蠕变，通常占最初 30min 内发生蠕变的绝大部分。如果受试材料在起始温度前 5min 内没有明显的蠕变，则可以省去 5min 的等候时间。

定的弯曲应变增量的函数[①]。按式（20.2-12）计算：

$$\Delta s = \frac{L^2 \Delta \varepsilon_f}{600h}$$

(20.2-12)

式中　Δs——标准挠度（mm）；

　　　L——跨度，即试样支座与试样的接触线之间距离（mm）；

　　　$\Delta \varepsilon_f$——弯曲应变增量（%）；

　　　h——试样厚度（mm）。

至少应进行两次试验，每个试样只应使用一次。除非相关方同意仅在试样单面测试，否则为降低试样不对称性（如翘曲）对试验结果的影响，应使试样相对的面分别朝向加荷压头成对地进行试验。

施加能产生①规定的一种弯曲应力所要求的力。

按照式（20.2-4），使用弯曲应变增量值 $\Delta \varepsilon_f = 0.2\%$ 计算标准挠度 Δs。表20.2-7给出了不同试样厚度的标准挠度。记录样条的初始挠度增加量达到标准挠度时的温度，即为其负荷变形温度。如果非晶塑料或硬橡胶的单个试验结果相差2℃以上，或部分结晶材料的单个结果相差5℃以上，则应重新进行试验。

对应于不同试样厚度的标准挠度（80mm×10mm试样）　　　表 20.2-7

试样厚度（mm）	标准挠度（mm）
3.8	0.36
3.9	0.35
4.0	0.34
4.1	0.33
4.2	0.32

注：表中的厚度反映出试样尺寸容许的变化范围，符合第20.2.1节中4.（3）相关规定。

6）结果表示

以受试试样负荷变形温度的算术平均值表示受试材料的负荷变形温度。把试验结果表示为一个最靠近的摄氏温度整数值。

7）精密度

已有精密度数据（见《塑料 负荷变形温度的测定　第2部分：塑料和硬橡胶》GB/T 1634.2—2019附录A）。

（4）原位固化法热固性树脂等级划分

化合物溶液：硝酸、硫酸、燃料油、蔬菜油（棉籽油、谷物油或矿物油）、洗涤剂、肥皂水。

1）原理

将树脂试样浸泡在液态化学介质中，观察试样和介质的表观，测试试样的弯曲性能随浸泡时间的延长而发生的变化，即为树脂的耐化学介质性能。弯曲试验的原理见第20.2.1节中4.（1）的相关规定。

---

①　如果已知试样挠度为试样温度的函数，那么这一点在试验结果的解释中常常是有用的。可能的话，建议在等候和加热期间连续监控试样挠度。

2）试样制备、试样外观检查和数量、试样状态调节、试样测量精度

见第 20.2.1 节中 4.(1) 的相关规定。

3）试样总数

试样总数根据试验介质种类数、试样温度组数、取样次数以及未浸泡的单项试验试样数确定，按式（20.2-13）计算：

$$N = n \times S \times T \times I + n \qquad (20.2\text{-}13)$$

式中　　N——试样总数；

　　　　n——单项试验的试样数；

　　　　S——试验介质种类数

　　　　T——试验温度组数；

　　　　I——取样次数。

4）试验设备

① 容器

配有回流冷凝器的广口玻璃容器，供加热试验用。

容器的大小和体积应足以将试样完全浸没在试验选用的化学介质中。

容器对化学介质应是惰性的。如化学介质对玻璃容器有腐蚀，则在容器内壁采取防护措施或改用其他耐腐蚀容器。

② 恒温槽

温度控制精度：±2℃。

③ 弯曲性能试验机

符合第 20.2.1 节中 4.(1) 的相关规定。

④ 测量器具

精度 0.01mm 的游标卡尺或千分尺。

5）试验条件

① 试验介质

试验介质按表 20.2-2 选用。

② 试验温度

加温至 60℃。

③ 试验期限

28d。

6）试验步骤

按第 20.2.1 节中 4.(1) 相关要求制备试样。

按第 20.2.1 节中 4.(1) 相关规定进行状态调节。

记录试验化学介质外观。

观测和测定浸泡前试样的特性：

① 外观。

② 在距样板相邻两边缘 25mm 处的 4 个点测试厚度，精确到 0.01mm，取平均值；

③ 弯曲强度和弯曲模量按《树脂浇铸体性能试验方法》GB/T 2567—2008，即第 20.2.1 节中 4.(1) 执行。

将试样浸没在化学介质中，试样应垂直于水平面，互相平行，间距至少为 6.5mm，试样边缘与容器或液面的间隔至少为 13mm。

对加温试验，试样全部浸入试验化学介质后，立即加温，当化学介质温度达到试验温度时，作为试验开始时间。

按商定的时间取样，并按下列步骤观测和测试浸泡后试样的特性：

① 试验介质是否有颜色变化，有无沉淀物生成。

② 试样表面是否有裂纹、失光、腐蚀、气泡、软化等缺陷。

③ 将试样用自来水冲洗干净后，再用滤纸吸干表面水分。在常温、常湿（相对湿度 45%~75%）下存放 30min。

④ 试样封装在塑料袋中，并在封袋后 48h 内测试；每次取样到测定的时间应保持一致。

⑤ 定期检查试验介质，确保试样全部浸入化学介质中，并与液面间隔至少 13mm；必要时应更换新鲜的试验介质，对易挥发或不稳定的试验介质需要增加更换次数。

⑥ 试验中若发现试样分层、起泡、软化、分解等严重破坏现象，则该试验终止，并记录终止时间。

7）试验结果

① 弯曲强度和模量的保留率

取样后试样的弯曲强度保留率（取两位有效数字），按式（20.2-14）计算

$$Q = \frac{S_2}{S_1} \times 100\%$$ (20.2-14)

式中　Q——弯曲强度保留率；

　　　S_1——浸泡前试样的平均弯曲强度（MPa）；

　　　S_2——浸泡后试样的平均弯曲强度（MPa）。

② 取样后试样的弯曲弹性模量保留率（取两位有效数字），按式（20.2-15）计算

$$M = \frac{E_2}{E_1} \times 100\%$$ (20.2-15)

式中　M——弯曲弹性模量保留率；

　　　E_1——浸泡前试样的平均弯曲弹性模量（MPa）；

　　　E_2——浸泡后试样的平均弯曲弹性模量（MPa）。

化合物溶液：氢氧化钠。

① 试验原理

热固性树脂浇铸体在碱溶液中浸泡，会发生由表及里的溶胀，开裂以至破碎。测定试样在试验前后的外观、物理或力学性能变化，即可比较试样的耐碱性。

② 试样

试样制备按 20.2.1 节中 4.(1) 相关规定执行。

试样表面尺寸为 80mm×15mm，厚度为 3~6mm。

试样的外观检查和数量按 20.2.1 节中 4.(1) 2) 相关规定执行。

③ 试剂

蒸馏水或去离子水。

氢氧化钠：化学纯。

④ 仪器和设备

分析天平：感量为 0.0002g。

圆底烧瓶：1000mL。

回流冷凝管。

⑤ 试验条件

试验介质：0.5%的氢氧化钠溶液。

试验温度：60℃。

试验期龄：28d。

⑥ 试验步骤

将 500mL 氢氧化钠溶液和少量沸石放进加热回流装置并保持所需温度。

将准备好的一组试样放入烧瓶内，并保持瓶内溶液在所需温度，同时记录时间。

按期龄取出试样，冷却后用清水冲洗干净，用纱布或滤纸吸干表面水分，观察外观并作记录。

把试样置于 100℃干燥箱内干燥 2h，取出，再观察和记录。

根据需要，测定试样在试验前后的弯曲强度和弯曲模量。

⑦ 计算

从试样外观有无龟裂、光泽的变化、裂纹、发黏以及其他异常来判断其耐碱性。

试样的弯曲强度和弯曲模量保留率可按式（20.2-16）计算：

$$\Psi = \frac{M_2}{M_1} \times 100 \tag{20.2-16}$$

式中　M_1——试验前弯曲强度和弯曲模量的测定值；

　　　M_2——试验后弯曲强度和弯曲模量的测定值。

（5）不含玻璃纤维的内衬管弯曲强度和弯曲模量（图 20.2-2）。

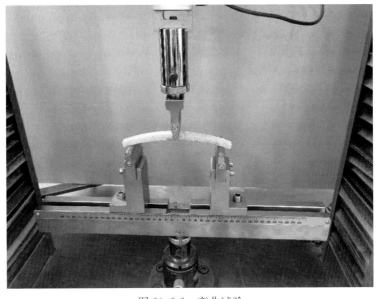

图 20.2-2　弯曲试验

1) 一般规定

本测试方法可用于纤维增强的热固性树脂的测试样品跨度与样本平均厚度可接受的比值。

本测试方法对于环状的弯曲样品,通过几何因素校正后,提供了 3 点抗弯测试的弯曲模量、应力应变和挠度值的校正计算公式。

2) 设备与测试参数

测试环状的弯曲样品时,两个试样支座以及加载上压头,应为半径 5mm±0.2mm 的圆柱或半圆柱形的形状(图 20.2-3)。

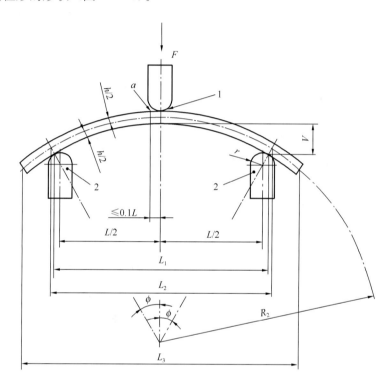

图 20.2-3 测试开始时就位的弯曲的圆周测试样品尺寸图

1—加载上压头;2—试样支座;F—作用力;h—测试样品总厚度;L—支座间的距离;L_1—空载下的测试样品与支座相接触点之间的距离;L_2—弯曲测试样品真正的跨度;L_3—弯曲测试样品的总弦长;r—支座的半径;R_2—在 1/2 厚度处测试样品的曲率半径;V—内径高出空载下的测试样品与支座相相接触点的高度;ϕ—空载下的测试样品与支座相接触点之间的半角;a—测试样品的最高点

3) 样品的形状与尺寸大小

应从原位固化管的圆周方向切取弯曲的测试样品,测试样品应有显著均匀的曲率半径,当测试样品放置在支座上时,最高点会出现在距离中心点不超过 $0.1L$ 的位置(图 20.2-3)。

样品的宽度应符合下列规定:

从原位固化管的圆周方向切取弯曲的测试样,宽度 b 宜为 15^{+1}_{-1}mm;

样品的长度应符合下列规定:

从原位固化管的圆周方向切取弯曲的测试样,切取的测试样品总弦长 L_3

$$L_3 = L_2 + 4 e_{\mathrm{m}} \cos\phi \tag{20.2-17}$$

4）步骤

① 样品的厚度与宽度测量应符合下列规定：

总厚度 h 首先应通过测量位于测试样品跨度中间 $1/3$ 处的 6 个点来确定（图 20.2-4）。

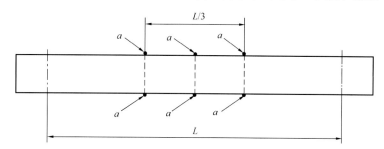

图 20.2-4　测试样品（圆周向）厚度测量点平面布置示意图

a—测量点；L—支座间的距离

样品的厚度 e 应通过从每个测量点的总厚度 h 减去已知或单独测量的任何非结构性的内部和/或外部的膜的厚度来确定。

样品的厚度测量值 e 偏离样品厚度的平均值 e_{m} 不得超过 10%。

测试样品的宽度应在测量厚度的 3 组位置点进行测量（见图 20.2-3）。

② 跨度设置应符合下列规定：

在两支座之间的标称距离 L 应设置为（16 ± 1）e_{m}。

当使用弯曲的测试样品时，在两支座处接触点之间形成的半角 ϕ 不得超过 45°。

③ 跨度测量应符合下列规定：

当使用弯曲的测试样品时，真正的跨度应使用图 20.2-3 中的 L_2 的长度，测量将精确到 0.5%。

样品在施加荷载前，测试样品应垂直于支座放置，并且样品中心线应位于荷载施加部位 ± 0.5mm 的位置。

④ 测试步骤：

不含玻璃纤维的内衬管应按《塑料 弯曲性能的测定》GB/T 9341—2008 试验程序进行操作。

含玻璃纤维的内衬管应按《纤维增强塑料弯曲性能试验方法》GB/T 1449—2005 试验程序进行操作。

测试时负载速度应采用 10mm/min，预加力应采用 5N。

5）计算与结果表示

① 用于计算的跨度和厚度应符合下列规定：

当采用弯曲的测试样品时，用于计算抗弯性能的跨度应使用 L_2 参与计算，而不是两支座中心的距离 L。

在任何情况下，用于计算样品的弯曲模量和强度的厚度，应采用第 20.2.1 节中 4.（4）的相关规定测量得到的样品的平均厚度 e_{m}。

② 应变基点测定应符合下列规定：

测量应变基准或零点应按照图 20.2-5 所示，在表面应力—应变曲线的初始线性部分的斜率与应变轴的交点处。

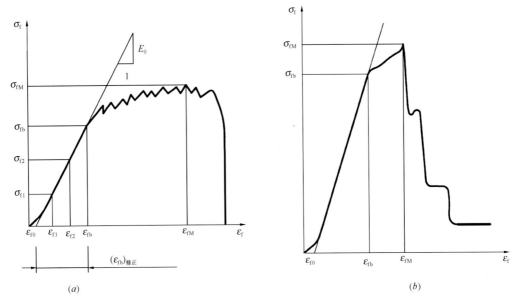

图 20.2-5 典型的弯曲应力-应变曲线特征以及相关衍生的材料属性
(a) 在第一次断裂与施加最大荷载间复合材料足够的应变容量
(b) 在第一次断裂时或稍后不久复合材料立即呈现脆裂

当测试机器的软件不自动纠正零点误差时，短期抗弯模量 E_0 应依据《塑料 弯曲性能的测定》GB/T 9341—2008，应使用 $\varepsilon_{f2} = \varepsilon_{f1} + 0.002$ 来决定，ε_{f1} 应介于 $0.0005 \sim 0.004$ 之间，这将使计算的挠曲模量值最大化，$E_f = E_0$。然后通过画出斜率 E_0 与应变轴相交，基准应变 ε_{f0} 可根据图 20.2-5 得到。在应力-应变曲线上任何一点的真正的应力则可以从未修正的应变得到，$(\varepsilon_{f1})_{修正} = (\varepsilon_{f1})_{未修正的} - \varepsilon_{f0}$。如果由于其形状的过度扭曲，或者该测试样品在未充分利用到支座前已达到了 0.002 表面应力（未修正），则该测试样品应被废弃并用一块新的随机选取的测试样品替代。

③ 弯曲样品抗弯性能的推导应符合下列规定：

对于在圆周方向所取的弯曲样品，应首先按平面样品进行计算，并应采用 L_2 替代 L，按式（20.2-18）计算应力 σ_c 和式（20.2-19）计算应变 ε_c：

$$\sigma_c = \frac{3F \cdot L_2}{2b \cdot (e_m)^2} \tag{20.2-18}$$

$$\varepsilon_c = \frac{6s \cdot e_m}{(L_2)^2} \tag{20.2-19}$$

在对应应变 0.0005 和 0.0025 的应力时，按（20.2-20）计算弯曲模量表观值 E_c：

$$E_c = \frac{\sigma_{c2} - \sigma_{c1}}{\varepsilon_{c2} - \varepsilon_{c1}} \tag{20.2-20}$$

式中 σ_{c2}，ε_{c2}——较高的弯曲应力、应变测量表观值；

σ_{c1}，ε_{c1}——较低的弯曲应力、应变测量表观值。

当使用未修正的应变数据时，应使用②中描述的一个类似的步骤。设置 $\varepsilon_{c2} = \varepsilon_{c1} +$

0.002，ε_{c1} 的值应介于 0.0005～0.004，这将最大化计算的弯曲模量表观值 E_c，然后画出斜率 E_c 与应变轴相交，来确定基准应变 ε_{c0}。

采用弯曲样品的几何结构时，应按下列公式来修正得到弯曲模量的实际值 E_f：

$$E_f = \frac{E_c}{C_E} \tag{20.2-21}$$

$$C_E = \frac{(L_2/d_m)^3 \cdot \cos^2\Phi}{1.5[\Phi - (L_2/d_m) \cdot \cos\Phi]} \tag{20.2-22}$$

$$d_m = 2R_2 \tag{20.2-23}$$

式中　C_E——校正系数，将通过弯曲样品得到弯曲模量表观值 E_c 转换为等价的平面样品的弯曲模量实际值 E_f 的校正系数；

　　　　d_m——管直径平均值（mm）；

采用弯曲样品的几何结构时，应按下列公式来修正得到弯曲强度的实际值 σ_f：

$$\sigma_f = \frac{\sigma_c}{C_\sigma} \tag{20.2-24}$$

$$C_\sigma = \left[1 + \frac{e_m}{3d_m}\right]/\cos\phi \tag{20.2-25}$$

式中　C_σ——校正系数，将通过弯曲样品得到弯曲强度表观值 σ_c 转换为等价的平面样品的弯曲强度实际值 σ_f 的校正系数；

式（20.2-25）中 ϕ 应按下式计算：

$$\sin\phi = L_2/d_m \tag{20.2-26}$$

④ 抗弯性能的替代表达应符合下列规定：

A. 当不能获得样品的平均厚度 e_m 时，可在式（20.2-16）和式（20.2-17）中采用总测试样品的平均厚度 h_m 代替 e_m。

B. 抗弯性能可用截面抗弯刚度和截面弯矩能力按公式（20.2-27）和（20.2-28）表示：

$$EI = \frac{E_f \cdot b \cdot h_m^3}{12} \tag{20.2-27}$$

$$M = \frac{\sigma_f \cdot b \cdot h_m^2}{6} \tag{20.2-28}$$

（6）不含玻璃纤维的内衬管抗拉强度

1）原理

沿试样纵向主轴方向恒速拉伸，直到试样断裂或其应力（负荷）或应变（伸长）达到某一预定值，测量在这一过程中试验承受的负荷及其伸长。

2）方法

这些方法适用于模塑制备的选定的尺寸试样，或采用机加工、切割或冲裁等方法从成品或半成品上（如模制件、层压板、薄膜和挤出或浇铸板）制备的试样。试样类型及其制备见关于典型材料的 GB/T 1040.1—GB/T 1040.4 的相关部分。某些情况下可使用多用途试样。多用途和小型试样见《塑料 试验样品》ISO 20753：2018。

此方法规定了试样的优选尺寸。不同尺寸的试样或不同状态调节后的试样试验结果无可比性。

另一些因素，如测试速度和试样的状态调节也会影响试验结果。因此，在进行数据比对时，应严格控制这些因素并记录。

3）设备

应符合《塑料 拉伸性能的测定 第 1 部分：总则》GB/T 1040.1—2018 的第 5 章规定。

4）试样

① 形状和尺寸

只要可能，试样应为《塑料 拉伸性能的测定 第 2 部分：模塑和挤塑塑料的试验条件》GB/T 1040.2—2006 图 1 所示的 1A 型和 1E 型的哑铃型试样，直接模塑的多用途试样选用 1A 型，机加工试样选用 1B 型。

注：4mm 厚的 1A 型和 1B 型试样分别与 Plastics-Multipurpose test specimens ISO 3167：2014 规定的 A 型和 B 型多用途试样相同。

关于使用小试样时的规定，见《塑料 拉伸性能的测定 第 2 部分：模塑和挤塑塑料的试验条件》GB/T 1040.2—2006 附录 A。

② 试样制备

应按照相关材料规范制备试样，当无规范或无其他规定时，应按 "Plastics—Compression moulding of test specimens of thermoplastic materials ISO 293：2004"、《塑料 热塑性塑料材料注塑试样的制备 第 1 部分：一般原理及多用途试样和长条形试样的制备》GB/T 17037.1—2019、"Plastics—Compression moulding of test specimens of thermosetting materials ISO 295：2004" 以适宜的方法从材料直接压塑或注塑制备试样，或按照 Plastics—Preparation of test specimens by machining ISO 2818：2018 由压塑或注塑板材经机加工制备试样。

试样所有表面应无可见裂痕、划痕或其他缺陷。如果模塑试样存在毛刺应去掉，注意不要损伤模塑表面。

由制件机加工制备试样时应取平面或曲率最小的区域。除非确实需要，对于增强塑料试样不宜使用机加工来减少厚度，表面经过机加工的试样与未经机加工的试样试验结果不能相互比较。

③ 标线

见《塑料 拉伸性能的测定 第 1 部分：总则》GB/T 1040.1—2018 与标距长度条件有关的部分。

如果使用光学引伸计，特别是对于薄片和薄膜，应在试样上标出规定的标线，标线与试样的中点距离应相等（±1mm），两标线间距离的测量精度应达到 1% 或更优。

标线不能刻划、冲刻或压印在试样上，以免损坏受试材料，应采用对受试材料无影响的标线，而且所划的相互平行的每条标线要尽量窄。

④ 试样的检查

试样应无扭曲，相邻的平面间应相互垂直。表面和边缘应无划痕、空洞、凹陷和毛刺。

为使试样符合这些要求，应把其紧贴在直尺、三角尺或平板上，用目视观测或用测微卡尺对试样进行测量检查。

使用尺寸和方向如尖端/刀刃的测量规以便精确测定所需位置的尺寸。

经检查发现试样有一项或几项不符合要求时应舍弃。对不符合要求的试样进行测试时应说明原因。

注塑试样需要 1°～2°的拔模角以方便脱模。此外，注塑试样不可能无凹痕。由于冷却过程的不同，试样中间厚度值一般比边缘小。可接受厚度差异为 $\Delta h \leqslant 0.1$mm（见《塑料拉伸性能的测定　第 1 部分：总则》GB/T 1040.1—2018 图 3）。

⑤ 各向异性

见《塑料 拉伸性能的测定　第 1 部分：总则》GB/T 1040.1—2018 与受试材料有关的部分。

5）试样数量

每个受试方向的试样数量最少 5 个。如果需要精密度更高的平均值，试样数量可多于 5 个，可用置信区间（95％，见 "Statistical interpretation of test results-Estimation of the mean—Confidence interval ISO 2602：1980"）估算得出。

应废弃在夹具内断裂或打滑的哑铃形试样并另取试样重新试验。

由于这些数据的变化是受试材料性能变化的函数，因此，不能因为其他任何原因而随意舍弃数据。

6）状态调节

应按有关材料标准规定对试样进行状态调节。缺少这方面的资料时，应选择 "Plastics-Standard atmospheres for conditioning and testing ISO 291：2008" 中适当的条件并至少调节 16h，除非有关方面另有规定，例如在高温或低温下试验。

优选大气为温度 23℃±2℃和相对湿度 50％±10％，除非材料性能对湿度不敏感，此情况下无须进行湿度控制。

7）试验步骤

① 试验环境

应在与试样状态调节相同环境下进行试验，除非有关方面另有商定，例如在高温或低温下试验。

② 试样尺寸

若 "Plastics-Determination of linear dimensions of test specimens ISO 16012：2015" 或 "Rubber-General procedures for preparing and conditioning test pieces for physical test methods ISO 23529：2016" 适用，则依照其测定试样的尺寸。

在每个试样中距离标距每端 5mm 以内记录宽度和厚度的最大值和最小值，并确保其在相应材料标准的允差范围内。使用测量的宽度和厚度的平均值来计算试样的横截面。

对于注塑试样，在试样中部 5mm 内测定宽度和厚度。

对于注塑试样，不必测量每个试样的尺寸。每批测量一个试样就足以确定所选试样类型的相应尺寸（见《塑料 拉伸性能的测定　第 1 部分：总则》GB/T 1040.1—2018 的相关部分）。使用多型腔模具时，应确保型腔之间的试样尺寸偏差不超过 0.25％。

从片材或薄膜上冲压出来的试样，可认为冲模中间平行部分的平均宽度与试样的对应宽度相等。

在周期性的比对验证测量基础上，方可采用这种方法。

本标准此部分仅适用于环境温度下用于计算拉伸性能测定的试样尺寸。因此，并未考虑其他温度下性能测定时的热膨胀效应。

③ 夹持

将试样放到夹具中，务必使试样的长轴线与试验机的轴线成一条直线[①]。平稳而牢固地夹紧夹具，以防止试验中试样滑移和夹具的移动。夹持力不应导致试样的破裂或挤压[②]。

④ 预应力

试样在试验前应处于基本不受力状态。但在薄膜试样对中时可能产生这种预应力，特别是较软材料由于夹持压力，也能引起这种预应力。但有必要避免应力/应变曲线（见《塑料 拉伸性能的测定 第1部分：总则》GB/T 1040.1—2018 中 5.1.3）开始阶段的趾区。在测量模量时，试验开始时的预应力为正值但不应超过以下值，见式（20.2-29）：

$$0 < \sigma_0 \leqslant E_t / 2000 \qquad (20.2\text{-}29)$$

当测量相关应力时，如 $\sigma^* = \sigma_y$ 或 σ_m，应满足式（20.2-30）：

$$0 < \sigma_0 \leqslant \sigma^* / 100 \qquad (20.2\text{-}30)$$

如果试样被夹持后应力超过式（20.2-29）和式（20.2-30）给出的范围，则可用 1mm/min 的速度缓慢移动试验机横梁直至试样受到的预应力在允许范围内。

如果用于模量或应力调整预应力的值未知，则进行预试验来获得这些估计值。

⑤ 引伸计的安装

设置预应力后，将校准过的引伸计安装到试样的标距上并调正，或根据《塑料 拉伸性能的测定 第1部分：总则》GB/T 1040.1—2018 中 5.1.5 所述，装上纵向应变计。如需要，测出初始距离（标距）。如要测定泊松比，则应在纵轴和横轴方向上同时安装两个伸长或应变测量装置。

用光学方法测量伸长时，如果系统需要，应按第 20.2.1 节中 4.(6) 的相关规定在试样上标出测量标线。

引伸计应对称放置在试样的平行部分中间并在中心线上。应变计应放置在试样的平行部分中间并在中心线上。

⑥ 试验速度

根据有关材料的相关标准确定试样速度，如果缺少这方面的资料，试样速度应根据表 20.2-8 确定或与相关方商定（建议不含玻璃纤维的内衬管使用 10mm/min）。

推荐的试验速度　　　　　　　　　　　　　　表 20.2-8

速度 v（mm/min）	允差（%）	速度 v（mm/min）	允差（%）
0.125	±20	20	±10
0.25		50	
0.5		100	
1		200	
2		300	
5		500	
10			

测定拉伸模量时，选择的试样速度应尽可能使应变速率接近每分钟 1% 标距。《塑

---

① 在手动操作中可用停止来对中试样。除非机器可连续降低热应力，在环境箱内夹持试样时可先夹住一个夹具，待试样温度平衡后夹紧另一个夹具。

② 例如，在热老化后的试样会在夹具内破裂。高温试样中可发生试样挤压。

料 拉伸性能的测定　第1部分：总则》GB/T 1040.1—2018中与受试材料相关的部分给出了适用于不同类型试样的试样速度。

测定拉伸模量、屈服点前的应力/应变曲线及屈服后的性能时，可能需要采用不同的速度。在拉伸模量（达到应变为0.25%）的测定应力之后，同一试样可用于继续测试。

推荐在进行不同速度试验前卸掉试样载荷，也可在拉伸模量测定完后未卸掉载荷而改变试验速度。

在测试中改变试验速度时，确保速度变化发生在应变不大于0.3%以内。

对于其他测试，不同试样使用不同试验速度。

在测量弹性模量时，1A型试样（见《塑料 拉伸性能的测定　第1部分：总则》GB/T 1040.1—2018图1）的试验速度应为1mm/min。对于小试样见《塑料 拉伸性能的测定　第1部分：总则》GB/T 1040.1—2018附录A。

⑦ 数据的记录

记录试验过程中试样承受的负荷及与之对应的标线间或夹具距离的增量。这需要3个数据通道来获取数据。如果仅有两个通道可用，记录载荷信号和引伸计信号。最好采用自动记录系统。

8）结果计算和表示

① 抗拉强度计算

按式（20.2-31）计算应力值：

$$\sigma = \frac{F}{A} \tag{20.2-31}$$

式中　σ——应力（MPa）；

F——所测的对应负荷（N）；

A——试样原始横截面积（mm^2）。

② 拉伸模量

A. 概述

拉伸模量为材料沿中心轴方向拉伸单位长度所需的力与其横截面积的比，用下列其中一个方法计算拉伸模量。

B. 弦斜率法

$$E_t = \frac{\sigma_2 - \sigma_1}{\varepsilon_2 - \varepsilon_1} \tag{20.2-32}$$

式中　E_t——拉伸模量（MPa）；

σ_1——应变值$\varepsilon_1 = 0.0005$（0.05%）时测量的应力（MPa）；

σ_2——应变值$\varepsilon_2 = 0.0025$（0.25%）时测量的应力（MPa）。

C. 回归斜率法

借助计算机，可以用这些监测点间曲线部分的线性回归代替用两个不同的应力/应变点来测量拉伸模量E_t。

$$E = \frac{\mathrm{d}\sigma}{\mathrm{d}\varepsilon}$$

$E=\dfrac{\mathrm{d}\sigma}{\mathrm{d}\varepsilon}$ 是在 $0.005\leqslant\varepsilon\leqslant0.0025$ 应变区间部分应力/应变曲线的最小二乘回归线性拟合的斜率，单位为兆帕（MPa）。

拉伸模量测定时引伸计的校准应符合《塑料拉伸性能的测定　第 1 部分：总则》GB/T 1040.1—2018 附录 C 的要求。

③ 统计分析参数

计算试验结果的算术平均值，如需要，可根据 "Statistical interpretation of test results-Estimation of the mean—Confidence interval ISO 2602：1980" 的规定计算标准偏差和平均值 95% 的置信区间。

④ 有效数字

应力和拉伸模量保留 3 位有效数字，应变和泊松比保留两位有效数字。

⑤ 精密度

因为未得到试验室间试验数据，因此还不知本试验方法的精密度。当获得试验室间数据后，将在下次修订版本给出精密度说明。

（7）厚度测试

1）测量量具

① 一般要求

A. 测量量具的准确度

测量量具的选用应与测量步骤相结合，以达到尺寸测量所要求的准确度。

注：测量量具和仪器的推荐精度参见《塑料管道系统 塑料部件尺寸的测定》GB/T 8806—2008 附录 A。

B. 校准

应根据使用者的质量计划定期对量具进行校准，其校准应能溯源到接受的参考标准。

② 仪器

A. 接触式仪器

a. 在仪器的使用中，不应有可引起试样表面产生局部变形的作用力。

b. 与试样的一个或多个表面相接触的测量量具，如管材千分尺，应符合下列要求：

（a）与部件内表面相接触的仪器的接触面，其半径应小于试样表面的半径。

（b）与部件外表面相接触的仪器的接触面应为平面或半圆形。

（c）按照《金属材料 维氏硬度试验　第 1 部分：试验方法》GB/T 4340.1—2009 要求，与试样接触的仪器的接触表面的硬度不应低于 500HV。

c. 千分尺应符合《外径千分尺》GB/T 1216—2018，游标卡尺应符合《游标、带表和数显卡尺》GB/T 21389—2008。

d. 指示表式测量仪应符合《指示表》GB/T 1219—2008。

e. 测量仪器可与已经校准过的厚度或长度标样相结合进行测量，也就是标样在和试样测量结果之间的差异较小时，标样作为测量基准器具使用[①]。

f. 也可以使用除上述规定之外的其他接触式仪器。超声波测量仪应作为非接触式

---

① 建议用于测量大直径或厚壁的试样。

仪器。

B. 非接触式仪器

非接触式量具或仪器，如光学或超声波测量仪，其测量的准确度应符合以下的相关要求，或者其使用被限定在寻找到相关的测量位置而采用其他的方法进行测量，如最大或最小尺寸位置。

2）尺寸的测定

① 总则

A. 测量人员应经过对相关量具和测量步骤的培训。

B. 除非其他标准另有规定，应保证下列任一条：

a. 测量量具、试样的温度和周围环境的温度均在 23℃±2℃；

b. 结果可通过计算和经验与相应的 23℃ 的值关联。

C. 检查试样表面是否有影响尺寸测量的现象，如标志、合模线、气泡或杂质。如果存在，在测量时记录这些现象和影响。

D. 选择测量的截面时，应满足以下一条或多条的要求。

a. 按相关标准的要求。

b. 距试样的边缘不小于 25mm 或按照制造商的规定。

c. 当某一尺寸的测量与另外的尺寸有关，如通过计算而得到下一步的尺寸，其截面的选取应适合于进行计算。

E. 其测量结果为修约值，测定平均值时应在计算出算术平均值后再对其进行修约。

F. 测量方法与结果准确度的确定应符合《测量方法与结果的准确度（正确度与精密度）　第 2 部分：确定标准测量方法重复性与再现性的基本方法》GB/T 6379.2—2004 的要求。

② 壁厚

A. 总则

选择量具或仪器以及测量的相关步骤，使结果的准确度在表 20.2-9 要求的范围内，除非其他标准另有规定。

壁厚的测量（单位：mm）　　　　　　　　　　　　　　表 20.2-9

壁厚	单个结果要求的准确度	算术平均值修约值
≤10	0.03	0.05
>10～≤30	0.05	0.1
>30	0.1	0.1

B. 最大和最小壁厚

在选定的样块上移动测量量具直至找出最大和最小壁厚，并记录测量值，

C. 平均壁厚

在选定样块上，沿环向均匀间隔至少 6 点进行壁厚测量。

由测量值计算算术平均值，按表 20.2-9 的规定修约并记录结果作为平均壁厚。

（8）密实性检测

1）试样

应从现场已固化 CIPP 内衬管上截取。

2）测试要求

① 测试应在室温条件下进行，要求温度为 21～25℃。

② 每施工段应取 1 个试样检测，每个样品的试验点数不少于 3 个。

③ 样品在检测前应在测试环境中至少放置 4h。

④ 检测介质为染色的饮用水，不含松弛剂。

3）样品制备

① 当薄膜或者涂层是内衬管道的一部分时，不得破坏内衬表面的涂层。

② 当薄膜或者涂层不是内衬管道的一部分时，应进行下列操作：

A. 应采用游标卡尺精确材料薄膜或者涂层厚度。

B. 然后对其切割 10 个相互垂直的切口，形成尺寸为 4mm×4mm 的网格。

C. 可采用相关辅助器材，控制切割厚度。

D. 样品在检测前需在指定的检测环境中储存至少 4h。

4）测试规定

① 测试时采用如图 20.2-6 所示的系统，形成外侧受负压的状态。

② 检测面积的直径为 45^{+5}_{-5}mm。

③ 检测使用的介质（带颜色的试验水）放置在样品内侧。

④ 检测压力为 -0.05MPa（误差为 ±2.5kPa）。

⑤ 检测时长为 30min。

⑥ 每个施工现场选择 3 个样品进行测试。

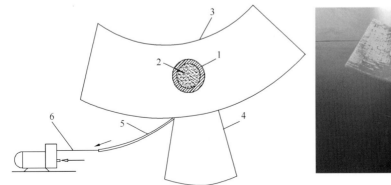

图 20.2-6　管壁密实性试验方法及装置

1—橡皮泥；2—带颜色的水；3—CIPP 试样；4—透明玻璃瓶；5—气管；6—抽气装置

5）结果判断

测试时间结束后，每个样品的 3 个检测点上，均无测试介质渗透至玻璃瓶中，则判断测试通过，否则不通过。

20.2.2　紫外光原位固化材料性能

1. 内衬材料性能

浸渍软管用树脂应符合下列规定：

（1）应为不饱和聚酯树脂（UP）、环氧树脂（EP）或乙烯基酯树脂（VE）；

（2）浸渍软管所用的树脂应具有耐腐蚀、耐磨损、耐城市污水性能；

（3）树脂的主要性能应符合表 20.2-1 的规定，树脂等级划分和试验方法应符合表 20.2-2 的规定。

（4）软管内衬上的树脂应分布均匀，没有肉眼可见的气泡和缺陷；

（5）不同树脂系统选择时应计入最终产品所需吸收的热负载、机械负载及化学负载。

2. 材料进场检测

（1）固化后成品的最小壁厚应满足设计的要求。

含玻璃纤维的内衬管的短期力学性能要求和测试方法应符合表 20.2-10 的规定。

含玻璃纤维的内衬管的短期力学性能要求和测试方法　　　　表 20.2-10

性能	单位	指标	检测方法
弯曲强度	MPa	＞125	按《规程》附录 F 执行
弯曲模量	MPa	＞8000	按《规程》附录 F 执行
抗拉强度	MPa	＞80	《塑料拉伸性能的测定　第 4 部分：各向同性和正交各向异性纤维增强复合材料的试验条件》GB/T 1040.4—2006

（2）内衬管的耐化学腐蚀型式检验应符合 20.2.1 中 2 内衬管的耐化学腐蚀性规定。

3. 施工质量检测

取样与送样应符合下列要求：

（1）固化法完成后，内衬管应按每个施工段不少于一组的规定进行现场取样。

（2）现场取样应符合表 20.2-5 规定。

（3）固化法修复后应按表 20.2-11 进行内衬管检测。

原位固化法内衬检测项目　　　　表 20.2-11

测试项目	测试指标	单位	技术要求	测试方法
三点弯曲测试	抗弯强度	MPa	设计要求	按本《规程》附录 F 执行
	短期弯曲弹性模	MPa	设计要求	
拉伸试验	抗拉强度	MPa	设计要求	《塑料 拉伸性能的测定　第 4 部分：各向同性和正交各向异性纤维增强复合材料的试验条件》GB/T 1040.4—2006
厚度测试	平均厚度 em	mm	不小于图纸设计值，单个样品测试值与平均厚度值偏差不大于 10%	《塑料管道系统 塑料部件尺寸的测定》GB/T 8806—2008
密实性检测	材料样本透水性	—	无试验介质渗透至玻璃瓶中：0.05MPa，30min 测试合格	按本《规程》附录 G 执行

注：平均厚度不包括非结构性内外膜厚度。

4. 性能测试方法

（1）表 20.2-10 弯曲强度和弯曲模量、表 20.2-11 中三点弯曲测试（抗弯强度、短期弯曲弹性模）见 20.2.1 节中 4.（5）。

（2）表 20.2-10 中抗拉强度、表 20.2-11 中拉伸试验（抗拉强度）：

1）原理

见第 20.1.4 节中 2.（6）相关规定。

2）设备

除以下规定外，其余见《塑料 拉伸性能的测定　第 1 部分：总则》GB/T 1040.1—2018 中的第 5 章。

测微计或等效测量仪器的读数精度应达到 0.01mm 或更优。如果用在凹凸不平的表面上，仪器应带有尺寸合适，端部为球形的测量头；如果用在平整、光滑的（例如经过机械加工的）表面上，则应带有平面测量头。

3）试样

① 形状和尺寸

规定了三种类型试样，如《塑料 拉伸性能的测定　第 4 部分：各向同性和正交各向异性纤维增强复合材料的试验条件》GB/T 1040.4—2006 图 3（1B 型）和图 4（2 型和 3 型）所示。

1B 型试样用于试验纤维增强热塑性塑料。如果破坏发生在标距线内，1B 型试样也可用于纤维增强热固性塑料。1B 型试样不应用于多向性连续纤维增强材料。

2 型试样（为不带端柄的矩形试样）和 3 型试样（带有粘结端柄的矩形试样）用来试验纤维增强热固性和热塑性塑料。未粘结端柄的试样一般作为 2 型试样。

2 型及 3 型试样的优选宽度为 25mm，如果由于使用了特殊的增强材料，使其拉伸强度变得不高时，也可以使用宽度为 50mm 或更大的试样。

2 型和 3 型试样的厚度应为 2～10mm。

为了确定使用 2 型还是 3 型试样，应首先使用 2 型试样进行试验，如果无法试验或结果不令人满意，例如试样在夹具中打滑或在夹具中破坏（《塑料 拉伸性能的测定　第 1 部分：总则》GB/T 1040.1—2018 中的 5.1），则使用 3 型试样。

对于压塑材料，各类试样两端片之间不应有厚度偏离平均值超过 2% 的点。

② 试样的制备

A. 概述

对于模塑及层压材料，应按照"Fibre-reinforced plastics-Methods of producing test plates ISO 1268"相关部分或其他规定/商定的方法制备试板。对于 3 型试样（见《塑料 拉伸性能的测定　第 4 部分：各向同性和正交各向异性纤维增强复合材料的试验条件》GB/T 1040.4—2006 附录 A），应从上述试板上切取单个或成组试样。

当要求从最终产品制备试样时（如为了在生产过程中或交货时进行质量控制），则应从平面部分制取试样。

在"Plastics-Preparation of test specimens by machining ISO 2818：2018"中规定了机加工制备试样的参数，《塑料 拉伸性能的测定　第 4 部分：各向同性和正交各向异性纤维增强复合材料的试验条件》GB/T 1040.4—2006 附录 A 中给出关于切削试样时的其他要求。

B. 端柄（对于 3 型试样）

试样的两端应进行增强，最好使用与试样长轴成 45°角的纤维多层交叉层压或玻纤织物/树脂层压的方式制成端柄，柄厚应为 $1\sim3$mm，柄角为 $90°$（即不是渐缩的）。

允许选用其他的柄形装置，但使用前应得到证明其强度至少能与推荐的端柄相等，而其变异系数（见《塑料 拉伸性能的测定　第 1 部分：总则》GB/T 1040.1—2018 中的 10.5 及 "Statistics-Vocabulary and symbols-Part 1：General statistical terms and terms used in probability ISO 3534-1：2006"），则不大于推荐的端柄。可供选择的端柄包括：由受试材料制成的端柄、机械紧固端柄及由粗糙材料制造的非粘结端柄（例如金刚砂纸、普通砂纸以及使用粗糙的夹具表面等）。

C. 端柄的粘结（对于 3 型试样）

使用高韧性粘合剂把端柄粘结到试样上，见《塑料 拉伸性能的测定　第 4 部分：各向同性和正交各向异性纤维增强复合材料的试验条件》GB/T 1040.4—2006 附录 A。

注：单个试样和成组试样的粘结步骤相同。

③ 标线

见第 20.2.1 节中 4.(6) 的相关规定。

④ 试样的检查

见第 20.2.1 节中 4.(6) 的相关规定。

⑤ 各向异性

纤维增强复合材料的性能常随着片材板面的方向不同而变化（各向异性）。因此，推荐分别按与主轴平行和垂直两个方向制备两组试样，以测定从材料结构或从其生产工艺知识所推断的一些特性的方向性。

4）试样数量

见第 20.2.1 节中 4.(6) 的相关规定。

5）状态调节

见第 20.2.1 节中 4.(6) 的相关规定。

6）试验步骤

① 试验环境

见第 20.2.1 节中 4.(6) 的相关规定。

② 试样尺寸测量

见第 20.2.1 节中 4.(6) 的相关规定。

③ 夹持

见第 20.2.1 节中 4.(6) 的相关规定。

④ 预应力

见第 20.2.1 节中 4.(6) 的相关规定。

⑤ 引伸计和应变仪的安装和标线的定位

见第 20.2.1 节中 4.(6) 的相关规定。

测量标距长度应精确至 1% 或更优。

⑥ 试验速度

使用下列试验速度。

A. 1B 型试样

a. 常规质量控制时，为 10mm/min；

b. 合格鉴定试验,测定最大伸长和拉伸弹性模量时,为 2mm/min。

B. 2 型和 3 型试样

a. 常规质量控制时,为 5mm/min;

b. 合格鉴定试验,测定最大伸长和拉伸弹性模量时,为 2mm/min。

⑦ 数据的记录

见第 20.2.1 节中 4.(6) 的相关规定。

⑧ 结果计算和表示

除了采用本部分第 4 章中给出的定义且应变值应报告到三位有效数字以外,其余见 20.2.1 节中 4.(6) 的相关规定。

7) 精密度

因为未得到试验室间试验数据,所以本试验方法的精密度尚未知道。

(3) 厚度测试

见第 20.2.1 节中 4.(7) 的相关规定。

(4) 密实性检测

见第 20.2.1 节中 4.(8) 的相关规定。

20.2.3 点状原位固化材料性能

1. 内衬材料性能

点状原位固化法所用材料应符合下列规定:

(1) 内衬筒的织物应选用耐化学的 CRF 玻璃纤维,规格为 $1050\sim1400g/m^2$。

(2) 采用常温固化树脂时,树脂的固化时间宜为 $1\sim2h$。

(3) 采用硅酸盐树脂时,其配比混合料性能指标应符合表 20.2-12 的规定。

硅酸盐树脂性能指标要求 表 20.2-12

项目	单位	技术指标	检验方法
固化剂密度	g/cm³	1.5~1.55	《塑料 液体树脂 用比重瓶法测定密度》GB/T 15223—2008
树脂密度	g/cm³	1.2~1.27	
树脂黏度	mPa·s	150~600	《黏度测量方法》GB/T 10247—2008
树脂不挥发物含量	%	≥99	《胶粘剂不挥发物含量的测定》GB/T 2793—1995

(4) 将混合好的树脂在复合玻璃纤维布正反面涂抹完成后内应立即施工。

2. 内衬材料进场检测

浸渍树脂、软管织物等工程材料的性能、规格、尺寸应符合《规程》第 17.2.1 条的相关规定和设计要求,质量保证资料齐全,浸渍树脂的运输、存储符合要求。

检查方法:对照设计文件按《规程》第 17.2.1 条和第 17.2.2 条的规定进行全数检查;检查材料进场验收记录,检查质量保证资料、厂家产品使用说明等;检查浸渍树脂的运输、存储等记录。

检查数量:全数检查。

3. 施工质量检测

固化后内衬管的力学性能、壁厚应符合表 20.2-11 的有关规定和设计要求。内衬管最小壁厚不得小于设计值。

检查方法：对照设计文件和表 20.2-11 的有关规定进行检测；检查样品管或样品板试验报告、检测记录；现场用测厚仪、卡尺等量测内衬管管壁厚度。

检查数量：全数检查。

4. 性能测试方法

施工质量检测项目测试方法见 20.2.2 节中 3. 性能测试方法。

20.3　高分子喷涂材料检测

20.3.1　喷涂材料性能

（1）高分子喷涂材料的施工性能应符合表 20.3-1、粘结性能应符合表 20.3-2 规定。

施工性能要求　　　　　　　　　　　　　　　　表 20.3-1

检验项目	单位	性能要求	检验方法
流挂性能	mm	≥1	《色漆和清漆 抗流挂性评定》GB/T 9264—2012
表干时间	min	≤3	《漆膜、腻子膜干燥时间测定法》GB/T 1728—1979
硬干时间（可进行 CCTV 检测时间）	min	≤10	《漆膜、腻子膜干燥时间测定法》GB/T 1728—1979
喷涂后可通水时间	min	≥60	—

粘结性能要求　　　　　　　　　　　　　　　　表 20.3-2

检验项目	单位	性能要求	检验方法
混凝土基体	MPa	>1，或试验时基体破坏	《色漆和清漆 拉开法附着力试验》
金属基体	MPa	>1	GB/T 5210—2006

（2）高分子材料喷涂固化后的短期力学性能和测试方法应符合表 20.3-3 的规定。

高分子材料喷涂固化后的短期力学性能和测试方法　　　　表 20.3-3

检验项目	单位	性能要求	测试方法
短期弯曲强度	MPa	>90	《塑料 弯曲性能的测定》GB/T 9341—2008
短期弯曲模量	MPa	>5000	《塑料 弯曲性能的测定》GB/T 9341—2008
抗拉强度	MPa	>50	《塑料 拉伸性能的测定　第 2 部分：模塑和挤塑塑料的试验条件》GB/T 1040.2—2006

（3）高分子材料喷涂固化后，材料的耐化学腐蚀性检验应执行 20.2.1 节中 2.（2）的规定。

20.3.2　施工质量检测

高分子喷涂材料喷涂层质量验收应符合下列规定：

（1）高分子喷涂材料和底涂料、涂层修补材料、层间处理剂等配套材料应符合设计要求。

（2）高分子喷涂材料喷涂固化后的主控项目质量应符合表 20.3-4 的规定。

高分子喷涂材料喷涂固化后主控项目质量要求 表 **20.3-4**

项目	质量要求	检测频率	检验方法
涂层厚度（mm）	平均厚度应符合设计要求。检测的最小厚度值不应小于设计厚度的 80%，平均值不应小于 100%，管道接口喷涂的厚度不小于 100%。检测不得破坏已修复结构体	圆形管道每 500m² 检测一次，至少 6 个点；方沟每 500m² 检测一次，至少检测 6 个点，6 点分别为顶部、侧墙和底部；取样处应含接口，全过程记录结果作为过程报告	《塑料管道系统 塑料部件尺寸的测定》GB/T 8806—2008
		可选择每个井段或 100m² 检测一次，抽样 3 块 20mm×20mm 样品，用于检测，全过程记录结果作为过程报告	

（3）高分子喷涂材料的短期力学性能和测试方法应符合表 20.3-2 的规定。

（4）喷涂后表面应无孔洞、无裂缝、无划伤、细部构造处的表面处理应符合设计要求。

20.3.3 性能测试方法

1. 短期弯曲强度、短期弯曲模量

（1）原理

把试样支撑成横梁，使其在跨度中心以恒定速度弯曲，直到试样断裂或变形达到预定值，测量该过程中对试样施加的压力。

（2）试验机

1）概述

试验机应符合《橡胶塑料拉力、压力和弯曲试验机（恒速驱动）技术规范》GB/T 17200—2008 的要求。

2）试验速度

试验机应具有表 20.3-5 所规定的试验速度（见《塑料 弯曲性能的测定》GB/T 9341—2008 中 3.1）。

试验速度的推荐值 表 **20.3-5**

速度 v(mm/min)	允差（%）	速度 v(mm/min)	允差（%）
1[①]	±20[②]	50	±10
2	±20[②]	100	±10
5	±20	200	±10
10	±20	500	±100
20	±10		

① 厚度在 1～3.5mm 之间的试样，用最低速度。

② 速度 1mm/min 和 2mm/min 的允差低于《橡胶塑料拉力、压力和弯曲试验机（恒速驱动）技术规范》GB/T 17200—2008 的规定。

加速度、机架和试验机的柔量可能影响应力-应变曲线的起始部分。如第 20.3.3 节中（1）5）④和 6）②所述可以避免该问题。

3）支座和压头

两个支座和中心压头的位置情况如《塑料　弯曲性能的测定》GB/T 9341—2008 图 2 所示，在试样宽度方向上，支座和压头之间的平行度应在±0.2mm 以内。

压头半径 R_1 和支座半径 R_2 尺寸如下：

R_1＝5.0mm±0.1mm；

R_2＝2.0mm±0.2mm，试样厚度≤3mm；

R_2＝5.0mm±0.2mm，试样厚度＞3mm。

跨度 L 应可调节。

为了正确地调整和定位试样，以免影响应力—应变曲线的起始部位，有必要对试样施加预应力。

4）负荷和挠度指示装置

《橡胶塑料拉力、压力和弯曲试验机（恒速驱动）技术规范》GB/T 17200—2008 规定：力值的示值误差不应超过实际值的 1%，挠度的示值误差不应超过实际值的 1%。

测定弯曲模量时，使用的实际值是计算应变之差的上限值（ε_2＝0.0025）。例如当使用推荐试样类型见第 20.3.3 节中（1）的相关规定时，试样厚度 h 为 4mm，跨距 L 为 16h，见第 20.3.3 节中（1）的相关规定，根据式（20.3-1）计算出挠度 s_2 为 0.43mm 时，挠度测量系统的允差为±4.3μm[①]。

（3）试样

1）形状和尺寸

① 概述

试样尺寸应符合相关的材料标准，若适用，应符合以下②或③的要求。否则，应与有关方面协商试样的类型。

② 推荐试样

推荐试样尺寸：

长度 l：80^{+2}_{-2}mm。

宽度 b：$10^{+0.2}_{-0.2}$mm。

厚度 h：$4.0^{+0.2}_{-0.2}$mm。

对于任一试样，其中部 1/3 的长度内各处厚度与厚度平均值的偏差不应大于 2%，宽度与平均值的偏差不应大于 3%。试样截面应是矩形且无倒角[②]。

③ 其他试样

当不可能或不希望采用推荐试样时，试样应符合下面的要求。

试样长度和厚度之比应与推荐试样相同：

$$l/h = 20 \pm 1 \tag{20.3-1}$$

按（5）③中 A、B 或 C 提供的试样不受此约束。

---

① 环形应变仪已经商品化，这样在试样安装过程中因未对准而可能产生的横向力能够得到补偿。

② 推荐试样可以从按《塑料　多用途试样》GB/T 11997—2008 的规定制成的多用途试样的中部机加工制取。

某些产品标准要求从厚度大于规定上限的板材上制取试样时，可采用机加工方法，仅从单面加工到规定厚度，此时，通常是把试样的未加工面与两个支座接触，中心压头把力施加到试样的机加工面上。

试样宽度应采用表 20.3-6 给出的规定值。

与试样厚度 h 相关的宽度值 b（单位：mm）　　表 20.3-6

公称厚度 h	宽度 b^*	公称厚度 h	宽度 b^*
$1<h\leqslant3$	25.0 ± 0.5	$10<h\leqslant20$	20.0 ± 0.5
$3<h\leqslant5$	10.0 ± 0.5	$20<h\leqslant35$	35.0 ± 0.5
$5<h\leqslant10$	15.0 ± 0.5	$35<h\leqslant50$	50.0 ± 0.5

* 含有粗粒填料的材料，其最小宽度应为 30mm。

2）各向异性材料

① 这类材料的物理性能，例如弹性与方向有关，应使所选择的试样承受弯曲应力的方向与其产品（模塑制品、板、管等）在使用时承受弯曲应力的方向相同或相近。如果已知该方向，试样和设计的最终产品之间的关系将决定是否使用标准的试样。

试样的取样位置、取样方向和尺寸，有时对测试结果有很大的影响。

② 当材料的弯曲特性在两个主要方向上显示出有很大差别时，应在这两个方向上进行试验，并记录试样的取向与主方向的关系（见《塑料 弯曲性能的测定》GB/T 9341—2008 图 3）。

3）试样制备

① 模塑和挤塑料

试样应根据相关的材料标准进行制备。当没有材料标准或其他规定时，则可根据需要，按照《塑料 热塑性塑料材料试样的压塑》GB/T 9352—2008、《塑料 热塑性塑料材料注塑试样的制备 第 1 部分：一般原理及多用途试样和长条形试样的制备》GB/T 17037.1—2019、《塑料 热固性塑料试样的压塑》GB/T 5471—2008、"Plastics-Injection moulding of test specimens of thermosetting powder moulding compounds（PMCs）-Part 1：General principles and moulding of multipurpose test specimens ISO 10724—1：1998" 的要求直接模压或注塑试样。

② 板材

试样应根据 Plastics-Preparation of test specimens by machining ISO 2818：2018 的规定从片材上机加工制取。

4）试样检查

试样不可扭曲，相对的表面应互相平行，相邻的表面应互相垂直。所有的表面和边缘应无刮痕、麻点、凹陷和飞边。

借助直尺、规尺和平板，目视检查试样是否符合上述要求，并用游标卡尺测量。

试验前，应剔除测量或观察到的有一项或多项不符合上述要求的试样，或将其加工到合适的尺寸和形状。

为了便于脱模，注塑试样通常有 $1°\sim2°$ 的脱模角，因此模塑试样的侧面通常不完全平行。

5）试样数量

① 在每一试验方向上至少应测试五个试样（见《塑料 弯曲性能的测定》GB/T 9341—2008 图 3）。如果要求平均值要有更高的精密度，试样数量可能会超过五个，具体的试样数量可用置信区间进行估算（95％概率，见 "Statistical interpretation of test results-Estimation of the mean-Confidence interval ISO 2602∶1980"）。

② 直接注塑的试样，应至少测试五个试样。

注：建议试样在同一方向上试验，即与中空板或固定板接触的表面（根据需要，参见《塑料 热塑性塑料材料注塑试样的制备　第 1 部分：一般原理及多用途试样和长条形试样的制备》GB/T 17037.1—2019 或 "Plastics-Injection moulding of test specimens of thermosetting powder moulding compounds（PMCs）-Part 1：General principles and moulding of multipurpose test specimens ISO 10724—1∶1998"），通常与支座接触，以消除模塑过程中所引起的任何不对称性的影响。

③ 试样在跨度中部 1/3 外断裂的试验结果应予作废，并应重新取样进行试验。

（4）状态调节

试样应按其材料标准的规定进行状态调节，除另有商定，如高温或低温试验除外，若无相关标准时，应从《塑料 试样状态调节和试验的标准环境》GB/T 2918—2018 中选择最合适的条件进行状态调节。《塑料 试样状态调节和试验的标准环境》GB/T 2918—2018 中推荐的状态调节环境为 23/50，只有当知道材料的弯曲性能不受湿度影响时，才不需要控制湿度。

（5）试验步骤

1）试验应在受试材料的标准规定的环境中进行。若无相关标准时，应从《塑料 试样状态调节和试验的标准环境》GB/T 2918—2018 中选择最合适的环境进行试验。另有商定的，如高温或低温试验除外。

2）测量试样中部的宽度 b，精确到 0.1mm；厚度 h，精确到 0.01mm，计算一组试样厚度的平均值 h。

剔除厚度超过平均厚度允差±2％的试样，并用随机选取的试样来代替。

本节应在室温下测量用于测定弯曲性能的试样尺寸。对于在其他温度下测定的弯曲性能，没有考虑热膨胀所产生的影响。

3）按式（20.3-2）调节跨度：

$$L = (16 \pm 1)h \tag{20.3-2}$$

并测量调节好的跨度，精确到 0.5％。

除下列情况外，都应用式（20.3-2）计算跨度：

① 对于很厚且单向纤维增强的试样，为避免因剪切分层，可用较大的 L/h 比值来计算跨度。

② 对于很薄的试样，为适应试验机的能力，可用较小的 L/h 比值来计算跨度。

③ 对于软性的热塑性塑料，为防止支座嵌入试样，可用较大的 L/h 比值。

④ 试验前试样不应过分受力。为避免应力-应变曲线的起始部分出现弯曲，有必要施加预应力。在测量模量时，试验开始时试样所受的弯曲应力 σ_{f0}（见《塑料 弯曲性能的测定》GB/T 9341—2008 图 4）应该为正值，且处于下列范围内：

$$0 \leqslant \sigma_{f0} \leqslant 5 \times 10^{-4} E_f \tag{20.3-3}$$

该范围与 $\sigma_{f0} \leqslant 0.05\%$ 的预应变相对应。当测量相关性能，如 σ_{fM}、σ_{fc} 或 σ_{fB}，时，试验开始时试样所受的弯曲应力 σ_{f0} 应处于下列范围内：

$$0 \leqslant \sigma_{f0} \leqslant 5 \times 10^{-2} \sigma_f \tag{20.3-4}$$

注：高黏弹性、高韧性的材料，如聚乙烯、聚丙烯或湿态聚酰胺的弯曲模量受预应力影响明显。

⑤ 按受试材料标准的规定设置试验速度，若无相关标准，从表 20.3-5 中选一速度值，使弯曲应变速率尽可能接近 1%/min，对于（3）1）②中的推荐试样，给定的试验速度为 2mm/min。

⑥ 把试样对称地放在两个支座上，并于跨度中心施加力（见《塑料 弯曲性能的测定》GB/T 9341—2008 图 2）。

⑦ 记录试验过程中施加的力和相应的挠度，若可能，应用自动记录装置来执行这一操作过程，以便得到完整的应力-应变曲线图。

根据力-挠度或应力-挠度曲线或等效的数据来确定在《塑料 弯曲性能的测定》GB/T 9341—2008 第 3 章中的相关应力、挠度和应变值。对于柔量修正的方法见《塑料 弯曲性能的测定》GB/T 9341—2008 附录 A。

（6）结果计算和表示

1）弯曲强度

用式（20.3-5）计算弯曲强度：

$$\sigma_f = \frac{3FL}{2bh^2} \tag{20.3-5}$$

式中　σ_f——弯曲强度（MPa）；

　　　F——施加的力（N）；

　　　L——跨度（mm）；

　　　b——试样宽度（mm）；

　　　h——试样厚度（mm）。

2）弯曲应变

用式（20.3-6）或式（20.3-7）计算《塑料 弯曲性能的测定》GB/T 9341—2008 第 3 章中定义的弯曲应变参数：

$$\varepsilon_f = \frac{6sh}{L^2} \tag{20.3-6}$$

$$\varepsilon_f = \frac{600sh}{L^2}\% \tag{20.3-7}$$

式中　ε_f——弯曲应变，用无量纲的比或百分数表示；

　　　s——挠度（mm）；

　　　h——试样厚度（mm）；

　　　L——跨度（mm）。

如果从应力-应变曲线的起始部分找到曲线区域，就可以从《塑料 弯曲性能的测定》GB/T 9341—2008 图 4 中所述的初始弯曲应力上外推出零应变。

3）弯曲模量

测定弯曲模量，根据给定的弯曲应变 $\varepsilon_{f1} = 0.0005$ 和 $\varepsilon_{f2} = 0.0025$，按式（20.3-8）计

算相应的挠度 s_1 和 s_2：

$$s_i = \frac{\varepsilon_{fi}L^2}{6h} \quad (i=1,2) \tag{20.3-8}$$

式中 s_i——单个挠度（mm）；

       ε_{fi}——相应的弯曲应变，即上述的 ε_{f1} 和 ε_{f2} 值；

       L——跨度（mm）；

       h——试样厚度（mm）。

再根据式（20.3-9）计算弯曲模量 E：

$$E_f = \frac{\sigma_{f2} - \sigma_{f1}}{\varepsilon_{f2} - \varepsilon_{f1}} \tag{20.3-9}$$

式中 E_f——弯曲模量（MPa）；

       σ_{f1}——挠度为 s_1 时的弯曲应力（MPa）；

       σ_{f2}——挠度为 s_2 时的弯曲应力（MPa）。

若借助计算机来计算，见《塑料 弯曲性能的测定》GB/T 9341—2008 中 3.11 节中的注 2。

所有关于弯曲性能的公式仅在线性应力-应变行为才是精确的（见《塑料 弯曲性能的测定》GB/T 9341—2008 中 1.6 节），因此对大多数塑料，仅在小挠度时才是精确的。

① 统计参数

计算试验结果的算术平均值，若需要，可按 "Statistical interpretation of test results-Estimation of the mean-Confidence interval ISO 2602：1980" 来计算平均值的标准偏差和 95% 的置信区间。

② 有效数字

应力和模量计算到 3 位有效数字，挠度计算到 2 位有效数字。

（7）精密度

本标准暂无精密度数据，"Plastics-Determination of flexural properties ISO 178：2019" 精密度数据见《塑料 弯曲性能的测定》GB/T 9341—2008 附录 B。

2. 抗拉强度

试验方法见第 20.2.2 节中的 3.（6）。

20.4   塑料类非开挖材料检测

本节主要介绍聚乙烯和聚氯乙烯管道类、PE/PP/PVDE/ECTFE 衬垫类材料检测。

20.4.1   碎（裂）管法

1. 材料性能

（1）碎（裂）管法所用 PE 管材应符合下列规定：

1）管材应选择 PE80 或 PE100 及其改性材料；

2）管材规格尺寸应满足设计要求，尺寸公差应符合现行国家标准《给水用聚乙烯（PE）管道系统 第 2 部分：管材》GB/T 13663.2—2018 的相关规定；

3)管材力学性能应符合表 20.4-1 的要求；

内衬 PE 管材力学性能要求 表 20.4-1

检验项目	单位	MDPE PE80 及其改性材料	HDPE PE80 及其改性材料	HDPE PE100 及其改性材料	试验方法
屈服强度	MPa	＞18	＞20	＞22	《热塑性塑料管材 拉伸性能测定 第 3 部分：聚烯烃管材》GB/T 8804.3—2003
断裂伸长率	%	≥350	≥350	≥350	《热塑性塑料管材 拉伸性能测定 第 3 部分：聚烯烃管材》GB/T 8804.3—2003
弯曲模量	MPa	＞600	＞800	＞900	《塑料 弯曲性能的测定》GB/T 9341—2008
耐慢速裂纹增长（管材切口试验）（SDR11，e_n ≥5mm）	h	≥8760	≥8760	≥8760	《流体输送用聚烯烃管材耐裂纹扩展的测定慢速裂纹增长的试验方法（切口试验）》GB/T 18476—2019

（2）塑料内衬管的接口应采用焊接、机械连接等形式，管材接口抗拉强度不应小于管材本身的抗拉强度。

（3）内衬管性能不应低于原有管道，并应满足承受施工过程荷载和运行过程中承受内外部荷载的要求。

2. 进场材料性能

管材、型材、主要材料的主要技术指标经进场复检应符合设计要求和 20.4.1 节中 1.（1）。

检查方法：检查取样检测记录、进场复检报告。

检查数量：同一生产厂家、同一批次产品现场取样不少于 1 组；在施工现场管材、型材、主要材料有再形变过程或需分段连接的，同一生产厂家、同一批次产品、每一个加工批次均应按设计要求进行性能复测。

3. 施工质量性能

（1）管道连接接头试验，符合下列规定：

1）PE 管采用热熔对接时，热熔对接应符合现行国家标准《塑料管材和管件聚乙烯（PE）管材/管材或管材/管件热熔对接组件的制备操作规范》GB/T 19809—2005 的有关规定；

2）PE 管采用机械连接时，连接处应连接紧固；

3）管道连接前应对各连接方法的接头强度进行试验，试验方法及要求应符合现行国家标准《给水用聚乙烯（PE）管道系统 第 5 部分：系统适用性》GB/T 13663.5—2018 中的有关规定。

4）碎（裂）管法施工前后，应检测管节及接口有无划痕、刻槽、破损等，管道壁厚损失不得大于 10%，接口不得破碎。

检查方法：按现行国家标准《给水用聚乙烯（PE）管道系统》GB/T 13663.5—2018 中的有关规定。

检查数量：按现行国家标准《给水用聚乙烯（PE）管道系统》GB/T 13663.5—2018 中的有关规定。

（2）碎（裂）管法施工前后，应检测管节及接口有无划痕、刻槽、破损等，管道壁厚损失不得大于 10%，接口不得破碎。

检查方法：施工前管节及接口全数观察，施工后对牵拉端取样检测；

检查数量：全数检查。

4. 性能测试方法

（1）屈服强度、断裂伸长率

1）原理

沿热塑性塑料管材的纵向裁切或机械加工制取规定形状和尺寸的试样。通过拉力试验机在规定的条件下测得管材的拉伸性能。

2）设备

① 拉力试验机

应符合《橡胶塑料拉力、压力和弯曲试验机（恒速驱动）技术规范》GB/T 17200—2008 和②、③、④的规定。

② 夹具

用于夹持试样的夹具连在试验机上，使试样的长轴与通过夹具中心线的拉力方向重合。试样应夹紧，使它相对于夹具尽可能不发生位移。

夹具装置系统不得引起试样在夹具处过早断裂。

③ 负载显示计

拉力显示仪应能显示被夹具固定的试样在试验的整个过程中所受拉力，它在一定速率下测定时不受惯性滞后的影响且其测定的准确度应控制在实际值的 ±1% 范围内。注意事项应按照《橡胶塑料拉力、压力和弯曲试验机（恒速驱动）技术规范》GB/T 17200—2008 的要求。

④ 引伸计

测定试样在试验过程中任一时刻的长度变化。

此仪表在一定试验速度时必须不受惯性滞后的影响且能测量误差范围在 1% 内的形变。试验时，此仪表应安置在使试样经受最小的伤害和变形的位置，且它与试样之间不发生相对滑移。

夹具应避免滑移，以防影响伸长率测量的精确性。

注：推荐使用自动记录试样的长度变化或任何其他变化的仪表。

⑤ 测量仪器

用于测量试样厚度和宽度的仪器，精度为 0.01mm。

⑥ 裁刀

应可裁出符合相应要求的试样。

⑦ 制样机和铣刀

应能制备符合相应要求的试样。

3) 试样

① 试样要求

A. 通则

管材壁厚小于或等于 12mm 规格的管材，可采用哑铃形裁刀冲裁或机械加工的方法制样。管材壁厚大于 12mm 的管材应采用机械加工的方法制样。

B. 试样尺寸

依据管材厚度的大小，在《热塑性塑料管材 拉伸性能测定 第 3 部分：聚烯烃管材》GB/T 8804.3—2003 图 1 及表 1，图 2 及表 2，图 3 及表 3 中选择一种形状和尺寸的试样。

a. 类型 1 的试样等同于《塑料 拉伸性能的测定 第 2 部分：模塑和挤塑塑料的试验条件》GB/T 1040.2—2006 中的类型 1B 试样。较小一些的试样等同于《热塑性塑料管材 拉伸性能测定 第 2 部分：硬聚氯乙烯（PVC-U）、氯化聚氯乙烯（PVC-C）和高抗冲聚氯乙烯（PVC−HI）管材》GB/T 8804.2—2003 中的类型 2 试样。

b. 为避免试样在夹具内滑脱，建议试样端部的宽度（b_2）与厚度（e_n）呈下列线性关系：$b_2 = e_n + 15$（mm）

② 试样的制备

试样应按照下面的要求从所取样条的中部制取。

A. 从管材上取样条时不应加热或压平，样条的纵向平行于管材的轴线，取样位置应符合以下要求：

a. 公称外径小于或等于 63mm 的管材：取长度约 150mm 的管段。

以一条任意直线为参考线，沿圆周方向取样。除特殊情况外，每个样品应取 3 个样条，以便获得 3 个试样（表 20.4-2）。

取样数量   表 20.4-2

公称外径 DN（mm）	$15 \leqslant DN < 75$	$75 \leqslant DN < 280$	$280 \leqslant DN < 450$	$DN \geqslant 450$
样条数	3	5	5	8

b. 公称外径大于 63mm 的管材：取长度约 150mm 的管段。

如《热塑性塑料管材 拉伸性能测定 第 1 部分：试验方法总则》GB/T 8804.1—2003 图 1 所示沿管段周边均匀取样条。

除另有规定外，应按表 20.4-2 中的要求根据管材的公称外径把管段沿圆周边分成一系列样条，每块样条制取试样 1 片。

B. 壁厚小于或等于 12mm 的管材根据下列类型应采用裁刀冲裁或机械加工制样：

a. 壁厚大于 5mm 但小于或等于 12mm 采用《热塑性塑料管材 拉伸性能测定 第 3 部分：聚烯烃管材》GB/T 8804.3—2003 类型 1；

b. 壁厚小于或等于 5mm 采用《热塑性塑料管材 拉伸性能测定 第 3 部分：聚烯烃管材》GB/T 8804.3—2003 类型 2。

C. 壁厚大于 12mm 的管材应采用《热塑性塑料管材 拉伸性能测定 第 3 部分：聚烯烃管材》GB/T 8804.3—2003 类型 1 或类型 3 用机械加工方法制样。

③ 裁切方法

裁切方法：应按照所要求的外形，选择合适的没有刻痕，刀口干净的裁刀。

从样条上冲裁试样。

根据管材的厚度，选择与类型 1 或类型 2 试样截面对应的裁刀。在室温下使用裁刀，在样条的内表面均匀地一次施压冲裁试样。

④ 机械加工方法

用机械加工方法制取试样，需采用铣削。

铣削时应尽量避免使试样发热，避免出现如裂痕、刮伤及其他使试样表面品质降低的可见缺陷。

关于机械加工程序建议用户参考 "Plastics-Preparation of test specimens by machining ISO 2818：2018"（见附录 A）。

⑤ 标线

从中心点近似等距离划两条标线，标线间距离应精确到 1%。

划标线时不得以任何方式刮伤、冲击或施压于试样。以避免试样受损伤。标线不应对被测试样产生不良影响，标注的线条应尽可能窄。

⑥ 试样数量

除相关标准另有规定外，试样应根据管材的公称外径按照表 20.4-2 中所列数目进行裁切。

4）状态调节

除生产检验或相关标准另有规定外，试样应在管材生产 15h 之后测试。试验前根据试样厚度，应将试样置于 23℃±2℃ 的环境中进行状态调节，时间不少于表 20.4-3 规定。

状态调节时间

表 20.4-3

管材壁厚 e_{min}（mm）	状态调节时间
$e_{min} < 3$	1h±5min
$3 \leqslant e_{min} < 8$	3h±15min
$8 \leqslant e_{min} \leqslant 16$	6h±30min
$16 \leqslant e_{min} < 32$	10h±1h
$e_{min} \geqslant 32$	16h±1h

5）试验速度

试验速度与管材的厚度有关，见表 20.4-4。

如使用其他速度，则须说明此速度与规定速度之间的关系。在存有异议的情况下使用规定速度。

试　验　速　度

表 20.4-4

管材的公称壁厚 e_n（mm）	试样制备方法	试样类型	试验速度（mm/min）
$e_n \leqslant 5$	裁刀裁切或机械加工	类型 2	100
$5 < e_n \leqslant 12$	裁刀裁切或机械加工	类型 1	50
$e_n \geqslant 12$	机械加工	类型 1	25
$e_n > 12$	机械加工	类型 3	10

6）试验步骤

① 试验应在温度 23 ± 2℃环境下按下列步骤进行。

② 测量试样标距间中部的宽度和最小厚度，精确到 0.01mm，计算最小截面积。

③ 将试样安装在拉力试验机上并使其轴线与拉伸应力的方向一致，使夹具松紧适宜以防止试样滑脱。

④ 使用引伸计，将其放置或调整在试样的标线上。

⑤ 选定试验速度进行试验。

⑥ 记录试样的应力/应变曲线直至试样断裂，并在此曲线上标出试样达到屈服点时的应力和断裂时标距间的长度；或直接记录屈服点处的应力值及断裂时标线间的长度。

如试样从夹具处滑脱或在平行部位之外渐宽处发生拉伸变形并断裂，应重新取相同数量的试样进行试验。

如果试样的伸长率达到 1000%，应在它断裂前停止试验。

7）试验结果

① 屈服强度

对于每个试样，拉伸屈服应力以试样的初始截面积为基础，按式（20.4-1）计算。

$$\sigma = F/A \tag{20.4-1}$$

式中　σ——屈服强度（MPa）；

F——屈服点的拉力（N）；

A——试样的原始截面积（mm^2）。

所得结果保留 3 位有效数字。

屈服应力实际上应按屈服时的截面积计算，但为了方便，通常取试样的原始截面积计算。

② 断裂伸长率

对于每个试样，断裂伸长率按式（20.4-2）计算。

$$\varepsilon = (L-L_0)/L_0 \times 100 \tag{20.4-2}$$

式中　ε——断裂伸长率（%）；

L——断裂时标线间的长度（mm）；

L_0——标线间的原始长度（mm）。

所得结果保留 3 位有效数字。

（2）弯曲模量

见 20.3.3 节（1）。

（3）耐慢速裂纹增长（管材切口试验）

见《流体输送用聚烯烃管材耐裂纹扩展的测定慢速裂纹增长的试验方法（切口试验）》GB/T 18476—2019。

（4）接头强度

见《给水用聚乙烯(PE)管道系统　第 5 部分：系统适用性》GB/T 13663.5—2018。

20.4.2 热塑成型法材料性能

1. 材料性能

（1）衬管材料应以高分子热塑聚合物树脂为主，加入改性添加剂时，添加剂应分散均匀。

（2）衬管内外表面应光滑、平整，无裂口、凹陷和其他影响衬管性能的表面缺陷。衬管中不应含有可见杂质。

（3）衬管长度不应有负偏差。衬管用于非变径管道的修复时，出厂时的截面周长应为待修复管道内周长的80%～90%。

（4）热塑成型前管壁厚度应符合设计文件的规定，厚度检测应符合现行国家标准《塑料管道系统 塑料部件尺寸的测定》GB/T 8806—2008的有关规定。衬管安装前的平均厚度不应小于出厂值。

（5）热塑成型衬管的力学性能应符合表20.4-5的规定。

热塑成型衬管力学性能 表20.4-5

项目	单位	指标	测试方法
断裂伸长率	%	≥25	《热塑性塑料管材 拉伸性能测定 第2部分：硬聚氯乙烯（PVC-U）、氯化聚氯乙烯（PVC-C）和高抗冲聚氯乙烯（PVC-HI）管材》GB/T 8804.2—2003
拉伸强度	MPa	≥30	《热塑性塑料管材 拉伸性能测定 第2部分：硬聚氯乙烯（PVC-U）、氯化聚氯乙烯（PVC-C）和高抗冲聚氯乙烯（PVC-HI）管材》GB/T 8804.2—2003
弯曲模量	MPa	≥1600	《塑料 弯曲性能的测定》GB/T 9341—2008
弯曲强度	MPa	≥40	《塑料 弯曲性能的测定》GB/T 9341—2008

（6）衬管材料耐化学腐蚀性检验按第20.2.1节中4的内容执行。

2. 进场材料检测

进场内衬管质量检测应符合下列规定：

（1）原材料衬管的规格、尺寸、性能应符合设计要求

检查方法：对照设计文件检查质量保证资料、厂家产品使用说明等。

检查数量：全数检查。

（2）内衬管主要材料的主要技术指标经进场检验应符合设计要求。

检查方法：检查生产厂家证明文件。

检查数量：全数检查。

（3）内衬管壁厚应符合设计文件的规定。

检查方法：现场取样，按现行国家标准《塑料管道系统塑料部件尺寸的测定 》GB/T 8806—2008进行测定，测定结果不得小于设计壁厚要求。

检查数量：每一项目的每一管径、每一厚度取样送检。

3. 施工质量检测

（1）修复后，内衬管应按每个施工段不少于一组的规定进行现场取样。

（2）样品管现场取样应在原有管道管封堵处进行取样。

（3）修复后内衬管的几何形状、壁厚与性能检测应符合下列规定：

① 内衬管几何形状应与原管道形状一致。

检查方法：CCTV 检查。

检查数量：全数检查。

② 内衬管壁厚应满足设计要求。

检查方法：对现场取样，按现行国家标准《塑料管道系统塑料部件尺寸的测定》GB/T 8806—2008 的有关规定测定，测量值不应小于设计最小值。

检查数量：每个施工段不少于一组。

③ 内衬管性能应符合设计要求。

检查方法：对现场取样进行主要力学性能复检，检验项目应满足《规程》表 13.2.5 的要求。

检查数量：每个施工段不少于一组。

4. 性能测试方法

（1）断裂伸长率、拉伸强度

1）原理

见第 20.4.1 节中 4.（1）的相关规定。

2）设备

见第 20.4.1 节中 4.（1）的相关规定。

3）试样

见第 20.4.1 节中 4.（1）的相关规定。

① 试样要求

A. 通则

见第 20.4.1 节中 4.（1）的相关规定。

B. 试样尺寸

试样的形状与尺寸见《热塑性塑料管材 拉伸性能测定 第 2 部分：硬聚氯乙烯(PVC-U)、氯化聚氯乙烯（PVC-C）和高抗冲聚氯乙烯（PVC-HI）管材》GB/T 8804.2—2003 图 1 和表 1 或图 2 和表 2。

② 试样的制备

A. 试样应从符合见 20.4.1 节中 4.（1）3）②a)、b) 和以下要求长度的管材的样条中部裁切。

B. 硬聚氯乙烯（PVC-U）和高抗冲聚氯乙烯（PVC-HI）管材，试样应按以下要求制备。

a. 管材壁厚小于或等于 12mm 采用冲裁 [见《热塑性塑料管材 拉伸性能测定 第 2 部分：硬聚氯乙烯（PVC-U）、氯化聚氯乙烯（PVC-C）和高抗冲聚氯乙烯（PVC-HI）管材》GB/T 8804.2—2003 图 2] 或机械加工 [见《热塑性塑料管材 拉伸性能测定 第 2 部分：硬聚氯乙烯（PVC-U）、氯化聚氯乙烯（PVC-C）和高抗冲聚氯乙烯（PVC-HI）管材》GB/T 8804.2—2003 图 1] 方法制样。

试验室间比对和冲裁试验采用机械加工方法制样。

b. 管材壁厚大于 12mm 采用机械加工方法制样 [见《热塑性塑料管材 拉伸性能测

定 第2部分：硬聚氯乙烯（PVC-U）、氯化聚氯乙烯（PVC-C）和高抗冲聚氯乙烯（PVC-HI）管材》GB/T 8804.2—2003 图 1]。

C. 氯化聚氯乙烯（PVC-C）管材或（PVC-U/PVC-C）共混料制作的管材不论其厚度大小均采用机械加工方法制样。

③ 冲裁方法

冲裁方法见 20.4.1 节中 4.（1）的相关规定。

将样条放置于 125～130℃ 的烘箱中加热，加热时间按每毫米壁厚加热 1min 计算。加热结束取出样条，快速地将裁刀置于样条内表面，均匀地一次施压裁切得试样。然后将试样放置于空气中冷却至常温。必要时可加热裁刀。

④ 机械加工方法

机械加工方法见 20.4.1 节中 4.（1）的相关规定。

公称外径大于 110mm 规格的管材，直接采用机械加工方法制样。

公称外径小于或等于 110mm 规格的管材，应将截取的样条在下列条件下压平后制样。

A. 温度：PVC-U 或 PVC-HI 管加热温度为 125～130℃。PVC-C 或 PVC-U/PVC-C 共混料制作的管材加热温度为 135～140℃。

B. 加热时间：按 1min/mm 计算。

C. 平面压力：施加的压力不应使样条的壁厚发生减小。压平后在空气中冷却至常温，然后用机械加工方法制样。

4）状态调节

见第 20.4.1.4（1）的相关规定。

5）试验速度

对所有试样不论壁厚大小，试验速度均取 5mm/min±0.5mm/min。

6）试验步骤

见第 20.4.1.4（1）的相关规定。

7）试验结果

见第 20.4.1.4（1）的相关规定。

（2）弯曲模量、弯曲强度

见第 20.3.3（1）的相关规定。

20.4.3 衬垫法

1. 材料性能

（1）塑料衬垫的产品分类及性能应符合表 20.4-6、表 20.4-7 的规定；

（2）塑料衬垫焊接成内衬层时，不得削去焊接区域的锚固键。

（3）塑料衬垫与原有管道间的灌浆料可选用水泥基灌浆料或环氧树脂灌浆料。

（4）灌浆料的初凝强度与初凝时间应符合工程作业时间与模具支撑时间要求。灌浆料的终凝强度应达到设计强度要求。灌浆料的流动度应符合灌浆时间与灌浆距离的要求。

（5）水泥基灌浆料的性能应符合表 20.4-8 的规定。

产品 分 类　　　　　　　　　　　　　　　表 20.4-6

项 目	类 型
材质	HDPE 高密度聚乙烯塑料衬垫
	PP 聚丙烯塑料衬垫
	PVDF 聚偏氟乙烯塑料衬垫
	ECTFE 乙烯三氟氯乙烯共聚物塑料衬垫
厚度	2.0mm、3.0mm、5.0mm
颜色	黑色、黄色、蓝色、白色

产品 的 性 能　　　　　　　　　　　　　　表 20.4-7

检验项目	单位	性能要求				检验方法
		PE	PP	PVDF	ECTFE	
相对密度 23℃	g/cm³	0.95±5%	0.9±5%	1.7±5%	1.6±5%	《塑料 非泡沫塑料密度测定 第1部分：浸渍法、液体比重瓶法 和 滴 定 法 》 GB/T 1033.1—2008
拉伸屈服应力	MPa	≥20	≥25	≥25	≥30	《高分子防水材料 第1部分：片材》GB/T 18173.1—2012
屈服伸长率	%	≥10	≥10	≥9	≥5	《高分子防水材料 第1部分：片材》GB/T 18173.1—2012
断裂伸长率	%	≥400	≥300	≥80	≥250	《高分子防水材料 第1部分：片材》GB/T 18173.1—2012
球压入硬度	MPa	≥36	≥45	≥80		《塑料 硬度测定 第一部分：球压痕法》GB/T 3398.1—2008
锚固键抗拉拔力（灌浆料抗压强度 35MPa）	N	≥500	≥500	≥500	≥500	按《规程》附录 H 执行

水泥基灌浆料的性能要求　　　　　　　　　　表 20.4-8

检验项目		单位	性能要求	检验方法
凝胶时间	初凝时间	min	≤100	《普通混凝土拌合物性能试验方法标准》GB/T 50080—2016
截锥流动度	初始值	mm	≥340	《水泥基灌浆材料应用技术规范》GB/T 50448—2015
	30min	mm	≥310	
泌水率	—	%	0	《普通混凝土拌合物性能试验方法标准》GB/T 50080—2016
抗压强度	2h	MPa	≥12	《水泥胶砂强度检验方法（ISO法）》GB/T 17671—1999
	28d	MPa	≥55	
抗折强度	2h	MPa	≥2.6	《水泥胶砂强度检验方法（ISO法）》GB/T 17671—1999
	28d	MPa	≥10	

检验项目		单位	性能要求	检验方法
弹性模量	28d	GPa	≥30	《混凝土物理力学性能试验方法标准》GB/T 50081—2019
自由膨胀率	24h	%	0～1	《混凝土外加剂应用技术规范》GB 50119—2013
对钢筋锈蚀作用	—	—	对钢筋无锈蚀作用	《混凝土外加剂》GB 8076—2008

（6）环氧树脂灌浆料的性能应符合表 20.4-9 的要求。

环氧树脂灌浆料的性能　　　　　　表 20.4-9

项目		单位	性能要求	检验方法
初凝时间	20℃	h	≤2	《水泥标准稠度用水量、凝结时间、安定性检验方法》GB/T 1346—2011
抗压强度	28d	MPa	≥60	《树脂浇铸体性能试验方法》GB/T 2567—2008
抗拉强度	28d	MPa	≥20	《树脂浇铸体性能试验方法》GB/T 2567—2008
粘结强度	28d	MPa	≥3.5	《建筑防水涂料试验方法》GB/T 16777—2008

2. 进场材料检测

垫衬法修复工程质量验收应符合下列规定：

（1）对施工过程中检查、验收的资料应进行核实，符合设计文件要求的管道方可进行管道功能性试验。

（2）现场检验和抽样检验应认真做好检验记录并存档。检验记录内容应包括工程编号、项目名称、施工单位名称、施工负责人、施工地点、管道规格、管材类型、修复长度、材料名称、生产厂家、生产日期、质量检验项目等内容。

3. 施工质量检测

（1）垫衬法修复工程质量验收应符合下列规定：

1）施工过程中检查、验收的资料应进行核实，符合设计文件要求的管道方可进行管道功能性试验。

2）场检验和抽样检验应认真做好检验记录并存档。检验记录内容应包括工程编号、项目名称、施工单位名称、施工负责人、施工地点、管道规格、管材类型、修复长度、材料名称、生产厂家、生产日期、质量检验项目等内容。

（2）修复管道质量检验应符合下列规定：

1）塑料衬垫材料的规格、尺寸、性能应符合《规程》的规定和设计要求。

检查方法：材料进场检查应对照设计文件检查质量保证资料、厂家产品使用说明等。材料性能检验应对同一批次产品现场取样不少于1组，对照设计文件检查取样检测记录、复测报告等；

检查数量：全数检查

2）浆料的性能应符合《规程》的规定和设计要求。

检查方法：对照设计文件检查取样检测记录、复测报告等；

检查数量：灌浆料性能检验应对同一批次产品现场取样不少于 1 组。

（3）内衬管的平均壁厚不得小于设计值。

检查方法：用尺子测量修复后的内衬管内径。对照设计文件，原管内径与内衬管内径之差的 1/2 即为内衬管的厚度。内衬管的厚度为设计值的±2mm 或原管道标称直径的 1% 时均为合格。

检查数量：当内衬管内径大于或等于 800mm 时，应在管道内测量至少 3 个断面；当内衬管内径小于 800mm 时，应测量管道两端各 1 个断面，取平均值为该断面的代表值。

（4）塑料衬垫内衬焊接焊缝应清晰，无漏焊。

检查方法：采用加压充气或电火花检测方法，检查施工记录、焊接记录等。

检查数量：全数检查。

单焊缝采用电火花检测，不产生电火花时为合格。双焊缝采用加压充气法检测，当焊缝不漏气、无脱开、压力没有明显下降时为合格。

4. 性能测试方法

（1）比重

见《塑料 非泡沫塑料密度测定 第 1 部分：浸渍法、液体比重瓶法和滴定法》GB/T 1033.1—2008。

（2）拉伸屈服应力、屈服伸长率、断裂伸长率

1）原理

在动夹持器或滑轮恒速移动的拉力试验机上，将哑铃状或环状标准试样进行拉伸。按要求记录试样在不断拉伸过程中和当其断裂时所需的力和伸长率的值。

2）试样

哑铃状试样

哑铃状试样的形状如《硫化橡胶或热塑性橡胶 拉伸应力应变性能的测定》GB/T 528—2009 图 2 所示。拉伸试验用 1 型试样，如 1 型试样不适用，可用 2 型试样。

3）试验仪器

① 裁刀和裁片机

试验用的所有裁刀和裁片机应符合《橡胶物理试验方法试样制备和调节通用程序》GB/T 2941—2006 的要求。制备哑铃状试样用的裁刀尺寸见《硫化橡胶或热塑性橡胶 拉伸应力应变性能的测定》GB/T 528—2009 表 2 和图 3，裁刀的狭窄平行部分任一点宽度的偏差应不大于 0.05mm。

测量哑铃状试样的厚度和环状试样的轴向厚度所用的测厚计应符合《橡胶物理试验方法试样制备和调节通用程序》GB/T 2941—2006 方法 A 的规定。

② 拉力试验机

A. 拉力试验机应符合 "Rubber and plastics test equipment—Tensile, flexural and compression types（constant rate of traverse）—Specification ISO 5893：2019" 的规定，具有 2 级测力精度。试验机中使用的伸长计的精度：1 型、2 型为 D 级。试验机应至少能在 100mm/min±10mm/min、200mm/min±20mm/min 和 500mm/min±50mm/min 移动

速度下进行操作。

　　B. 对于在标准试验室温度以外的试验，拉伸试验机应配备一台合适的恒温箱。高于或低于正常温度的试验应符合《橡胶物理试验方法试样制备和调节通用程序》GB/T 2941—2006 要求。

　　4）试样数量

　　试验的试样应不少于 5 个。

　　5）样品和试样的调节

　　① 样品的调节

　　在裁切试样前，来源于胶乳以外的所有样品，都应按《橡胶物理试验方法试样制备和调节通用程序》GB/T 2941—2006 的规定，在标准试验室温度下（不控制湿度），调节至少 3h。

　　在裁切试样前，所有胶乳制备的样品均应按《橡胶物理试验方法试样制备和调节通用程序》GB/T 2941—2006 的规定，在标准试验室温度下（控制湿度），调节至少 96h。

　　② 试样的调节

　　所有试样应按《橡胶物理试验方法试样制备和调节通用程序》GB/T 2941—2006 的规定进行调节。如果试样的制备需要打磨，则打磨与试验之间的时间间隔应不少于 16h，但不应大于 72h。

　　对于在标准试验室温度下的试验，如果试样是从经调节的试验样品上裁取，无须做进一步的制备，则试样可直接进行试验。对需要进一步制备的试样，应使其在标准试验室温度下调节至少 3h。

　　对于在标准试验室温度以外的温度下的试验，试样应按《橡胶物理试验方法试样制备和调节通用程序》GB/T 2941—2006 的规定在该试验温度下调节足够长的时间，以保证试样达到充分平衡。

　　6）试样的制备

　　A. 哑铃状试样

　　哑铃状试样应按《橡胶物理试验方法试样制备和调节通用程序》GB/T 2941—2006 规定的相应方法制备以及《高分子防水材料　第 1 部分：片材》GB/T 18173.1—2012 中 6.3.1 条。

　　7）哑铃状试样的标记

　　如果使用非接触式伸长计，则应使用适当的打标器按《硫化橡胶或热塑性橡胶 拉伸应力应变性能的测定》GB/T 528—2009 表 1 规定的试验长度在哑铃状试样上标出两条基准标线。打标记时，试样不应发生变形。

　　两条标记线应标在如《硫化橡胶或热塑性橡胶 拉伸应力应变性能的测定》GB/T 528—2009 图 2 所示的试样的狭窄部分，即与试样中心等距，并与其纵轴垂直。

　　8）试样的测量

　　用测厚计在试验长度的中部和两端测量厚度。应取 3 个测量值的中位数用于计算横截面面积。在任何一个哑铃状试样中，狭窄部分的三个厚度测量值都不应大于厚度中位数的 2%。取裁刀狭窄部分刀刃间的距离作为试样的宽度，该距离应按《橡胶物理试验方法试样制备和调节通用程序》GB/T 2941—2006 的规定进行测量，精确到 0.05mm。

9）试验步骤

将试样对称地夹在拉力试验机的上、下夹持器上，使拉力均匀地分布在横截面上。根据需要，装配一个伸长测量装置。启动试验机，在整个试验过程中连续监测试验长度和力的变化，精度在±2％之内，或按《硫化橡胶或热塑性橡胶 拉伸应力应变性能的测定》GB/T 528—2009 第 15 章的要求。

夹持器的移动速度：1 型、2 型试样应为 500mm/min±50mm/min，

如果试样在狭窄部分以外断裂则舍弃该试验结果，并另取一试样进行重复试验。

采取目测时，应避免视觉误差。

10）试验温度

温度 23℃±2℃，相对湿度 50％±10％。

11）试验结果的计算

① 拉伸屈服应力：

$$TS_b = F_b/Wt \qquad (20.4\text{-}3)$$

式中　TS_b——试样拉伸强度（MPa）精确到 0.1 MPa；

　　　F_b——最大拉力（N）；

　　　W——哑铃试片狭小平行部分宽度（mm）；

　　　t——试验长度部分的厚度（mm）。

② 断裂伸长率

$$E_b = \frac{L_b - L_0}{L_0} \times 100\% \qquad (20.4\text{-}4)$$

式中　E_b——试样拉断伸长率，精确到 1％；

　　　L_b——试样断裂时的标距（mm）；

　　　L_0——试样的初始标距（mm）。

③ 屈服伸长率

$$E_y = \frac{L_y - L_0}{L_0} \times 100\% \qquad (20.4\text{-}5)$$

式中　E_y——试样屈服伸长率，精确到 1％；

　　　L_y——试样屈服时的标距（mm）；

　　　L_0——试样的初始标距（mm）。

12）试验结果的表示

测试 5 个试样，取中值。

（3）球压入硬度

见《塑料 硬度测定 第 1 部分：球压痕法》GB/T 3398.1—2008。

（4）锚固键抗拉拔力

1）裁取一块尺寸为 50mm×50mm 的塑料衬垫片料，片料上应附有一个锚固键，且锚固键应处于片料的中心位置（图 20.4-1）。

2）将样品平面与直径 35mm 的圆棒焊接，圆棒高度应大于等于 100mm（图 20.4-2）。

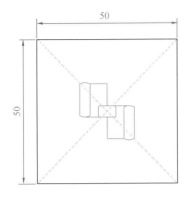

图 20.4-1　50mm×50mm 样品平面图

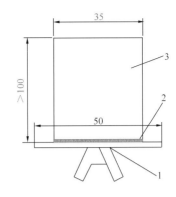

图 20.4-2　50mm×50mm 样品立面图

1—塑料衬垫；2—连接；3—圆棒

3）将样品置于模型盒中，向模型盒中倒入准备好的灌浆料。待灌浆料固化，并按灌浆料说明书要求进行养护。试块规格应为 150mm×150mm×50mm（长×宽×厚）。试块制作数量至少应为 3 块。

4）试块应养护 28d，待灌浆料完全固化、强度稳定后进行拉拔测试（图 20.4-3）；用拉力试验机将塑料衬垫样品从灌浆料试块中垂直拉出，拉出速度应控制在 5mm/min（图 20.4-4）；记录试块的试验数据，并确定破坏发生的方式，如塑料衬垫内层破坏、锚固键从灌浆料中拔出、灌浆料结构层断裂破坏等。拉力试验机应符合现行国家标准《电子式万能试验机》GB/T 16491—2008 的有关规定。

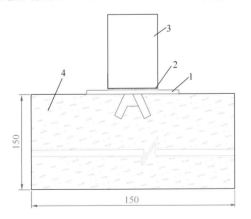

图 20.4-3　灌浆料试块制作示意图

1—塑料衬垫；2—连接；3—圆棒

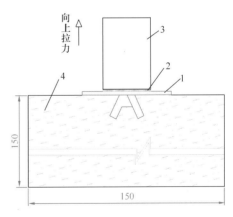

图 20.4-4　试块拉力试验示意图

1—塑料衬垫；2—连接；3—圆棒；4—灌浆料

5）每个测试试样破坏时的荷载对于所有破坏类型应有效。当圆棒与塑料衬垫的焊接破坏、试验结果受到了灌浆料结构层开裂的影响时测试无效。

6）数据处理应符合下列规定：

①应计算至少 3 个测试样品的平均值和极差，当试验实测值的极差不超过平均值的30％时，取平均值作为试验样品的锚固强度特征值。

②若某测试样品的实测值的极差超过平均值的 30％，则抛弃该测试样品，应重新补

充一个测试样品进行上述测试。

③ 试验过程可反复，直至得到符合极差要求的特征值。

20.4.4 机械制螺旋缠绕法

1. 材料性能

（1）PVC-U 带状型材材料性能应符合表 20.4-10 规定。

PVC-U 带状型材材料特性　　　　　　　　　　　　表 20.4-10

检验项目	单位	性能要求	测试方法
拉伸弹性模量	MPa	≥2000	《塑料 拉伸性能的测定　第 2 部分：模塑和挤塑塑料的试验条件》
拉伸强度	MPa	≥35	GB/T 1040.2—2006
断裂伸长率	%	≥40	《热塑性塑料管材 拉伸性能测定》GB/T 8804.2—2003
弯曲强度	MPa	≥58	《塑料 弯曲性能的测定》GB/T 9341——2008

（2）钢塑加强法工艺使用的钢带材料性能应符合表 20.4-11 的规定。

钢塑加强法工艺钢带材料性能　　　　　　　　　　表 20.4-11

检验项目	单位	性能要求	测试方法
弹性模量	GPa	≥193	《金属材料 弹性模量和泊松比试验方法》GB/T 22315—2008（静态法）
材质（不锈钢，Ni 含量）	%	>1%	《不锈钢 多元素含量的测定 电感耦合等离子体原子发射光谱法》YB/T 4396—2014

（3）采用钢塑加强型工艺时，注浆材料宜使用 32.5 级及以上的水泥。采用机头行走工艺时，注浆材料技术指标应符合表 20.4-12 的规定。

机头行走法注浆材料性能要求　　　　　　　　　　表 20.4-12

项目	单位	性能要求	检验方法
28d 抗压强度	MPa	>30	《水泥基灌浆材料应用技术规范》
30min 截锥流动度	mm	≥310	GB/T 50448—2015

2. 进场材料检测

（1）机械制螺旋缠绕法修复工程质量验收应符合下列规定：

1）施工完成，施工过程资料应齐全，方可进行工程验收。

2）施工所用的主要原材料应符合《规程》第 10.2 节内衬材料的规定和设计相关规定。

3）每一个修复工程中不同规格、不同批次的内衬材料均应进行现场取样检测。

4）取样应从同批次任一卷轴截取。

5）钢带应安装在型材外表面。

3. 施工质量检测

（1）内衬管质量检测应符合下列规定：

1）带状型材和钢带的外观、性能符合《规程》和设计要求。

检查方法：外观在材料进场后现场抽检，性能检查产品的合格证、出厂试验报告。

检查数量：外观检查不少于进场总量的1/3，性能检查全数检查。

2）管道的刚度应符合设计要求，当设计无要求时，应符合现行行业标准《城镇排水管道非开挖修复更新工程技术规程》CJJ/T 210—2014 的有关规定。

检查方法：检查成品的环刚度或刚度系数检测报告。

检查数量：检查产品环刚度时，同一项目每种管径留样1组。检查刚度系数时，同一项目型材和钢带不同组合留样1组。

3）管道内不得有滴漏和线流现象。

检查方法：修复完成后宜采用CCTV闭路电视进行检查，修复后管径大于800mm 时也可进入管道人工检查；

检查数量：全数。

4. 材料性能检测

（1）硬聚氯乙烯（PVC-U）拉伸弹性模量、拉伸强度

见第 20.2.1 节中 4.（6）的相关规定。

（2）硬聚氯乙烯（PVC-U）断裂伸长率

见第 20.4.2 节中 4（2）的相关规定。

（3）硬聚氯乙烯（PVC-U）弯曲强度

见第 20.4.1 节中 4（2）的相关规定。

（4）钢带弹性模量

见《金属材料 弹性模量和泊松比试验方法》GB/T 22315 —2008（静态法）。

（5）机头行走法注浆材料性能 28d 抗压强度、30min 截锥流动

见本书 20.5.2 节。

20.5 砂浆材料检测

20.5.1 水泥基材料喷筑法材料检测

1. 材料性能

排水设施结构性修复用水泥基材料性能应符合表 20.5-1 的规定。

结构性修复水泥基材料性能要求及检验方法　　　　　　　表 20.5-1

项目	单位	龄期	性能要求	检验方法
凝结时间	min	初凝	≤120	《水泥标准稠度用水量、凝结时间、安定性检验方法》GB/T 1346—2011
		终凝	≤360	
抗压强度	MPa	24h	≥25	《水泥胶砂强度检验方法》(ISO 法) GB/T 17671—1999
		28d	≥65	
抗折强度	MPa	24h	≥3.5	
		28d	≥9.5	

续表

项目	单位	龄期	性能要求	检验方法
静压弹性模量	GPa	28d	≥30	
拉伸粘结强度	MPa	28d	≥1.2	《建筑砂浆基本性能试验方法标准》
抗渗性能	MPa	28d	≥1.5	JGJ/T 70—2009
收缩性	—	28d	≤0.1%	
抗冻性（100次循环）	28d	强度损失≤5%		
耐酸性	5%硫酸液腐蚀24h		无剥落、无裂纹	《水性聚氨酯地坪》 JC/T 2327—2015
	10%柠檬酸；10%乳酸；10%醋酸腐蚀48h			

注：耐酸性检验用酸均为质量百分数。

排水设施用无机防腐水泥基材料性能应符合表20.5-2的规定；其中，铝酸盐类水泥基材料中氧化铝含量不应小于15%，单质硫含量不应大于0.5%。

无机防腐水泥基材料性能要求及检验方法　　　　表20.5-2

项目	单位	龄期	性能要求	检验方法
无机材料成分	%	—	≥95	《干混砂浆物理性能试验方法》 GB/T 29756—2013
凝结时间	min	初凝时间	≥45	《水泥标准稠度用水量、凝结时间、安定性检验方法》GB/T 1346—2011
	min	终凝时间	≤360	
抗压强度	MPa	12h[1]	≥8.0	
	MPa	24h	≥12.0	《水泥胶砂强度检验方法》
	MPa	28d	≥25.0	GB/T 17671—1999
抗折强度	MPa	24h	≥2.5	
	MPa	28d	≥4.0	
拉伸粘结强度	MPa	28d	≥1.0	《建筑砂浆基本性能试验方法标准》
抗渗压力	MPa	28d	≥1.5	JGJ/T 70—2009
耐酸性[2]	5%硫酸腐蚀24h		无剥落、无裂纹	《水性聚氨酯地坪》JC/T 2327—2015
	10%柠檬酸；10%乳酸；10%醋酸腐蚀48h			

注：1　当需要快速恢复通水时可以协商进行12h抗压强度测试。
　　2　耐酸性检验用酸均为质量百分数。

2. 进场材料检测

进入施工现场水泥基材料应符合设计文件的规定，内衬材料进场应附有出厂检测报告；当单项工程材料用量大于（含）10t时，应对进场材料进行抽样复检，复检要求符合表20.5-1和表20.5-2的要求。

3. 施工质量检测

施工过程中，应对现场搅拌好的砂浆进行现场取样制作试块并送检测单位检测，取样频次应满足设计要求；设计未明确要求时，修复检查井时应按每半个台班取样 1 组或每 5 口井取样 1 组；管道修复时应按每个喷筑回次取样 1 组。现场取样测试项目应按表 20.5-1 要求测试抗压强度和抗折强度。

无机防腐水泥基材料现场取样检测项目应按表 20.5-3 要求测试抗压强度和抗折强度。

无机防腐水泥基材料现场取样检测项目 表 20.5-3

项目	单位	龄期	性能要求	检验方法
抗压强度	MPa	28d	≥ 25.0	《水泥胶砂强度检验方法（ISO 法）》
抗折强度	MPa	28d	≥4.0	GB/T 17671—1999

内衬平均厚度应满足设计要求，最小厚度应不低于设计值的 90%。检查方法：采用测厚尺在未凝固的内衬表面随机插入检测，每个断面测 3～4 个点，以最小插入深度作为内衬厚度；或在监理的见证下，在检查井或管道断面设置标记钉，当内衬完全覆盖全部标记钉时认为厚度满足要求。

4. 性能测试方法

（1）凝结时间试验

1）试验原理：

试针沉入水泥标准稠度净浆至一定深度所需的时间。

2）试验操作：

将按标准稠度用水量检验方法搅拌好的水泥净浆一次装入圆模，振动数次，刮平，放入恒温恒湿养护箱。

记录开始加水的时间，并以此作为凝结时间的起始时间。

初凝时间：加水后 30min 时第一次测定。测定时，将试件放至试针面，使试针与净浆表面接触，拧紧螺丝 1～2s 后，突然放松，使试针自由沉入净浆，当试针沉到距底板 4^{+1}_{-1}mm 时为水泥达到初凝时间，临近初凝时，每隔 5min 测定一次。由水泥全部加入水中至初凝状态的时间为初凝结时间，用 min 表示。

终凝时间：为准确观测试针沉入的状况，在终凝针上安装一个环形附件，在完成初凝时间测定后，立即将试模连同浆体以平稳的方式从玻璃板取下翻转 180°，直径大端向上，小端向下放在玻璃板上，再放入恒温恒湿养护箱中继续养护，临近终凝时每隔 15min 测定一次，当试针沉入试体 0.5mm 时，即环形附件开始不能在试体上留下痕迹时，水泥达到终凝状态。由水泥全部加入水中至终凝状态的时间，为水泥的终凝时间，用 min 表示。

3）注意事项：

操作时须轻轻扶住金属柱，使其徐徐下降，以防试针撞弯，影响结果。试针沉入试模测定的位置至少要距试模内壁 10mm，到达初凝时间应立即重复测一次，当两次结论相同时才能确定达到初凝状态，到达终凝时间，需要在试体另外两个不同点测试，结论相同时才能确定达到终凝状态。每次测定不能让试针落入原针孔，每次测试完毕，须将试针擦净并将试模放入恒温恒湿养护箱中，整个测试过程要防止试模受振。

（2）抗压、抗折强度试验

1）试件的制备：

① 试件尺寸应是 40mm×40mm×160mm 的棱柱。

② 成型：

用振实台成型：胶砂制备后立即进行成型。将空试模和模套固定在振实台上，用一个适当勺子直接从搅拌锅里将胶砂分两层装入试模，装第一层时，每个槽里约放 300g 胶砂，用大播料器垂直架在模套顶部沿每个模槽来回一次将料层播平，接着振实 60 次。再装入第二层胶砂，用小播料器播平，再振实 60 次移走模套，从振实台上取下试模，用一金属直尺以近似 90°的角度架在试模模顶的一端，然后沿试模长度方向以横向锯割动作慢慢向另一端移动，一次将超过试模部分的胶砂刮去，并用同一直尺以近乎水平的动作将试体表面抹平。在试模上做标记或加字条标明试件编号和试件相对于振实台的位置。

用振动台成型：当使用代用的振动台成型时，操作如下：在搅拌胶砂的同时将试模和下料漏斗卡紧在振动台的中心。将搅拌好的全部胶砂均匀地装入下料漏斗中，开动振动台，胶砂通过漏斗流入试模。振动 120s±5s 停车。振动完毕，取下试模，用刮平尺刮去其高出试模的胶砂并抹平。接着在试模上作标记或用字条标明试件编号。

2）试件的养护：

脱模前的处理和养护：去掉留在模子四周的胶砂。立即将做好标记的试模放入雾室或湿箱的水平架子上养护，湿空气应能与试模各边接触。养护时不应将试模放在其他试模上。一直养护到规定的脱模时间时取出脱模。脱模前，用防水墨汁或颜料笔对试体进行编号和做其他标记。两个龄期以上的试体，在编号时应将同一试模中的三条试体分在两个以上龄期内。

脱模：脱模应非常小心。对于 24h 龄期的，应在成型试验前 20min 内脱模。对于 24h 以上龄期的，应在成型后 20～24h 之间脱模。已确定作为 24h 龄期试验（或其他不下水直接做试验）的已脱模试体，应用湿布覆盖至做试验时为止。

水中养护：将做好标记的试件立即水平或竖直放在 20℃±1℃ 水中养护，水平放置时刮平面应朝上。试件放在不易腐烂的算子上，并保持一定间距，让水与试件的 6 个面接触。养护期间试件之间间隔或试体上表面的水深不得小于 5mm。每个养护池只养护同类型的水泥试件。

最初用自来水装满养护池（或容器），随后随时加水保持适当的恒定水位，不允许在养护期间全部换水。除 24h 龄期或延迟至 48h 脱模的试体外，任何到龄期的试体应在试验（破型）前 15min 从水中取出。揩去试体表面沉积物，并用湿布覆盖至试验时为止。

3）测试：

① 抗折强度测试：

将试体一个侧面放在试验机支撑圆柱上，试体长轴垂直于支撑圆柱，通过加荷圆柱以 50N/s±10N/s 的速率均匀地将荷载垂直地加在棱柱体相对侧面上，直至折断。

保持两个半截棱柱体处于潮湿状态直至抗压试验结束。

抗折强度 R_f，以牛顿每平方毫米（MPa）表示，按式（20.5-1）进行计算：

$$R_f = \frac{1.5 F_1 L}{b^3} \tag{20.5-1}$$

式中　F_1——折断时施加于棱柱体中部的荷载（N）；

　　　L——支撑圆柱之间的距离（mm）；

　　　b——棱柱体正方形截面的边长（mm）。

② 抗压强度测定：

抗压强度试验在半截棱柱体的侧面上进行。半截棱柱体中心与压力机压板受压中心差应在±0.5mm 内，棱柱体露在压板外的部分 10mm。在整个加荷过程中以 2400N/s±200N/s 的速率均匀地加荷直至破坏。

抗压强度 R_c 以牛顿每平方毫米（MPa）为单位，按式（20.5-2）进行计算：

$$R_c = \frac{F_1}{A}$$ （20.5-2）

式中　F_1——破坏时的最大荷载（N）；

　　　A——受压部分面积（mm），40mm×40mm＝1600mm²。

4）试验结果的确定

抗折强度：以一组 3 个棱柱体抗折结果的平均值作为试验结果。当 3 个强度值中有超出平均值±10％的，应剔除后再取平均值作为抗折强度试验结果。

抗压强度：以一组 3 个棱柱体上得到的 6 个抗压强度测定值的算术平均值为试验结果。如 6 个测定值中有一个超出平均值的±10％，就应剔除这个结果，而以剩下 5 个的平均数为结果。如果 5 个测定值中再有超过它们平均数±10％的，则此组结果作废。

（3）静压弹性模量试验

1）试验设备

① 试验机：精度应为 1％，试件破坏荷载应不小于压力机量程的 20％，且不应大于全量程的 80％。

② 变形测量仪表：精度不应低于 0.001mm；镜式引伸仪精度不应低于 0.002mm。

2）试件的制备及养护

砂浆弹性模量的标准试件应为棱柱体，其截面尺寸应为 70.7～70.7mm，高宜为 210～230mm，底模采用钢底模。每次试验应制备 6 个试件。

试件制作及养护应按《建筑砂浆基本性能试验方法标准》JGJ/T 70—2009 规定进行。试模的不平整度应为每 100mm 不超过 0.05mm，相邻面的不垂直度不应超过±1°。

3）操作步骤

① 试件从养护地点取出后，应及时进行试验。试验前，应先将试件擦拭干净，测量尺寸，并检查外观。试件尺寸测量应精确至 1mm，并计算试件的承压面积。当实测尺寸与公称尺寸之差不超过 1mm 时，可按公称尺寸计算。

② 取 3 个试件，按下列步骤测定砂浆的轴心抗压强度：

A. 应将试件直立放置于试验机的下压板上，且试件中心应与压力机下压板中心对准。开动试验机，当上压板与试件接近时，应调整球座，使其接触均衡；轴心抗压试验应连续、均匀地加荷，其加荷速度应为 0.25～1.5kN/s。当试件破坏且开始迅速变形时，应停止调整试验机油门直至试件破坏，然后记录破坏荷载。

B. 砂浆轴心抗压强度应按下式计算：

$$f_{mc} = \frac{N'_u}{A}$$ （20.5-3）

式中　f_{mc}——砂浆轴心抗压强度（MPa），应精确至 0.1MPa；

　　　N'_u——棱柱体破坏压力（N）；

A——试件承压面积（mm^2）。

应取 3 个试件测定值的算术平均值作为该组试件的轴心抗压强度值。当 3 个试件测定值的最大值和最小值中有一个与中间值的差值超过中间值的 20% 时，应把最大及最小值一并舍去，取中间值作为该组试件的轴心抗压强度值。当两个测值与中间值的差值超过 20% 时，该组试验结果应为无效。

③ 将测量变形的仪表安装在用于测定弹性模量的试件上，仪表应安装在试件成型时两侧面的中线上，并应对称于试件两端。试件的测量标距应 100mm。

④ 测量仪表安装完毕后，应调整试件在试验机上的位置。砂浆弹性模量试验应物理对中（对中的方法是将荷载加压至轴心抗压强度的 35%，两侧仪表变形值之差不得超过两侧变形平均值的 ±10%）。试件对中合格后，应按 0.25～1.5kN/s 的加荷速度连续、均匀地加荷至轴心抗压强度的 40%，即达到弹性模量试验的控制荷载值，然后以同样的速度卸荷至零，如此反复预压 3 次。在预压过程中，应观察试验机及仪表运转是否正常。不正常时，应予以调整。

⑤ 预压 3 次后，按上述速度进行第 4 次加荷。先加荷到应力为 0.3MPa 的初始荷载，恒荷 30s 后，读取并记录两侧仪表的测值，然后再加荷到控制荷载（$0.4f_{mc}$），恒荷 30s 后，读取并记录两侧仪表的测值，两侧测值的平均值，即为该次试验的变形值。按上述速度卸荷至初始荷载，恒荷 30s 后，读取并记录两侧仪表上的初始测值，再按上述方法进行第 5 次加荷、恒荷、读数，并计算出该次试验的变形值。当前后两次试验的变形值差，不大于测量标距的 0.2‰时，试验方可结束，否则应重复上述过程，直到两次相邻加荷的变形值相差不大于测量标距的 0.2‰为止。然后卸除仪表，以同样速度加荷至破坏，测得试件的棱柱体抗压强度 f'_{mc}。

4）计算与评定

砂浆的弹性模量值应按下式计算：

$$E_m = \frac{N_{0.4} - N_0}{A} \times \frac{L}{\Delta L} \qquad (20.5\text{-}4)$$

式中　E_m——砂浆弹性模量（MPa），精确至 10MPa；

　　$N_{0.4}$——应力为 $0.4f_{mc}$ 的压力（N）；

　　N_0——应力为 0.3MPa 的初始荷载（N）；

　　A——试件承压面积（mm^2）；

　　ΔL——最后一次从 N_0 加荷至 $N_{0.4}$ 时试件两侧变形差的平均值（mm）；

　　L——测量标距（mm）。

应取 3 个试件测试值的算术平均值作为砂浆的弹性模量。当其中一个试件在测完弹性模量后的棱柱体抗压强度值 f'_{mc} 与决定试验控制荷载的轴心抗压强度值 f_{mc} 的差值超过后者的 20% 时，弹性模量值应按另外两个试件的算术平均值计算。当两个试件在测完弹性模量后的棱柱体抗压强度值 f'_{mc} 与决定试验控制荷载的轴心抗压强度值 f_{mc} 的差值超过后者的 20% 时，试验结果应为无效。

（4）拉伸粘结强度试验

1）试验设备

① 拉力试验机：破坏荷载应在其量程的 20%～80% 范围内，精度 1%，最小示

值 1N。

② 拉伸专用夹具。

③ 成型框：外框尺寸为 70mm×70mm，内框尺寸为 40mm×40mm，厚度为 6mm，材料为硬聚氯乙烯或金属。

④ 钢制垫板：外框尺寸为 70mm×70mm，内框尺寸为 43mm×43mm，厚度为 3mm。

2）试件制备

① 基底水泥砂浆块的制备

A. 原材料：水泥应符合《通用硅酸盐水泥》GB 175—2007 规定的 42.5 级水泥；砂应采用符合《普通混凝土用砂、石质量及检验方法标准》JGJ 52—2006 规定的中砂；水应采用符合《混凝土用水标准》JGJ 63—2006 规定的用水标准。

B. 配合比：水泥∶砂∶水＝1∶3∶0.5（质量比）。

C. 成型：将制成的水泥砂浆倒入 70mm×70mm×20mm 的硬聚氯乙烯或金属模具中，振动成型或人工成型；试模内壁事先宜涂刷水性隔离剂，待干、备用。

D. 成型 24h 后脱模，并放入 20℃±2℃ 的水中养护 6d，再在试验条件下放置 21d 以上。试验前，应用 200 号砂纸或磨石将水泥砂浆试件的成型面磨平，备用。

② 砂浆料浆的制备

A. 待检样品应在试验条件下放置 24h 以上。

B. 应称取不少于 10kg 的待检样品，按产品制造商提供比例进行水的称量。若产品制造商提供的比例是一个值域范围，则采用平均值。

3）试验操作

应先将待检样品放入砂浆搅拌机中，再启动机器，然后徐徐加入规定量的水，搅拌 3~5min。搅拌好的料应在 2h 内用完。

4）拉伸粘结强度试件的制备

A. 将制备好的基底水泥砂浆块在水中浸泡 24h，并提前 5~10min 取出，用湿布擦拭其表面。

B. 将成型框放在基底水泥砂浆块的成型面上，将制备好的砂浆料浆试样倒入成型框中，用抹灰刀均匀插捣 15 次，人工颠实 5 次，转 90°，再颠实 5 次，然后用刮刀以 45°方向抹平砂浆表面，24h 内脱模，在温度 20℃±2℃、相对湿度 60%~80% 的环境中养护至规定龄期。

C. 每组砂浆试样至少制备 10 个试件。

5）计算与评定

拉伸粘结强度应按下式计算：

$$f_{at} = \frac{F}{A_z} \tag{20.5-5}$$

式中　f_{at}——砂浆的拉伸粘结强度（MPa）；

　　　F——试件破坏时的荷载（N）；

　　　A_z——粘结面积（mm^2）。

拉伸粘结强度应按下列要求确定：

A. 以 10 个试件测定的强度值的算术平均值作为拉伸粘结强度的试验结果。

B. 当单个试件的强度值与平均值之差大于 20 ％时，应逐次舍弃偏差最大的试验值，直至各试验值与平均值之差不超过 20 ％，当 10 个试件中有效数据不少于 6 个时，取有效数据的平均值作为试验结果，结果精确至 0.01MPa。

C. 当 10 个试件中有效数据不足 6 个时，此组试验结果无效，并应重新制备试件进行试验。

（5）抗渗压力试验

1）试验设备

① 金属试模（6 个）：应采用截头圆锥形带底金属试模，上口直径应为 70mm，下口直径应为 80mm，高应为 30mm。

② 砂浆渗透仪。

2）操作步骤

① 应将拌合好的砂浆一次装入试模中，并用抹刀均匀插捣 15 次，再颠实 5 次，当填充砂浆略高于试模边缘时，应用抹刀以 45°角一次性将试模表面多余的砂浆刮去，然后再用抹刀以较平的角度在试模表面反方向将砂浆刮平，应成型 6 个试件。

② 试件成型后，应在室温 20℃±5℃的环境下，静置 24h±2h 后再脱模。试件脱模后，应放入温度 20℃±2℃、湿度 90％以上的养护室养护至规定龄期。试件取出待表面干燥后，应采用密封材料密封装入砂浆渗透仪中进行抗渗试验。

③ 抗渗试验时，应从 0.2 MPa 开始加压，恒压 2h 后增至 0.3MPa，以后每隔 1h 增加 0.1 MPa，当 6 个试件中有 3 个试件表面出现渗水现象时，应停止试验，记下当时水压。在试验过程中，当发现水从试件周边渗出时，应停止试验，重新密封后再继续试验。

3）试验结果确定

砂浆抗渗压力值应以每组 6 个试件中 4 个试件未出现渗水时的最大压力计，并应按下式计算：

$$P = H - 0.1 \tag{20.5-6}$$

式中 P——砂浆抗渗压力值（MPa），精确至 0.1 MPa；

H——6 个试件中 3 个试件出现渗水时的水压力（MPa）。

（6）抗冻性试验

1）试验设备

① 冷冻箱（室）：装入试件后，箱（室）内的温度应能保持在 -20～-15℃。

② 篮框：应采用钢筋焊成，其尺寸与所装试件的尺寸相适应。

③ 天平或案秤：称量应为 2kg，感量应为 1g。

④ 溶解水槽：装入试件后，水温应能保持在 15～20℃。

⑤ 压力试验机：精度应为 1％，量程应不小于全量程的 20％，且应不大于全量程的80％。

2）试件制备

砂浆抗冻试件的制作及养护：砂浆抗冻试件应采用 70.7mm×70.7mm×70.7mm 的立方体试件，并应制备 2 组，每组 3 块，分别作为抗冻和与抗冻试件同龄期的对比抗压强度检验试件。

3）操作步骤

① 当无特殊要求时，试件应在 28d 龄期进行冻融试验。试验前两天，应把冻融试件

和对比试件从养护室取出，进行外观检查并记录其原始状况，随后放入 15～20℃ 的水中浸泡，浸泡的水面应至少高出试件顶面 20mm，冻融试件应在浸泡 2d 后取出，并用拧干的湿毛巾轻轻擦去表面水分，然后对冻融试件进行编号，称其质量，然后置入篮筐进行冻融试验。对比试件则放回标准养护室中继续养护，直到完成冻融循环后，与冻融试件同时试压。

② 冻或融时，篮筐与容器底面或地面应架高 20mm，篮筐内各试件之间应至少保持 50mm 的间距。

③ 冷冻箱（室）内的温度均应以其中心温度为准。试件冻结温度应控制在 −20～−15℃。当冷冻箱（室）内温度低于 −15℃ 时，试件方可放入。当试件放入之后，温度高于 −15℃ 时，应以温度重新降至 −15℃ 时计算试件的冻结时间。从装完试件至温度重新降至 −15℃ 的时间不应超过 2h。

④ 每次冻结时间为 4h，冻结完成后应立刻取出试件，并应立即放入能使水温保持在 15～20℃ 的水槽中进行融化。槽中水面应至少高出试件表面 20mm，试件在水中融化的时间不应小于 4h。融化完毕即为一次冻融循环。取出试件，用拧干的湿毛巾轻轻擦去表面水分，送入冻冷箱（室）进行下一次循环试验。依次连续进行直至设计规定次数或试件破坏为止。

⑤ 每 5 次循环，应进行一次外观检查，并记录试件的破坏情况；当该组试件中有 2 块出现明显分层、裂开、贯通缝等破坏时，该组试件的抗冻性能试验应终止。

⑥ 冻融试验结束后，将冻融试件从水槽取出，用拧干的湿布轻轻擦去试件表面水分，然后称其质量。对比试件提前 2d 浸水。

⑦ 应将冻融试件与对比试件同时进行抗压强度试验。

4）计算与评定

砂浆冻融试验后应分别按下列公式计算其强度损失率和质量损失率：

① 砂浆试件冻融后的强度损失率应按下式计算：

$$\Delta f_m = \frac{f_{m1} - f_{m2}}{f_{m1}} \times 100 \qquad (20.5\text{-}7)$$

式中 Δf_m——n 次冻融循环后砂浆试件的砂浆强度损失率（%），精确至 1%；

       f_{m1}——对比试件的抗压强度平均值（MPa）；

       f_{m2}——经 n 次冻融循环后的 3 块试件抗压强度算术平均值（MPa）。

② 砂浆试件冻融后的质量损失率应按下式计算：

$$\Delta m_n = \frac{m_0 - m_n}{m_0} \times 100 \qquad (20.5\text{-}8)$$

式中 Δm_n——n 次冻融循环后砂浆试件的质量损失率，以 3 块试件的算术平均值计算（%），精确至 1%；

       m_0——冻融循环试验前的试件质量（g）；

       m_n——n 次冻融循环后的试件质量（g）。

当冻融试件的抗压强度损失率不大于 25%，且质量损失率不大于 5% 时，则该组砂浆试块在相应标准要求的冻融循环次数下，抗冻性能可判为合格，否则判为不合格。

20.5.2 机械制螺旋缠绕法和管片内衬法灌浆材料检测

1. 材料性能要求

排水设施采用机械制螺旋缠绕法和管片内衬法修复时灌浆材料性能应符合表20.5-4的规定。

灌浆材料性能要求及检测方法　　　　　　　　表 20.5-4

项目	单位	性能要求	检验方法
28d 抗压强度	MPa	>30	《水泥基灌浆材料应用技术规范》
30min 截锥流动度	mm	≥310	GB/T 50448—2015

2. 检测方法

（1）截锥流动度试验

1）应采用行星式水泥胶砂搅拌机搅拌。并应按固定程序搅拌240s。

2）截锥圆模应符合现行国家标准《水泥胶砂流动度测定方法》GB/T 2419—2005，玻璃板尺寸不应小500mm×500mm并放置在水平试验台。

3）测定截锥流动度时，应按下列步骤进行：

① 应预先润湿搅拌锅，搅拌叶、玻璃板和截锥圆模内壁。

② 搅拌好的灌浆材料倒满截锥圆模后，浆体应与截锥圆模上口平齐。

③ 提起截锥圆模后应让灌浆材料在无扰动的条件下自有流动直至停止，用卡尺测量底面最大扩散直径及与其垂直方向的直径，计算平均值作为流动度初始值，测试结果精确到1mm。

④ 应在6min内完成初始值检验。

⑤ 初始值测量完毕后，迅速将玻璃板上的灌浆材料装入搅拌锅内，并应有潮湿的布封盖搅拌锅。

⑥ 初始值测量完毕后30min，应将搅拌锅内灌浆材料重新搅拌240s，然后应重新按照上述补助测量流动度值作为30min保留值，并应记录数据。

（2）抗压强度试验

1）水泥基灌浆材料的最大骨料粒径不大于4.75mm时，按照本书20.5.1节中抗压强度测试方法执行。

2）水泥基灌浆材料的最大骨料粒径大于4.75mm时，且不大于25mm时，抗压强度标准试件尺寸为100mm×100mm×100mm的立方体，抗压强度试验按照国家现行标准《混凝土力学性能试验方法标准》GB/T 50081—2019执行。

20.6 材料检测市场参考指导价

20.6.1 原位固化材料检测市场参考指导价

原位固化材料检测市场参考指导价见表20.6-1。

原位固化材料检测市场参考指导价 表 20.6-1

指标	测试方法	元/项	备注
弯曲模量（MPa）	按现行国家标准《树脂浇铸体性能试验方法》GB/T 2567—2008 中的相关规定执行	800	
弯曲强度（MPa）	按现行国家标准《树脂浇铸体性能试验方法》GB/T 2567—2008 中的相关规定执行	800	
拉伸模量（MPa）	按现行国家标准《树脂浇铸体性能试验方法》GB/T 2567—2008 中的相关规定执行	800	
拉伸强度（MPa）	按现行国家标准《树脂浇铸体性能试验方法》GB/T 2567—2008 中的相关规定执行	800	
拉伸断裂延伸率（％）	按现行国家标准《树脂铸注体性能试验方法》GB/T 2567—2008 中的相关规定执行	800	
热变形温度（℃）	按现行国家标准《塑料 负荷变形温度的测定 第 2 部分：塑料和硬橡胶》GB/T 1634.2—2019 中 A 法的相关规定执行	400	
原位固化法热固性树脂等级划分	按现行国家标准《玻璃纤维增强热固性塑料耐化学介质性能试验方法》GB/T 3857—2017 和《树脂浇铸体性能试验方法》GB/T 2567—2008 中的相关规定执行	3000	3000 元/溶液（已进行未浸泡前的弯曲强度与弯曲模量）
弯曲强度	按《规程》附录 F 执行	1000	
弯曲模量	按《规程》附录 F 执行	1000	
抗拉强度	《塑料 拉伸性能的测定 第 2 部分：模塑和挤塑塑料的试验条件》GB/T 1040.2—2006	1000	
耐化学腐蚀性检验	《塑料耐液体化学试剂性能的测定》GB/T 11547—2008	3000	3000 元/溶液（已进行未浸泡前的弯曲强度与弯曲模量）
抗弯强度	按《规程》附录 F 执行	1000	
短期弯曲模量	按《规程》附录 F 执行	1000	
平均厚度	《塑料管材尺寸测量方法》GB/T 8806—2008	200	
材料样本透水性	按《规程》附录 G 执行	800	
抗拉强度	《塑料 拉伸性能的测定 第 4 部分：各向同性和正交各向异性纤维增强复合材料的试验条件》GB/T 1040.4—2006	1000	
树脂密度	《塑料 液体树脂 用比重瓶法测定密度》GB /T 15223—2008	300	
固化剂密度	《塑料 液体树脂 用比重瓶法测定密度》GB /T 15223—2008	300	
黏度	《黏度测量方法》GB/T 10247—2008	300	
不挥发物含量	《胶粘剂不挥发物含量的测定》GB/T 2793—1995	300	

20.6.2　高分子喷涂材料检测市场参考指导价

高分子喷涂材料检测市场参考指导价见表20.6-2。

高分子喷涂材料检测市场参考指导价　　　　　表 20.6-2

指标	测试方法	元/项	备注
流挂性能	《色漆和清漆 抗流挂性评定》GB/T 9264—2012	500	
胶化时间（@20℃）	《漆膜、腻子膜干燥时间测定法》GB/T 1728—1979		
表干时间	《漆膜、腻子膜干燥时间测定法》GB/T 1728—1979	200	
硬干时间（可进行CCTV 检测时间）	《漆膜、腻子膜干燥时间测定法》GB/T 1728—1979	200	
粘结性能要求	《色漆和清漆 拉开法附着力试验》GB/T 5210—2006	600	600 元/基体
短期弯曲强度	《塑料 弯曲性能的测定》GB/T 9341—2008	500	
短期弯曲模量	《塑料 弯曲性能的测定》GB/T 9341—2008	500	
抗拉强度	《塑料 拉伸性能的测定　第2部分：模塑和挤塑塑料的试验条件》GB/T 1040.2—2006	500	

20.6.3　塑料类材料检测市场参考指导价

塑料类材料检测市场参考指导价见表20.6-3。

塑料类材料检测市场参考指导价　　　　　表 20.6-3

指标	测试方法	元/项	备注
屈服强度	《热塑性塑料管材 拉伸性能测定》GB/T 8804.3—2003	500	
断裂伸长率	《热塑性塑料管材 拉伸性能测定》GB/T 8804.3—2003	500	
弯曲模量	《塑料 弯曲性能的测定》GB/T 9341—2008	500	
耐慢速裂纹增长（管材切口试验）（SDR11，$e_n \geqslant 5mm$）	《流体输送用聚烯烃管材耐裂纹扩展的测定慢速裂纹增长的试验方法（切口试验）》GB/T 18476—2019	$DN \leqslant 110mm$，1500 元/组；$DN160 \sim DN250mm$，2500 元/组；$DN255 \sim DN315mm$，3500 元/组；$DN450 \sim DN630mm$，6000 元/组	
断裂伸长率	《热塑性塑料管材 拉伸性能测定》GBT 8804.2—2003	500	
拉伸强度	《热塑性塑料管材 拉伸性能测定》GBT 8804.2—2003	500	

指标	测试方法	元/项	备注
弯曲强度	《塑料 弯曲性能的测定》GB/T 9341—2008	500	
耐化学腐蚀性	《塑料耐液体化学试剂性能的测定》GB/T 11547—2008	50	相应指标测试按其他正常指标价格
相对密度（23℃）	《塑料 非泡沫塑料密度测定 第1部分：浸渍法、液体比重瓶法和滴定法》GB/T 1033.1—2008	200	
拉伸屈服应力	《高分子防水材料 第1部分：片材》GB/T 18173.1—2012	500	
屈服伸长率	《高分子防水材料 第1部分：片材》GB/T 18173.1—2012	500	
断裂伸长率	《高分子防水材料 第1部分：片材》GB/T 18173.1—2012	500	
球压入硬度	《塑料 硬度测定 第一部分：球压痕法》GB/T 3398.1—2008	300	
锚固键抗拉拔力（灌浆料抗压强度35MPa）	按《规程》附录 H 执行	500	
拉伸弹性模量	《塑料 拉伸性能的测定 第2部分：模塑和挤塑塑料的试验条件》GB/T 1040.2—2006	500	
拉伸强度	《塑料 拉伸性能的测定 第2部分：模塑和挤塑塑料的试验条件》GB/T 1040.2—2006	500	
弹性模量	《金属材料 弹性模量和泊松比试验方法》GB/T 22315—2008（静态法）	500	
材质（不锈钢，Ni 含量）	《不锈钢 多元素含量的测定 电感耦合等离子体原子发射光谱法》YB/T 4396—2014	600	

20.6.4　砂浆材料检测市场参考指导价

喷筑法修复水泥基材料检测收费价目表见表 20.6-4，灌浆材料检测收费价目表见表 20.6-5，水泥基灌浆料的性能要求见表 20.6-6。

喷筑法修复水泥基材料检测收费价目表　　表 20.6-4

项目	单位	龄期	检验方法	检测价格（元）
凝结时间	min	初凝	《水泥标准稠度用水量、凝结时间、安定性检验方法》GB/T 1346—2011	500
		终凝		
抗压强度	MPa	24h	《水泥胶砂强度检验方法》（ISO 法）GB/T 17671—1999	600
		28d		600
抗折强度	MPa	24h		400
		28d		400
静压弹性模量	GPa	28d	《建筑砂浆基本性能试验方法标准》JGJ/T 70—2009	2000
拉伸粘结强度	MPa	28d		600
抗渗性能	MPa	28d		800
收缩性	—	28d		600
抗冻性（100 次循环）		28d		3000
耐酸性	5%硫酸液腐蚀 24h		《水性聚氨酯地坪》JC/T 2327—2015	1000
	10%柠檬酸；10% 乳酸；10%醋酸腐蚀 48h			1000
无机材料成分	%	—	《干混砂浆物理性能试验方法》GB/T 29756—2013	2000

灌浆材料检测收费价目表　　表 20.6-5

项目	单位	检验方法	检测价格（元）
28d 抗压强度	MPa	《水泥基灌浆材料应用技术规范》GB/T 50448—2015	1000
30min 截锥流动度	mm		600

水泥基灌浆料的性能要求　　表 20.6-6

检验项目		单位	检验方法	检测价格（元）
凝结时间	初凝时间	min	《普通混凝土拌合物性能试验方法标准》GB/T 50080—2016	500
	终凝时间	min		
截锥流动度	初始值	mm	《水泥基灌浆材料应用技术规范》GB/T 50448—2015	800
	30min	mm		
泌水率	—	%	《普通混凝土拌合物性能试验方法标准》GB/T 50080—2016	500

检验项目		单位	检验方法	检测价格（元）
抗压强度	2h	MPa	《水泥胶砂强度检验方法》 GB/T 17671—1999	600
	28d	MPa		600
抗折强度	2h	MPa	《水泥胶砂强度检验方法》 GB/T 17671—1999	400
	28d	MPa		400
弹性模量	28d	GPa	《混凝土力学性能试验方法标准》 GB/T 50081—2019	2000
自由膨胀率	24h	％	《混凝土外加剂应用技术规范》 GB 50119—2013	1000
对钢筋锈蚀作用	—	—	《混凝土外加剂》 GB 8076—2008	—

参 考 文 献

[1] 唐建国，张悦 . 我国如何向德国排水管道整治看齐？[J]. 给水排水动态，2015(4).

[2] 马保松 . 非开挖管道修复更新技术[M]. 北京：人民交通出版社，2014.

[3] 吴坚慧，魏树弘 . 上海市城镇排水管道非开挖修复技术实施指南[M]. 上海：同济大学出版社，2012.

[4] 范秀清，欧芳，王长青 . 城市排水管道非开挖修复技术探讨[J]. 市政技术，2012(1).

[5] 中华人民共和国住房和城乡建设部 . 城镇排水管道非开挖修复更新工程技术规程：CJJ/T 210—2014[S]. 北京：中国建筑工业出版社，2014.

[6] 中华人民共和国住房和城乡建设部 . 城镇排水管道检测与评估技术规程：CJJ 181—2012[S]. 北京：中国建筑工业出版社，2012.

[7] 安关峰 . 《城镇排水管道检测与评估技术规程》CJJ 181—2012 实施指南[M]. 北京：中国建筑工业出版社，2013.

[8] 安关峰，刘添俊，张洪彬 . 排水管道结构修复内衬壁厚的计算方法及应用[J]. 特种结构，2014，31(1).

[9] 安关峰，刘添俊，李波，等 . 高水位下渠箱半结构修复技术方案比选及其施工要点[J]. 特种结构，2016，33(1).

[10] 安关峰，王和平，刘添俊，等 . 广州排水管道检查与非开挖修复技术[J]. 给水排水，2014，40(1).

[11] 王和平，安关峰，周志勇 . 排水管道结构性缺陷的设置分析[J]. 中国给水排水，2012，30(2).

[12] 安关峰，张洪彬 . 埋地排水塑料管道结构计算探讨[J]. 特种结构，2015，32(3).

[13] 安关峰，刘添俊，梁豪，等 . 排水管道非开挖原位固化法修复内衬优化设计研究[J]. 地质科技情报，2016(2).

[14] 陈家骏 . 聚氨酯堵漏及注浆加固技术在沉管修理中的应用[J]. 城市道桥与防洪，2006(1).

[15] 安关峰，张万辉 . 城市市政管网设施非开挖修复思考[C]//广州市城市建设论文集：2015 年国际工程科技发展战略高端论坛第 205 场中国工程科技论坛暨第九届中国工程管理论坛，2015.

[16] 王伟 . 城市排水管网短管内衬法快速修复施工技术应用研究[J]. 市政技术，2018，36(2).

[17] 中国工程建设标准化协会标准 . 城镇排水管道非开挖修复工程施工及验收规程：T/CECS 717—2020[S]. 北京：中国计划出版社，2020.

图 1.1-1　管道破裂

图 1.1-2　管道破裂堵塞

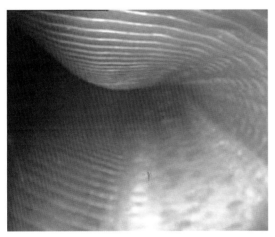

图 1.1-3　管道变形

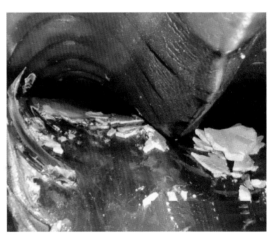

图 1.1-4　管道严重变形

图 1.1-5　道路塌陷（一）

图 1.1-6　道路塌陷（二）

图 1.1-7　道路塌陷（三）　　　　　　　　　　　图 1.1-8　道路塌陷（四）

声呐检测示意图

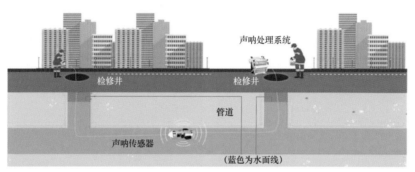

图 2.1-12　声呐检测方法示意图

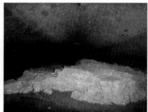

图 4.2-13　软切割前

图 4.2-14　软切割后

图 4.2-20 连接水雷喷头

图 4.2-21 采用振动喷头软切割及其切除的结垢

图 4.2-22　采用超强加力铣头软切割及其切除的结垢

图 4.2-23　将带链条型喷射铣头放入管道中

图 4.2-24　带链条型喷射铣头清理管道

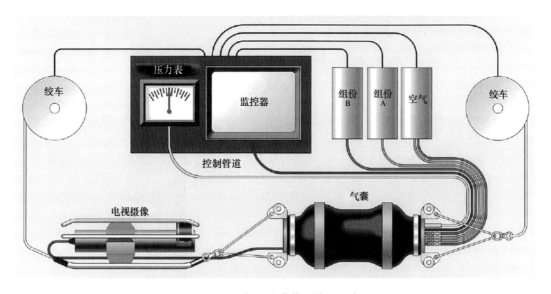

图 5.4-1　丙烯酰胺灌浆系统的示意图

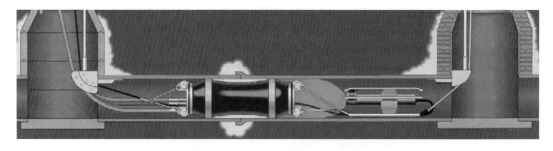

图 5.4-2　管道堵漏注浆示意图

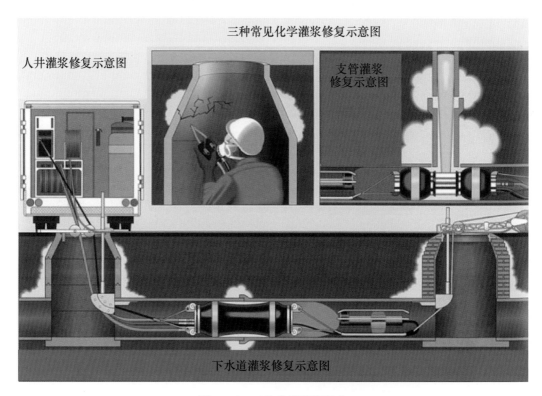

图 5.5-1　三种化学灌浆形式

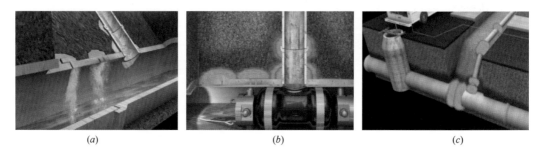

图 5.5-2　基本灌浆前后效果

（a）管道渗漏；（b）化学灌浆；（c）封堵情况

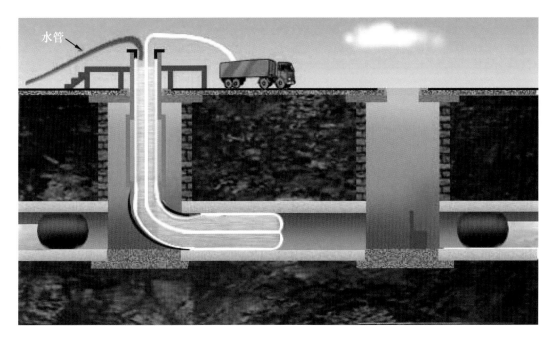

图 6.4-2　翻转送入树脂软管

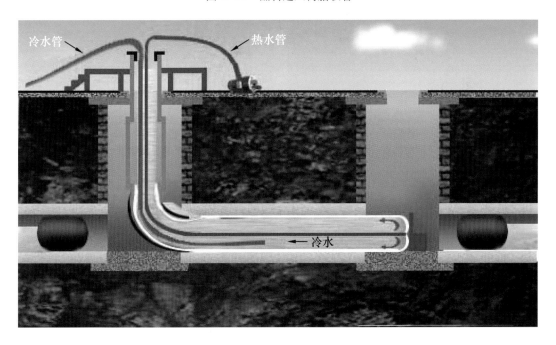

图 6.4-3　温水加热树脂软管

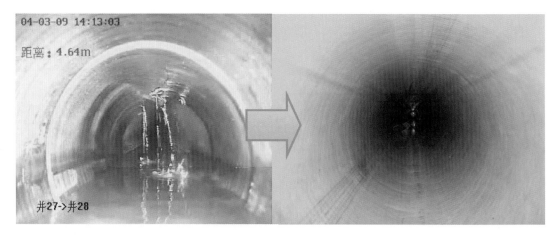

图 6.4-4　修复效果图

图 6.11-1　预处理前的管道内部情况

图 6.11-2　预处理和找平处理后的管道内部情况

图 6.11-3　管道内毒气检测

图 6.11-4　内衬修复的材料运抵工地

图 6.11-5　内衬翻转施工

图 6.11-6　管道内衬材料加热固化

图 6.11-7　采用 CCTV 检测设备实施检测和录像

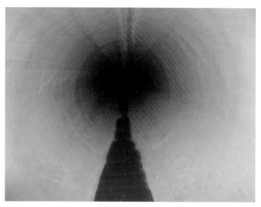

图 6.11-8　内衬修复后的管道内部效果

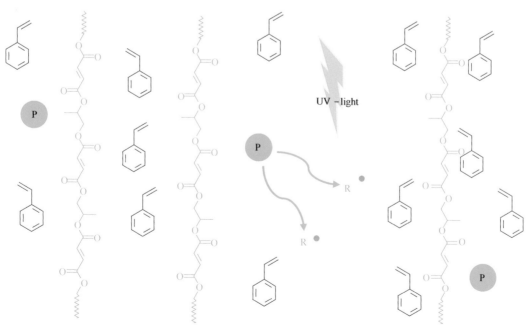

图 7.3-1　紫外光固化原理图一

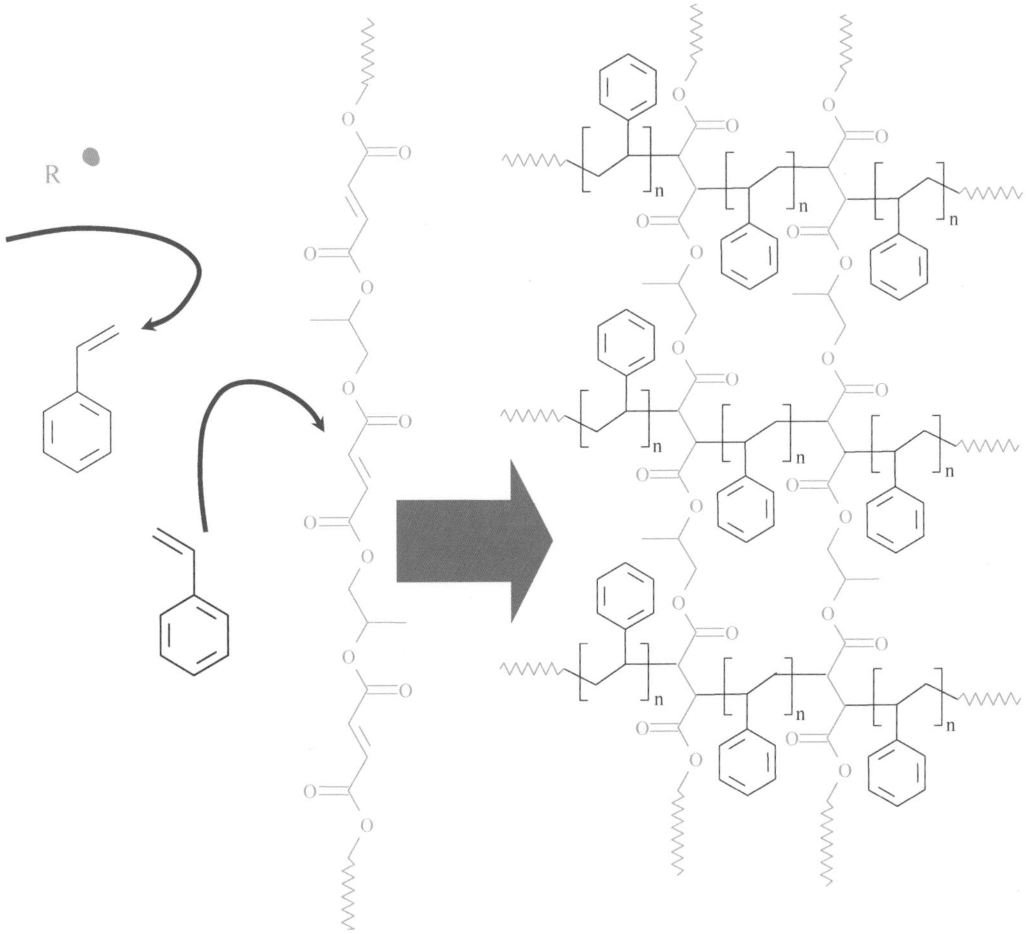

图 7.3-2 紫外光固化原理图二

图 7.3-3 玻璃纤维编织带

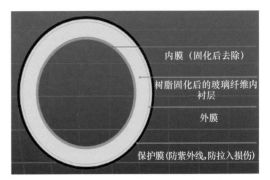

图 7.3-4 紫外光固化内衬管结构示意图

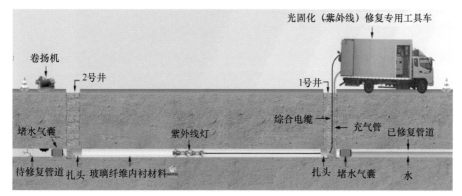

图 7.3-5　紫外光固化内衬修复示意图

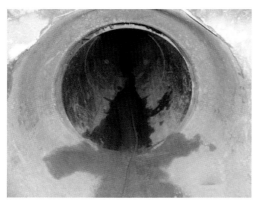

图 7.11-4　破坏处内衬钢管

图 7.11-5　紫外光固化内衬修复后效果

图 8.3-1　CCCP 技术原理图

图 8.3-2　CCCP 技术修复后的管道

图 8.4-2　旋转式高压清洗器对管道内壁进行清洗示意图

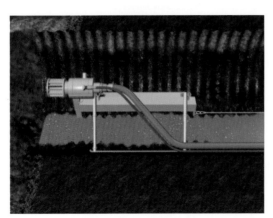

图 8.4-3　CCCP 设备安装及施工示意图

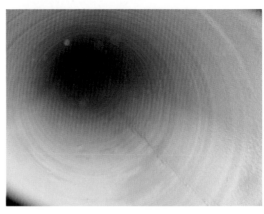

图 8.11-1　修复现场　　　　　　　　　　　图 8.11-2　修复后管道

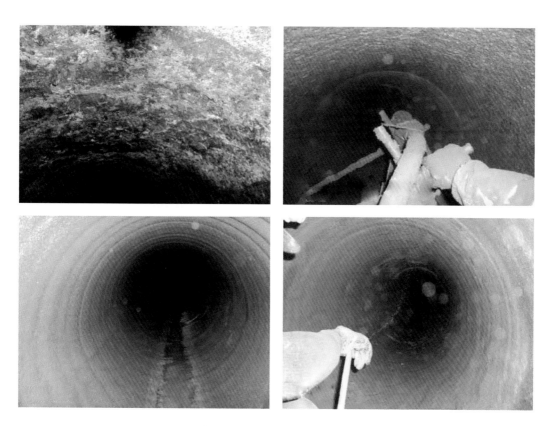

图 8.11-3 CCCP 内衬修复步骤

图 8.11-4 修复前

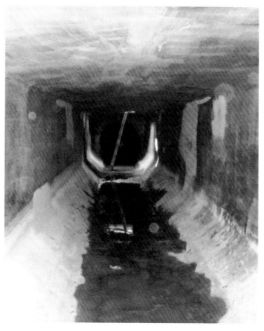

图 8.11-5 修复后

图 9.4-6　渠箱表面修补后的现场图片　　　　图 9.4-7　管道烘干过程现场照片

图 9.4-8　喷涂加热循环泵和喷涂设备现场照片

图 9.4-9　喷涂试验现场照片

图 9.4-10　喷涂管移入修复管道的现场照片

图 9.4-11　管道喷涂过程现场照片

图 9.4-12　管道喷涂后的效果图

图 9.11-3　渠箱内淤积图片

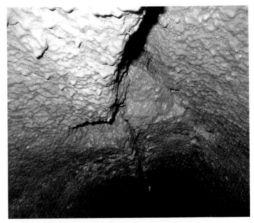

图 9.11-4　渠箱墙体侧滑　　　　　　　　　　图 9.11-5　渠箱顶部坍塌与开裂

图 9.11-6　渠箱喷涂前后对比图

图 10.3-1　扩胀螺旋管

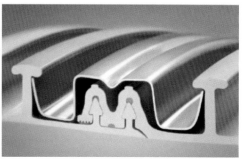

图 10.3-2　钢塑加强型等口径螺旋管断面

图 10.3-3　钢塑加强型施工

图 10.3-4　机头自行走行施工

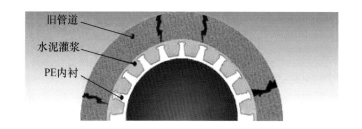

图 10.3-5　新管与原管之间可不注浆或注浆

图 10.4-2　螺旋管带水状态下作业图

图 10.4-3　非正圆管道内的螺旋管作业图

图 10.11-3　管道破损严重

图 10.11-4　岌岌可危的自来水管

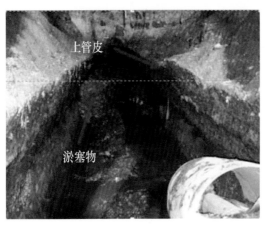

图 10.11-5　管道内堵塞严重

图 10.11-6　紧急围护

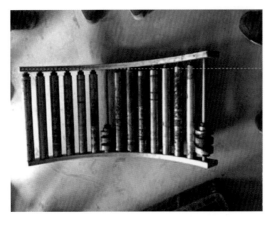

图 10.11-7　分片的缠绕笼

图 10.11-8　井内安装

图 10.11-9　新管外壁

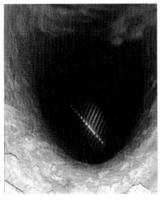
图 10.11-10　穿越暗井

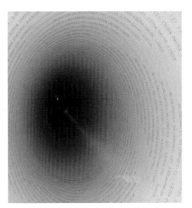
图 10.11-11　新管内壁

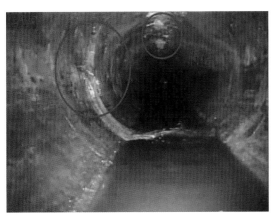
图 10.11-12　支管暗接

图 10.11-13　通过检查井进行修复

图 10.11-14　管道横穿主干道

图 10.11-15　布设好的施工现场

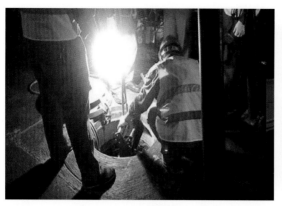

图 10.11-16　设备下井安装

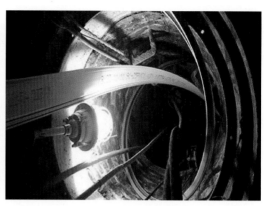

图 10.11-17　缠绕作业

图 10.11-18　临时中断，切断型材

图 10.11-19　型材放入井内

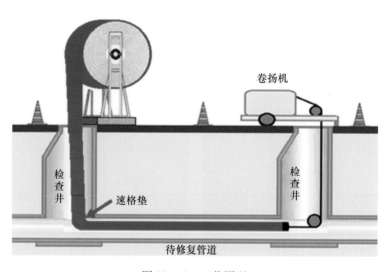

图 11.3-1　工艺原理

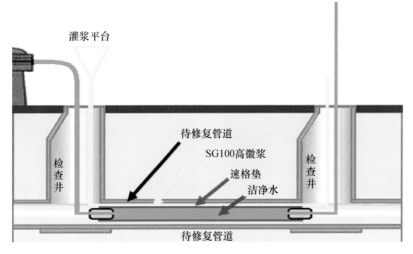

图 11.3-2　工艺原理图

图 11.4-3　检查井清掏作业

图 11.4-4　检查清理效果

图 11.4-7　速格垫铺设

图 11.4-8　速格垫安装

图 11.4-12　配制 SG100 高徽浆

图 11.4-13　灌浆施工

图 11.4-14　完成修复后效果图

图 11.6-1　速格垫焊接

图 11.6-2　速格垫焊缝检验

图 11.11-1　管道接头缝渗漏

图 11.11-2　管道连接井渗漏

图 11.11-3　防渗处理施工后效果

图 12.3-4　内置式　　　　　　　　　　　图 12.3-5　外置式

图 12.3-6　外置式气动锤实物

图 12.11-1　修复前管道状况 1

图 12.11-2　修复前管道状况 2

图 12.11-3　作业坑制作

图 12.11-4　碎（裂）管设备安装

图 12.11-5　管道热熔连接

图 12.11-6　施工导流调水

图 12.11-7　碎（裂）管施工

图 12.11-8　胀管头穿越检查井

图 12.11-9　割裂刀胀管头连接及新管拖入

图 12.11-10　新管置换就位

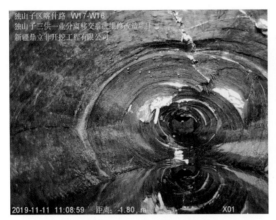

图 12.11-11　置换前管道

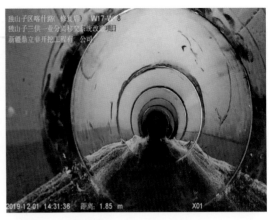

图 12.11-12　置换后管道

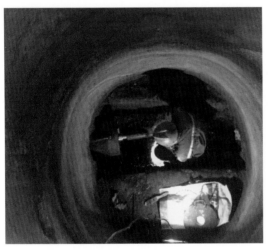

图 12.11-13　碎（裂）管施工过程 1

图 12.11-14　碎（裂）管施工过程 2

图 12.11-15　施工现场 1

图 12.11-16　施工现场 2

图 13.3-1　衬管拖入

图 13.3-2　端口插入管塞

图 13.3-3　衬管热塑成型

图 13.3-4　端口处理

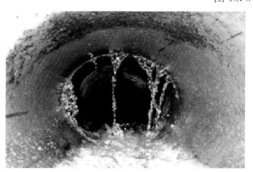

图 13.3-5　热塑成型法管道修复前后对比

图 13.4-1　高压水冲洗

图 13.4-2　热塑成型法衬管卷盘

图 13.4-3　热塑成型法管道衬管装车

图 13.4-4　热塑成型法管道衬管运输

图 13.4-5 热塑成型法管道衬管储存

图 13.4-6 工程现场对热塑成型法衬管进行预加热

图 13.4-7 工字形热塑成型法衬管
和待修管道的横截面对比

图 13.4-8 上游施工人员配合将热塑
成型法衬管拖入

图 13.4-9　下游通过卷扬将衬管拉入
　　　　待修管道

图 13.4-10　管塞用于在上、下游塞住管道

图 13.4-11　热塑成型法管道下游管
　　　　塞处"吹起"成型

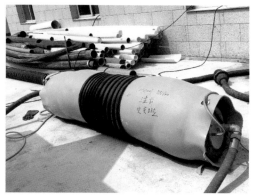

图 13.4-12　试验中衬管被吹起成型

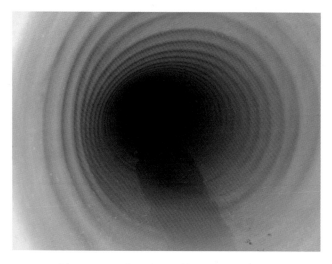

图 13.4-13　热塑成型法修复波纹管效果图

图 13.4-14　衬管末端伸出母管且呈喇叭状

图 13.4-15　热塑成型法衬管末端翻边处理

图 13.6-1　丙酮浸泡——测试材料塑化效果

图 13.6-2　热反复——测试生产缺陷

图 13.6-3　重锤抗冲击——测试
材料抗冲击指数

图 13.6-4　弯曲模量与强度测试

图 13.6-5 拉伸模量和强度测试

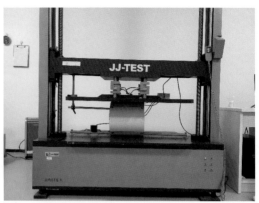
图 13.6-6 材料刚度测试

图 13.8-1 热塑成型技术修复机场下
管道（飞机正常起落）

图 13.8-2 热塑成型技术修复高尔夫球场
管道（不影响球赛正常进行）

图 13.11-1 修复前管道

图 13.11-2 注浆套钢板掘进

图 13.11-3　热塑管加热

图 13.11-4　人工配合机械拉管

图 13.11-5　封堵管口，加热扩管

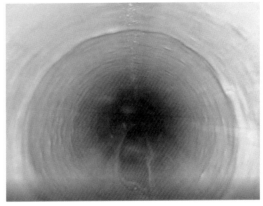

图 13.11-6　修复后的管道

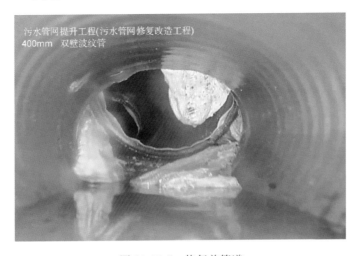

图 13.11-7　修复前管道

图 13.11-8　材料施工准备　　图 13.11-9　热塑管加热　　图 13.11-10　加热温度控制

图 13.11-11　搭滑轮简易架子装备拉软化管　　图 13.11-12　人工配合机械拉管

图 13.11-13　管材到管道后，准备封堵　　图 13.11-14　管材准备加热扩管

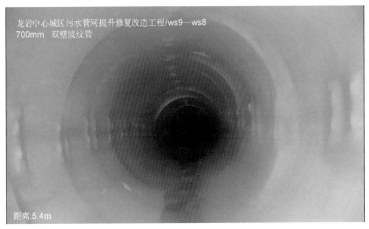

图 13.11-15　管头处理　　　　　　　图 13.11-16　修复后的管道

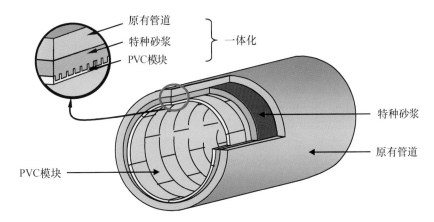

图 14.3-1　管片内衬管道修复技术示意图

图 14.3-2　管片内衬管道修复前后对比

(a)   (b)

图 14.3-3　管片内衬管道修复后效果

（a）渠箱；（b）圆形

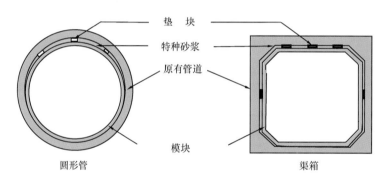

图 14.5-1　PVC 模块拼装技术示意图

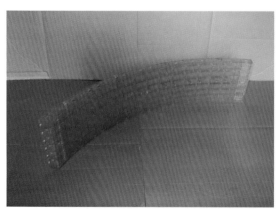

图 14.5-2　圆形管用模块

图 14.5-3　检查井用模块

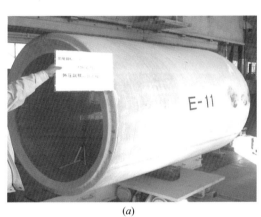

(a)

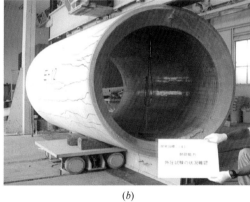

(b)

图 14.6-2　圆形管直径 1500mm

(a) 加载前；(b) 加载后

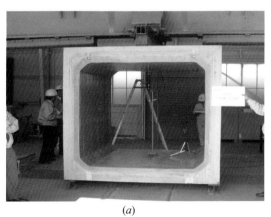

(a)

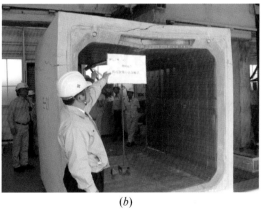

(b)

图 14.6-3　矩形 1800mm×1800mm

(a) 加载前；(b) 加载后

图 14.11-1　日本横滨箱涵修复（6300mm×3000mm）

图 14.11-2　日本东京都隧道 *DN*2000

图 14.11-3　日本长冈 *DN*900

图 14.11-4　拼装

图 14.11-5　注浆地面操作　　　　　　　图 14.11-6　注浆

图 14.11-7　目视确认注浆状况

图 14.11-8　施工结束

图 15.3-2　扩张器扩展钢片

图 15.3-3　塞入固定片

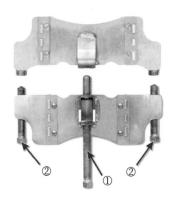

图 16.4-1　快速锁专用扩张工具
①—主扩张丝杆；②—微调节丝杆

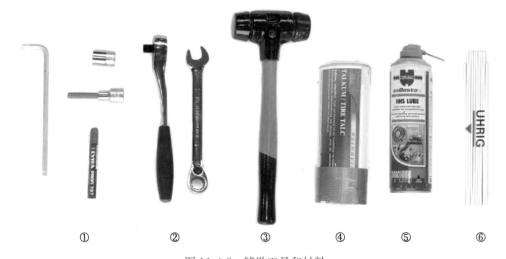

图 16.4-2　辅助工具和材料
①—内六角扳手；②—套筒扳手或开口扳手；③—橡胶锤；④—滑石粉；⑤—润滑油；⑥—钢尺等

图 16.11-1　不锈钢快速锁材料

图 16.11-2　不锈钢快速锁安装工具

图 16.11-3　拼装不锈钢圈

图 16.11-4　套橡胶密封圈

图 16.11-5　不锈钢圈对位

图 16.11-6　不锈钢圈扩张

图 16.11-7 螺栓固定

图 16.11-8 修复后效果

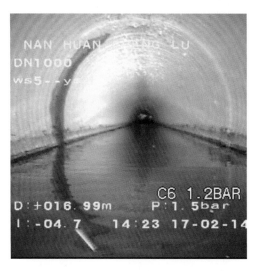

图 16.11-9 管道修复前图片

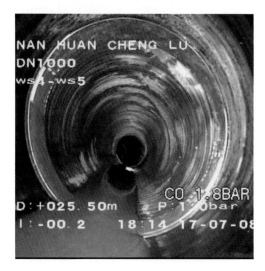

图 16.11-10 管道修复后图片

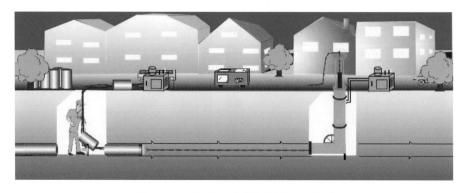

图 19.3-1 短管穿插法修复原理示意图

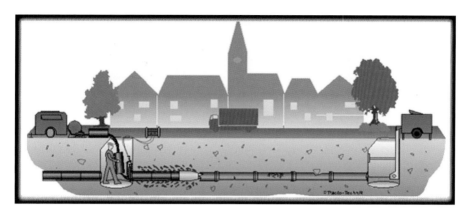

图 19.3-2　短管胀插法修复原理示意图

图 19.11-1　管道修复前状况

图 19.11-2　管道修复后状况

图 19.11-3　管道修复前状况

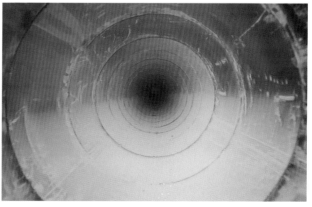

图 19.11-4　管道修复后状况

图 20.2-1　拉伸试验

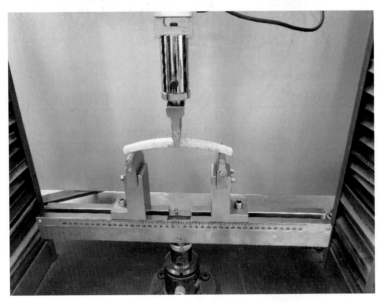

图 20.2-2　弯曲试验